筚路蓝缕启山林

——民国时期建筑期刊研究

李俊 著

中国建筑工业出版社

图书在版编目（CIP）数据

筚路蓝缕启山林：民国时期建筑期刊研究 / 李俊著.
北京：中国建筑工业出版社，2024.10. -- ISBN 978-7-
112-30285-7

I.TU-092.5

中国国家版本馆CIP数据核字第2024SB7294号

责任编辑：陈夕涛　徐昌强　李　东
责任校对：赵　力

筚路蓝缕启山林
——民国时期建筑期刊研究
李俊　著

*

中国建筑工业出版社出版、发行（北京海淀三里河路9号）

各地新华书店、建筑书店经销

华之逸品书装设计制版

北京圣夫亚美印刷有限公司印刷

*

开本：787毫米×1092毫米　1/16　印张：17½　字数：320千字

2024年8月第一版　　2024年8月第一次印刷

定价：**49.00**元

ISBN 978-7-112-30285-7

（43540）

前言

　　百年前，我国建筑事业向着现代化蹒跚起步；百年后，我国建筑事业已经发展成为国民经济支柱产业，一大批高精尖、高难度、大体量、世界领先的建筑工程纷纷面世，中国成为享誉世界的基建强国。在这一历史进程中，建筑期刊发挥了独特的媒体作用。

　　作为一种信息传播媒体，期刊的出版反映了一定时期内社会生产力和思想文化发展的需要，并承载着大量社会发展变化的信息。期刊作为一种特殊的社会利器，既能客观地记录社会的发展变化，又能对社会变迁的种种因素做出一定程度的揭示，同时又会反作用于社会。在这个作用与反作用的过程中，期刊和社会同呼吸、共命运，在社会生态环境的滋养和磨砺下成长。[1]

　　民国时期（1912—1949）社会和历史环境下诞生的期刊有两三万种之多，伴随我国建筑事业起步迈向现代化的进程而创办、成长和消亡的建筑期刊只是很少一部分。关于期刊这种传媒在清末民初所起的作用，学者吕思勉（1884—1957）曾在《三十年来之出版界（1894—1923）》中指出："三十年来撼动社会之力，必推杂志为最巨。"[2]以此来评价民国时期建筑期刊同样适用，仅以《建筑月刊》《中国建筑》《新建筑》几种期刊而论，就从专业角度极大地推动了中国建筑行业进步，如促进了建筑文件及其行业用语的规范，建筑制图与工具的规范，建筑师职业的现代化及建筑历史、理论以

① 石峰，刘兰肖 . 中国期刊史：第一卷 [M]. 北京：人民出版社，2017：002.
② 吕思勉 . 三十年来之出版界：1894—1923[M]// 吕思勉论学丛稿 . 上海：上海古籍出版社，2006：287. 转引自：石峰，吴永贵 . 中国期刊史：第二卷 [M]. 北京：人民出版社，2017：006.

及新思潮的传播,建筑新技术新材料的推广等[1]。总起来看,民国时期建筑期刊除一些为工程建设主管部门所办、用于指导工作的机关刊以外,具有重大影响的大多可以归类为科技期刊范畴。这些期刊见证了我国建筑业的起步发展过程,反映了当时我国建筑工程科学技术某一学科、某一区域的建设成就,学术研究和管理方面的真实水平、所处的历史阶段,是记载我国建筑工程发展历史进程的重要文献资料,是当时我国建筑工程建设发展历史和科学技术、管理水平的记录者、宣传者、推动者,是传播和扩散当时国际国内先进的建筑科学技术、信息的重要载体和信息源,也是培养建筑工程科学技术人才和助其成长的大学校,更是推动建筑科学技术转化为社会生产力、为我国传统建筑事业向现代化转型奠基的重要媒体力量。

纸质期刊发展到今天,曾经的辉煌已难再现,按照《中国期刊史》主编石峰的观点,纸质期刊当下已经处于逐步消亡的通道中,但它还将存在相当长一个时期。随着信息技术的飞速发展,纸质期刊与新兴媒体融合成为发展大趋势。包括建筑工程领域的期刊在内,期刊的出版形态、运行模式、管理体制等正在发生巨大变化,既面临严峻挑战,也面临发展机遇。

在这一新的历史背景下,回顾、梳理百年前建筑期刊从无到有、筚路蓝缕的发展历程,分析、总结其出版特点、成功经验、历史价值,不无启发意义和参考借鉴价值,有助于后继者在新的历史条件下赓续和传承民国时期建筑期刊强烈的忧患意识、赤诚的爱国情怀、对调查研究的高度重视、强调期刊的实用性等优良传统,为新时期办好建筑期刊、助推基建强国继续迈向世界建筑更高水平提供新的媒体传播力量。

诚愿本书的研究成果能为之略尽绵力。

---

[1] 赖德霖,伍江,徐苏斌.中国近代建筑史:第二卷[M].北京:中国建筑工业出版社,2016:467-477.

目录

1 绪　论 **001**

1.1 关于建筑 001

1.2 关于建筑的著述与传播 003

1.3 关于民国时期的建筑 006

1.4 关于民国时期建筑期刊 008

1.5 关于民国时期建筑期刊研究现状 011

2 民国时期建筑期刊总述 **014**

2.1 历史分期 014

2.2 类型及特点 023

2.3 总体特点 029

3 民国时期建筑期刊发刊词研究 **032**

3.1 铁路建筑期刊发刊词 032

3.2 水利建筑期刊发刊词 036

3.3 公路建筑期刊发刊词 040

3.4 房屋建筑期刊发刊词 044

3.5 大学社团主办的土木建筑期刊发刊词 050

3.6 抗战胜利后到 1949 年的建筑期刊发刊词 052

4 民国时期建筑期刊人物群像研究 **057**

4.1 国内教育背景 058

4.2 国外教育背景 092

5 民国时期建筑期刊生存之道研究 143
5.1 民国时期建筑期刊的主要收入来源 143
5.2 民国时期建筑期刊的生存模式 146

6 民国时期大学建筑期刊研究 161
6.1 我国近代建筑教育的兴起与大学建筑期刊的兴办 161
6.2 民国时期大学建筑期刊概况 163
6.3 办刊目的与内容 168
6.4 期刊出版特点 173

7 民国时期铁路建筑期刊研究 175
7.1 铁路建筑期刊的兴起与发展 175
7.2 对《铁路协会会报》的重点研究与分析 181
7.3 《粤汉铁路株韶段工程月刊》研究 188

8 民国时期水利建筑期刊研究 192
8.1 民国时期水利建设概况与水利建筑类期刊的兴办 193
8.2 《河海月刊》的创办及其多重价值研究 196

9 民国时期公路建筑期刊研究 215
9.1 民国时期公路建筑期刊概况与整体特点 217
9.2 对油印刊物《公路技术》的研究 218
9.3 对《道路月刊》的重点研究 219

10 《中国营造学社汇刊》《建筑月刊》《中国建筑》比较研究 228
10.1 共性特点 228
10.2 对三者发刊词所明确的期刊使命、主要内容的比较研究 230
10.3 对三者诞生背景的研究 231

10.4　对三者出版总量及关注角度的比较研究　　　　　　　　236

10.5　对三者的作者依赖度的研究　　　　　　　　　　　　242

11　对《红色中华》《新华日报》有关建筑内容的研究　　249

11.1　《红色中华》(《新中华报》) 有关建筑方面的内容　　250

11.2　《新华日报》有关建筑方面的内容　　　　　　　　　253

11.3　其他红色报刊有关建筑的内容　　　　　　　　　　256

附 1　民国时期建筑期刊出版年表　　　　　　　　　　　259

附 2　本书中民国时期字词与当代字词对照表　　　　　　268

后记　　　　　　　　　　　　　　　　　　　　　　271

1

绪　论

1.1　关于建筑

"建筑"一词，在古汉语语汇中并不存在。

在古代汉语中，"建"和"筑"各表其义，相互之间没有任何关联。从文字的本源来看，"建"为会意字，本义为树立，引申泛指建立、设置，如《周礼·天官》："惟王建国。""筑"为会意兼形声字，为古代的击弦乐器，似筝，十三弦，已失传，其用法如"高渐离击筑，荆轲和而歌"（《史记·刺客列传》）。"建筑"的"筑"，其繁体字字形为"築"，与"筑"本不同字，因音近而通，今简化字将"築"作为异体并入了"筑"字。①

"建"字的字义中有一项是"建造"，如《水经注·卢江水》中所说"其水历涧，径龙泉精舍南，太元中，沙门释慧远所建也"，其中的"建"，即为"建造"之意。不过这个意义只能作动词使用。

"建筑"作为名词所表示的物质形态，古汉语中没有专门对应的语汇，在古人的认知里是用一个个具体建筑物类型来界定的，如"宫""殿""囿""寺""观""园""苑""屋""楼""台""亭""阁"等。

"建筑"作动词用，对应古代汉语语汇体系中，一般用"建"或"营造"一词，"营造"即为"修建""建造""施工"等之意，包括了建筑这个物体从图纸上变成实物过

---

① 李学勤.字源 [M].天津：天津古籍出版社，2012：142-404.

程中的所有生产活动，如《魏书·源子恭传》："若使专役此功，长得营造，委成责办，容有就期。"到了宋代，"营造"一词进入官方认定的建筑设计与施工方面的技术规范《营造法式》。

"建筑"作为一个完整的词来使用，大约在 19 世纪 70 年代就见于书面记载："海中建炮台五座，近仿西式延西人建筑者最得形势，为京城门户。"（李圭《东行日记》）[1] 19 世纪 80 年代报刊上已公开使用"建筑"一词，如 1882 年 12 月《画图新报》第三年第八卷刊登了《建筑灯塔》一文："锡兰岛递到信息云，文尼哥海面颇多暗礁，经船政官拟在此建设灯塔，以便往来，现已大兴土木，建筑墙基。""建筑"广泛进入现代政治经济和社会生活，可从 1921 年孙中山《建国方略》算起，其"物质建设"部分中写道："钢铁与士敏土，为现代建筑之基，且为今兹物质文明之最重要分子。"

"建筑"作为概念性名词，有狭义和广义之分。狭义的"建筑"包括房屋、园林、寺院、宫殿、陵寝等与人的居住、生活联系紧密的建筑物，一般归类为"房屋建筑"。广义的建筑，与人们生产和社会活动密不可分的基础设施，如公路、桥梁、水利、河工、港口、军事工程、铁路、厂房、采矿工程、市政卫生工程等各类工程设施，包括房屋建筑，常被统称为"土木工程"，俗称"大土木"[2]。本书所称"建筑期刊"中的"建筑"，包括上述所有建筑类别在内。而与建筑相关的各行各业和各种建造活动，构成建筑业。

建筑业是个无论中外、无论古今，万世都离不开的基础性行业。人类的生产生活和社会活动，从穴居到室内生活，从江河横渡到开渠引水，从周道如砥到筑墙御敌，建筑业都是不可或缺的"刚需"。

中国建筑业历史悠久，千百年来创造了灿烂辉煌、举世瞩目的建筑文化、建筑艺术、建筑美学与建筑哲学。在我国有实物可考的建筑发展史中，如从新石器时代的河姆渡文化开始计算，已有七千年以上的历史 [3]。我国古代文史载述与当今考古发掘资料表明，至迟在七千年前的新石器时代中期，生活在中华大地上的我国先民已经开始营造从穴居到干栏建筑以及地面房屋等多种类型的居住建筑了。随着社会发展和需求不断增加，又次第出现了仓窖、作坊、陶窑、墓葬、坛庙、宫室、园囿、津梁、沟

---

① 黄河清. 近现代辞源 [M]. 上海：上海辞书出版社，2010：378.
② 中国土木工程学会史：1912～2012[M]. 上海：上海交通大学出版社，2013：003-004.
③ 傅熹年. 中国科学技术史：建筑卷 [M]. 北京：科学出版社，2008：3.

渠、堤坝、城垣、聚落、城市等各类新的单体与群体建构筑物。① 最为著名的万里长城，可以追溯到两千多年前的战国时期北方诸国各自为政筑长城以抵御匈奴侵扰，秦始皇统一六国，"乃使蒙恬将三十万众，北逐戎狄，收河南，筑长城，因地形用险制塞，起临洮，至辽东，延袤万余里"（《史记·蒙恬列传》）。水利工程方面，"蜀守冰凿离碓，辟沫水之害，穿二江成都之中。此渠皆可行舟，有余则用溉，百姓飨其利"（《史记·河渠书》），都江堰水利工程造福天府之国两千多年。

中国比较早就有了国家层面的建筑管理职司、制度和机构。自周至汉有"司空"，汉代以后代之以"将作"，隋代开始在中央政府设立"工部"，掌管全国土木建筑工程和屯田、水利、山泽、舟车、仪仗、军械等各种工务②。经过漫长的历史发展，朝民分野，形成了官方和民间的营造业各有侧重的格局，官方的营造主要致力于官方的建筑如宫廷建筑以及军事、河堤海堤等重大水利土木工程③，如长城，就不是民间所能完成的，经过了历朝历代官方组织、成千上万人施工、花了数百上千年才最终建成。隋代大运河工程、清朝末年开始大力发展和建设铁路工程等，莫不如此。

中国古代建筑活动，特别是房屋建筑活动一直受到文人雅士的关注：生于盛世，修房建亭，叠山理水，咏颂"滕王高阁临江渚，佩玉鸣鸾罢歌舞；画栋朝飞南浦云，珠帘暮卷西山雨"；身处乱世，"茅屋为秋风所破"，呼吁"安得广厦千万间，大庇天下寒士俱欢颜"。

1.2 关于建筑的著述与传播

我国建筑历史悠久，但关于建筑物的出版和传播很长时间内并不成系统。上古时期无文字，记录和传递信息的方法非常原始，《周易·系辞下传》说："上古结绳而治，后世圣人易之以书契。"其后，契刻符号记事、图画记事、陶器刻符、甲骨文字等相继出现。据专家研究，我国古代最早的正式书籍是用竹片或木板制成的，称之为"简册"或"简牍"，其后陆续出现帛书④。纸张和印刷术发明后，其可批量复制、便于传播的特性为文明成果的记载和传播提供了极大的便利。

① 刘叙杰.中国古代建筑史：第一卷 [M].北京：中国建筑工业出版社，2009：前言 1.
② 潘谷西.中国建筑史 [M].第 7 版.北京：中国建筑工业出版社，2015：14-15.
③ 黄元炤.中国近代建筑纲要 [M].北京：中国建筑工业出版社，2015：13-15.
④ 吴永贵，李明杰.中国出版史：上册·古代卷 [M].长沙：湖南大学出版社，2008：3-20.

　　就客观历史条件而言，早期历史上很难出现专业的建筑出版物，对建筑的有关记载，也大多星散于其他著作和文献之中。

　　据中国营造学社20世纪30年代初的研究，历代宫室、陵寝、坛庙等建筑论述散见于经史二部者颇多，"官府档册、私家专集，与金石、文字、野史、方志、游击、释道杂家之言，下及匠师薪火传授之本，或叙述当时建筑情状，或与营造史料及实际工作结构材料攸关，足供建筑考古学家采摘者，不遑枚数。"《中国营造学社汇刊》曾刊发过这些文献篇目，如计成《园冶》、李斗《工段营造录》、李渔《一家言·居室器玩部》《梓人遗制》、（清）工部《工程做法则例》、营造匠人的秘传手抄本《营造算例》、样子雷（后称"样式雷"）图样、《营造法源》及《惠陵工程备要六卷》《清内庭工程档案一册》《京师坊巷志稿二卷》《如梦录》《长安客话》，再有李如圭《释宫》、焦循《群经宫室图》、洪颐煊《礼经宫室问答》、任启运《宫室考》、金鹗《庙寝宫室制度考》、黄以周《宫室通故》、杜牧《注考工记》、戴震《考工记图》、王国维《明堂庙寝通考》、朱骏声《释庙》《天子诸侯庙数》、阮元《明堂论》《车制图解》、俞樾《考工记世室重屋明堂考》等，汇总有一百四五十种。①

　　不过，在当代中国古建筑研究专家傅熹年看来，严格来讲，古代文献中，只有《周礼·考工记》、（宋）《营造法式》、（清）工部《工程做法则例》等官书和《鲁班经》《天工开物》《园冶》等有限几部民间著作是当时的建筑工程和工艺技术专著，其余文献有关记载大多只是记其概况，或夸耀成就，或引以为戒，较难从中得出具体的技术信息②。官书中，宋代《营造法式》是由北宋"官方颁发、海行全国的一部带有建筑法规性质的专书"，是为了满足建筑工程管理需要，通过对建筑技术做法编著法式制度，对建筑施工所需的劳动力制定功限定额，对材料的使用制定用料限额，以达到在当时生产力和生产关系的水平之下，实现科学管理的目的③；清代工部《工程做法则例》与《营造法式》前后辉映，重点记述的是各工程细目的用工、用料定额，规定重点典型建筑及匠作的工程做法，应用范围为坛庙、宫殿、仓库、城垣、寺庙、王府等政府工程，并不包括民间建筑④。

---

① 搜辑礼经宫室考据家专著之略目 [J]. 中国营造学社汇刊，1931，2（3）：本社纪事 11.

② 傅熹年. 中国科学技术史：建筑卷 [M]. 北京：科学出版社，2008：viii.

③ 郭黛姮. 中国古代建筑史：第三卷 宋、辽、金、西夏建筑 [M]. 北京：中国建筑工业出版社，2003：611.

④ 孙大章. 中国古代建筑史：第五卷 清代建筑 [M]. 北京：中国建筑工业出版社，2002：398-399.

　　土木工程方面，像长城这样旷日持久才建成的宏伟工程，史上并无系统的工程勘测、设计、施工专著留存；水利工程的专业著述，跟中国的古代重大水利工程如都江堰、郑国渠、白渠、灵渠、运河等工程实践并不太相称，成系统的水利工程专著不是太多，有名的相关著作有《山海经》《水经》《水经注》《河防通议》《禹贡山川地理图》等，相比较而言，清代靳辅结合自身水利工程实践，总结其治河（黄河淮河）通运（运河）工程经验的《治河方略》，具有较高的理论总结与工程应用价值。

　　传播范围广、影响时间长的文学作品对于建筑物的记载和描写，则流传久远、深入人心。

　　初唐四杰之一王勃所写《滕王阁序》脍炙人口：

　　　　俨骖騑于上路，访风景于崇阿；临帝子之长洲，得天人之旧馆。层峦耸翠，上出重霄；飞阁流丹，下临无地。鹤汀凫渚，穷岛屿之萦回；桂殿兰宫，即冈峦之体势。披绣闼，俯雕甍，山原旷其盈视，川泽纡其骇瞩。闾阎扑地，钟鸣鼎食之家；舸舰弥津，青雀黄龙之舳。云销雨霁，彩彻区明。

　　　　……

　　　　滕王高阁临江渚，佩玉鸣鸾罢歌舞。画栋朝飞南浦云，珠帘暮卷西山雨。闲云潭影日悠悠，物换星移几度秋。阁中帝子今何在？槛外长江空自流。

　　晚唐著名诗人杜牧 23 岁时写《阿房宫赋》，描述阿房宫之壮丽，让人叹为观止：

　　　　六王毕，四海一；蜀山兀，阿房出。覆压三百余里，隔离天日。骊山北构而西折，直走咸阳。二川溶溶，流入宫墙。五步一楼，十步一阁；廊腰缦回，檐牙高啄；各抱地势，钩心斗角。盘盘焉，囷囷焉，蜂房水涡，矗不知其几千万落！长桥卧波，未云何龙？复道行空，不霁何虹？高低冥迷，不知西东。歌台暖响，春光融融；舞殿冷袖，风雨凄凄。一日之内，一宫之间，而气候不齐。

　　中国古典小说四大名著之一的《红楼梦》对中国园林建筑有非常精彩的描写。如第十七回写刚建好的大观园：

　　　　只见正门五间，上面桶瓦泥鳅脊，那门栏窗槅，皆是细雕新鲜花样，并无朱粉涂饰，一色水磨群墙，下面白石台矶，凿成西番草花样。左右一望，皆雪白粉墙，下面虎皮石，随势砌去，果然不落富丽俗套，自是欢喜。遂命开门，只见迎面一带翠嶂挡在前面。……往前一望，见白石崚嶒，或如鬼怪，或如猛兽，纵横拱立，上面苔藓成斑，藤萝掩映，其中微露羊肠小径。……

　　进入石洞来。只见佳木茏葱，奇花闪灼，一带清流，从花木深处曲折泻于石隙之下。再进数步，渐向北边，平坦宽豁，两边飞楼插空，雕甍绣槛，皆隐于山坳树杪之间。俯而视之，则清溪泻雪，石磴穿云，白石为栏，环抱池沿，石桥三港，兽面衔吐。桥上有亭。贾政与诸人上了亭子，倚栏坐了……

曹雪芹这部分文字对大观园的描写非常细腻、传神，栩栩如生，让人读后有身临其境之感。

1.3　关于民国时期的建筑

1947 年 2 月，中国工程师学会在上海召开抗战胜利后首届年会，出席年会的交通部公路总局第五公路工程管理局正工程司江超西撰写了一篇文章阐述民国时期中国工程建设的沿革变迁，发表于上海《大公报》上。

江超西形象地以钟表时针所指方向的移动来描述中华民国建立 30 多年来全国工程建设的发展变化过程，颇为生动形象。

其文认为，我国土木工程肇始于詹天佑建设的"西人所不敢计划之京张铁路"，"吾国土木工程建设，乃最先发轫于正北方"。该文视此为近现代中国工程建设"时钟"的零时零分。此时还有"集中于大北平一带"的我国工程建设"第一期"工程，如南苑航空工厂、北京电厂、龙烟煤矿、清河织呢厂等。"直皖战争"爆发后，政治中心移到东北，工程建设最著名的有沈阳兵工厂、奉天广播台、飞机场及东北铁路等。此时中国工程建设的"时针"走到一时三十分。1922 年华盛顿会议后中国收回胶济铁路，胶州半岛重回中国手中，工程建设重心移到这里，有四方机厂、青岛港务及工务局各工程、烟台汽车路及济南各工程等。此时中国工程建设时针走到三时零分。北伐战争时国民军进入上海，成立上海市政府，中国工程建设重点转向上海、江浙一带，最著名的是上海市中心各工程、浦东虹口各工厂，杭州各工程、浙江各公路，福建灌溉工程及马尾飞机厂等。此时中国工程建设时针走到四时三十分。从 1936 年开始，工程建设重心再沿顺时针走向正南的两广，著名的工程有广东的黄埔商埠、珠江铁桥及中山大学各建筑，广西的兵工厂、硫酸厂、飞机场、广西大学及"模范省"各工程的建成。此时中国建设工程时针走到六时零分。卢沟桥事变之后，我国工程建设"不得不再以'顺钟针走向'自正南移向西南之云贵各省"，最重要的建设一为贵州的乌江铁桥，一为云南的"滇缅公路之贯通及国际油管之布置"。此时中国工程建设时针走到七时三十分。"珍珠港事件"之后，滇缅公路不足以运输租借条约中的物资进入国内，于是华西多座巨大机场"应运而筑"，中国工程建设又以"顺时针走向"移到"正西的川康二省"，最著名的工程有广汉、彭山、泸县"新建之各水陆机场与迁川各工程之建筑、川北九邑之水利"，以及"康青公路之贯通及康省各矿之开采"。此时中国工程建设时针走到了九时零分。抗战胜利，"华西坝车马零落而西北区应运而兴"，中国工程建设继续顺时针走势走向西北的陕甘一带，重要的工程有陕西的"泾渭各渠之凿"、甘肃的"陇海铁路之达到陇上天水关及嘉峪关外以不毛之灌溉，有玉泉汽油矿之开成"。此时中国工程建设时针走到十时三十分。此后，经过十年才开成的国大会议，"制宪诸君子，有较多数主张建都北平之倾向"，"建筑大北平以备为将来之首都为极可能之事"，故"吾国工程建设"或仍以"'顺时针走向'自西北移向正北之出发点，以完全适合'中国工程建设中心点轮回图'"[①]。

江超西上述一家之言，可供后来者对民国时期的工程建设发展情况作一概略观察和了解。

20世纪五六十年代任建筑工程部副部长的杨春茂曾在1988年对旧中国的建筑业如此评价："旧中国遗留给我们的只是一些零散手工劳动为主的营造商，基础极为薄弱。"[②]总的说来，民国时期我国建筑业基础较差，发展缓慢，营造水平较低，尚未形成独立的行业，这是不争的事实，有关数据表明，全面抗战爆发前夕，建筑业创造的国民收入仅占当时国民收入总额的1.1%；到新中国成立时，有组织的建筑职工还不到20万人，为各行各业从业总人数的2.5%[③]。

① 江超西.我国工程建设简史：为中国工程师学会年会作[J].第五区公路工程管理局公报，1947，2（3）：2-3.

② 杨春茂.难忘的创业年代[M]// 袁镜身，王弗.建筑业的创业年代.北京：中国建筑工业出版社，1988：251.

③ 傅仁章.中国建筑业概况[M]// 中国建筑业年鉴：1984/1985.北京：中国建筑工业出版社，1988：91.

1.4 关于民国时期建筑期刊

进入近代，列强的坚船利炮打开中国国门之后，中国建筑业遭遇到了资本主义经济、科技、文化等背景下的西方建筑技术和风格所带来的强烈冲击，从 19 世纪 60 年代开始一直到 20 世纪 20 年代初期，中国的房屋建筑潮流都是模仿、照搬西洋建筑样式，进入一段漫长的"洋风"盛行时期。

从 20 世纪 20 年代中后期到 30 年代中后期日本全面侵华之前，中国建筑开始了民族意识的觉醒，进入中国近现代建筑发展史上的一段"自立"时期[①]，标志性的现象之一是建筑学术团体的纷纷成立和学术研究的蓬勃开展，特别是随之而兴起的建筑期刊，成为推动建筑行业民族意识觉醒、建筑风格"自立"和建筑业开始立足国情、向现代建筑业方向起步前行的重要力量。

回溯历史，我国的报刊出版业中，报纸出版很早，唐玄宗开元年间就有了邸报这种形式的报纸，近代著名报人梁启超认为"中国《邸报》，视万国之报纸，皆为先辈"。

从出版实践来看，我国较早就产生了以《宫门钞》、谕旨、章奏为内容的古代报刊。官方出版物，从唐朝的《进奏院状》、宋明两朝的《邸报》，到清朝的《邸报》《官书局汇报》和《谕折汇存》等，已有近一千二百年的历史；民间出版物，从北宋的《小报》、明末的《急选报》，到清末的《京报》，也有近一千年的历史。这类具有连续发布或周期性、求新求快、册页式装订等特点的不定期出版物，虽名为"报"，但已包含了某些"刊"的特征。不过，历史地看，它们在信息来源、生产流程、传递路径、阅读对象和管理方式等方面，与近代意义上的期刊还存在较大差异[②]。

那么，何为近代意义上的期刊或人们常称的杂志？

"期刊"或"杂志"，英文为"Magazine"，源自法文 Magasin，原义为"仓库""知识的仓库"或"军用品供应库"等。在中文里，"期刊"一词由"期"和"刊"两个字组成："期"是一个时间概念，指限定的时间或约定的时日，如"君子于役，不知其期"（《诗·王风·君子于役》），另外，"期"还有约会、希望、定期出版物的次数等含义；"刊"在中文里有砍、削、删改、修改之意，如"就人借书，必手刊其谬，然后反

① 张复合.中国近代建筑史"自立"时期之概略 [J].建筑学报，1996（11）：31.

② 石峰，刘兰肖.中国期刊史：第一卷 [M].北京：人民出版社，2017：004.

之"(《晋书·齐王攸传》)，另外还有刻、雕刻、出版物的含义，如"必须绰（孙绰）为碑文，然后刊石焉"(《晋书·孙绰传》)，后者已有排版印刷和刊行的意思。

对于"期刊"，国际上有不同的定义。联合国教科文组织于 1964 年统一为："凡用同一标题连续不断（无限期）地定期或不定期出版，每年至少出一期（次）以上，每期均有期次编号或注明日期的称为期刊。"[①] 我国的《辞海》这样解释："'期刊'，亦称'杂志'。根据一定的编辑方针，将众多作者的作品汇集装订成册，定期或不定期的连续出版物。每期版式大体相同。有固定名称，用卷、期或年、月顺序编号出版。有专业性和综合性两类。"[②]《中国大百科全书》则给出了这样的定义："具有同一标题的定期或不定期的连续出版物。它是人们记录、传播、保存知识和信息的主要载体之一，是供大众阅读的综合性杂志（magazine）与供专业人员阅读的刊物（journal）的总称。"[③]

有学者认为，我国最早的中文期刊是清乾隆五十七年（1792 年）江苏吴县（今苏州）唐大烈编辑刊行的《吴医汇讲》。与西方资本主义国家在 17 世纪 60 年代就产生期刊比较起来，近现代意义上的中文期刊晚了 150 多年，到 1815 年 8 月才出现由英国传教士马礼逊创办、米怜主编，为配合鸦片商和传教士叩开中国古老大门进行文化传播渗透的中文期刊《察世俗每月统记传》(*Chinese Monthly Magazi*，在马来西亚马六甲创刊出版）。自此之后，中国的期刊业开始缓慢发展。1833 年 8 月，普鲁士传教士郭士立在广州创办了中国境内第一份中文期刊《东西洋考每月统记传》，这份同样是配合西方文化入侵的期刊，已经具备现代期刊的诸多特征，对后来的中文期刊的编辑出版产生了直接而长远的影响。此后直到维新运动兴起，1896 年维新派创办《时务报》，才结束了大多数中文期刊都由外国传教士垄断的局面，出现了中国近代期刊大师级人物梁启超，他先后主笔主办了《时务报》《清议报》《新民丛报》等。

维新运动以降，中国的期刊出版事业开始快速发展，留日学生掀起办刊热潮，同盟会在孙中山领导下办了几种影响很大的重要期刊，其中机关刊《民报》与梁启超的《新民丛报》之间的论战，既引发了社会思潮的大碰撞，又扩大了期刊出版业的社会影响，间接为辛亥革命准备了思想和舆论武器。

---

① 姚远，颜帅. 中国高校科技期刊百年史：上册 [M]. 北京：清华大学出版社，2017：3-4.

② 辞海：第六版典藏本 [M]. 上海：上海辞书出版社，2011：3473.

③ 中国大百科全书总编辑委员会. 中国大百科全书：新闻出版 [M]. 北京：中国大百科全书出版社，2004：234.

辛亥革命以后，到 1918 年，中国的各种刊物已经发展到七八百种之多，种类上比较全面，包括综合性期刊、文学期刊、教育期刊、妇女期刊及科技期刊等①。

民国时期短短 38 年，经历了辛亥革命、军阀混战、北伐战争、抗日战争、解放战争等带来的全方位全民化的剧烈震荡与冲击，这段"千年未有之大变局"时期，也是我国历史上思想文化碰撞最为激烈的时期之一。表现在出版物上，这段时期各种出版物种类、数量繁多，据统计，民国时期传统的三种类型的出版物中，图书约有 25 万种、报纸约有 8 000 种，期刊方面，据邓集田统计，在 1902—1949 年间，共创刊中文期刊 23 277 种②。2000 年，伍杰主持，历时 6 年、70 余家图书馆期刊管理工作者参与，编成《中文期刊大词典》，收入 33 036 种期刊，其中 1949 年以前 25 000 余种③。2021 年我国的出版物数量，图书是 52.9 万种，期刊为 10 185 种，报纸为 1 752 种④。两相比较，考虑到民国时期整个社会和国民的物质文化水平远远不如今天，足以说明当时出版物种类数量多得惊人。

中国报刊对于建筑的传播起步很晚。本书考证，在中文报纸中最早在报刊标题中出现"建筑"一词，是 1874 年 9 月 23 日《申报》头版的一则新闻《吴淞建筑炮台》，这里的"建筑"词性是动词，"修建"的意思。到 1904 年，我国报纸中有 45 篇新闻标题含"建筑"二字；到 1909 年，标题含有"建筑"一词的报道开始多了起来，当年有 288 篇，主要是各地报纸刊发各地咨议局有关建筑的计划方案、各地建筑信息等。到辛亥革命前后，部分期刊零星刊发了一些关于建筑的文章和宣传图片等，与此同时，开始出现有部分建筑方面内容的期刊。如 1910 年创刊于天津的《地质杂志》，于 1911 年刊登过作者张相文在对淮河流域进行实地考察后所写的文章《导淮一夕谈》《论导淮不宜全淮入江》；1913 年创办的《中华工程师会报告》（后改名《中国工程师学会会报》），于第 1 卷第 8 期刊发了詹天佑的《京张铁路工程纪略》，该刊还陆续发表过《铁筋混合土论纲》《洋灰实验法》《河底隧道之浮箱》等工程建设方面的技术文章⑤。

---

① 宋应离.中国期刊发展史 [M].开封：河南大学出版社，2000：73-87.

② 石峰，吴永贵.中国期刊史：第二卷 [M].北京：人民出版社，2017：导言 3.

③ 姚远，颜帅.中国高校期刊百年史：上册 [M].北京：清华大学出版社，2017：71.

④ 2021 年新闻出版产业分析报告 [R/OL].（2023-05-30）[2023-11-08]. https：//www.nppa.gov.cn/xxgk/fdzdgknr/tjxx/202305/P020230530667517704140.pdf.

⑤ 同①，91-92.

上述期刊只有少数内容涉及建筑工程，难以算作真正的建筑期刊。

现代意义上的建筑期刊诞生于民国时期。其具体种数，本研究通过现代数字技术和信息化手段检索刊名含"建筑""营造""工程"等字样的期刊：在中国国家图书馆·中国国家数字图书馆的"民国图书"数据库中，搜出 168 种；在上海图书馆"全国报刊索引·民国时期期刊全文数据库（1911～1949）"中搜出含"建筑"一词的期刊 8 种、含"营造"一词的期刊 5 种、含"建设"一词的 196 种、含"工程"一词的 98 种。其中，含"建设""工程"的很多不属于建筑类期刊，比如《政治建设》《农业建设》《新建设》和《机电工程》《卫生工程》《纺织染工程》等。土木建筑方面，从前述数据库中可搜索出铁路期刊 70 余种、水利期刊 30 余种、公路期刊 40 余种。上述搜索结果总计 615 种，但存在前述名不副实以及交叉叠加现象。

民国时期的出版商注意到了建筑出版物稀缺的现象，1930 年 7 月 6 日，现代书局金志良致信筹备中的上海建筑协会，他认为我国建筑刊物缺乏，敦促协会在其会报上陆续刊登关于建筑学术方面的著作，以便他日汇集起来印发单行本 ①。

1.5 关于民国时期建筑期刊研究现状

建筑期刊所涉及的内容中，房屋建筑与"住"密不可分，铁路、公路建筑和"行"紧密相连，水利工程关系到社会生产和人民生活，甚至生命财产安全，与经济发展和社会民生关系重大。

回溯我国近现代建筑业的发展历程，业界不能忽视民国时期各建筑期刊在推动建筑业迈向现代化的渐进过程中所发挥的重要作用，这些期刊对于建筑学科的奠基和促进、对建筑技术的宣传推广和普及、对现代史上诸多重要建筑工程的推动和促成等，均产生过重大影响。因此，研究民国时期的建筑期刊，有着特殊意义自不待言。

目前，业界对民国时期建筑期刊的数字化及汇编工作开展了不少。数字化方面，如国家图书馆的数字化工程及上海图书馆开发的"全国报刊索引·民国时期期刊全文数据库（1911～1949）"，本研究所依靠的本底资料和所引用各期刊封面图片即主要来源于这两个数据库。汇编方面，如知识产权出版社 2006 年复制出版《中国营造学社汇刊》全套 23 册；广西师范大学出版社 2020 年复制出版《民国建筑工程期刊汇编》

① 本会会务进行纪要 [M] // 上海市建筑协会成立大会特刊 . 上海：上海市建筑协会，1931：157.

全套 72 册，收入民国建筑期刊文献 30 余种。

不过，上述工作只是完成了民国时期建筑期刊的原始资料收集整理和数字化或资源化处理。时至今日，学界对民国时期建筑期刊尚缺乏整体、系统的研究，一些零星的研究成果也大多基于其中的个别期刊。

专业研究方面，现有的期刊研究专著多数对此浅尝辄止，并未深入，如：

2000 年，宋应离主编的《中国期刊发展史》出版，全书 30 万字，只对《中国营造学社》《河海月刊》《督办广东治河事宜处报告书》等少量民国时期建筑期刊有所提及，介绍文字总计只有区区一两千字。

2008 年，列入中国科学院知识创新工程项目、中国近现代科学技术史研究丛书的《中国近代科技期刊源流（1792—1949）》，共分上、中、下三册，由山东教育出版社出版。在其下册第七部分"工程技术期刊"中，列出了综合性工程技术期刊 41 种，机械工程、动力工程期刊 5 种，军事技术、国防工业期刊 9 种，电力技术、无线电技术期刊 15 种，建筑科学期刊 5 种，交通运输期刊 19 种，航空工程期刊 16 种，并进行条目式的介绍。不过该书列举简介的这些工程技术期刊绝大多数都超出了建筑期刊的范畴。

2017 年，人民出版社出版五卷本《中国期刊史》，由中国期刊协会组织编著，第二卷为民国时期的期刊史，其中第十一章"科技期刊发展先盛后衰"，仅提到《中国工程师学会会报》发表了詹天佑《京张铁路工程纪略》。

以上情况，说明民国时期的建筑期刊还没有引起期刊史研究专家的必要关注和足够重视。

个刊研究方面，以在建筑学界名气很大的中国营造学社为例，后世学者对该社的研究较多，但对其所创办的学术期刊《中国营造学社汇刊》的研究为数还较少，仅见少数成果发表于部分学术刊物上，如《〈中国营造学社汇刊〉评价》（张驭寰，《中国科技史料》1987 年第 5 期）、《〈中国营造学社汇刊〉的学术轨迹与图景》（陈薇，《建筑学报》2010 年第 1 期）、《〈中国营造学社汇刊〉的创办、发展及其影响》（王贵祥，《世界建筑》2016 年第 1 期）、《中国营造学社的学术特点和发展历程：以〈中国营造学社汇刊〉为研究视角》[常清华、沈源，《哈尔滨工业大学学报（社科版）》2011 年第 13 卷第 2 期] 等。从行业角度观察，对民国时期水利工程期刊、公路工程期刊、房屋建筑期刊深入研究的成果屈指可数，检索到的仅有《杜彦耿的〈建筑月刊〉》（何重建，《建筑》1994 年第 6 期）、《民国〈道路月刊〉反映的汽车与交通》（彭援军，《中国汽车市场》2008 年第 8 期)、《中华全国道路建设协会的市政参与与民国市政发展研究：
以〈道路月刊〉为中心之考察》[方秋梅，《江汉大学学报 (社科版)》2014 年第 31 卷
第 6 期]、《〈道路月刊〉与民初 "兵工筑路" 研究》(黑波，《科学·经济·社会》，2015
年第 33 卷第 2 期)、《〈河海月刊〉的历史定位和社会影响》[王红星、张松波、季山，
《河海大学学报 (自然科学版)》，2015 年第 43 卷第 5 期]、《20 世纪 30 年代上海居住
问题与住宅设计：以〈建筑月刊〉为例》(崔露薇、郭秋惠，《中国艺术》，2019 年第 6
期) 等数篇。对铁路工程期刊展开研究的则更为罕见。

　　此外，建筑史研究方面的专著，如北京建筑大学建筑设计艺术研究中心黄元炤所
著《中国近代建筑纲要 (1840—1949)》(中国建筑工业出版社，2015 年) 及赖德霖、
伍江、徐苏斌主编的《中国近代建筑史》第二卷 (中国建筑工业出版社，2016 年)
等，部分内容包括了民国时期的部分建筑期刊，如《建筑月刊》《中国建筑》《新建筑》
等，并对此进行过相关分析和论述。

　　总体来看，鲜有见到对民国时期建筑期刊比较深入、全面、系统的学术研究成果
面世。

　　本书采用整体研究、分类型研究、个刊研究、对比分析等方法，描绘出民国时期
建筑期刊的基本面貌，并深入研究其出版、发行、管理、编辑、作者及经营特点，致
力于填补该领域研究的空白。

民国时期建筑期刊总述

民国时期建筑期刊经历了初创期、发展期、黄金期、艰难期、短暂恢复期等几个历史时期。从期刊内容和行业特点来分，可以分为水利工程类、铁路工程类、道路工程类和房屋建筑类；从主办机构来分，可以分为政府机构主办类、行业社团主办类、大学主办类、社会单位主办类等。

2.1　历史分期

民国时期的建筑期刊，根据其发展特点可以分为以下几个时期。

2.1.1　初创期（1912—1919）

1912—1919年为民国时期建筑期刊初创期。这个时期建筑期刊数量较少，主要有《铁道》《铁路协会会报》《督办广东治河事宜处报告书》《河海月刊》《江苏水利协会杂志》《中华工程师学会会报》等。各刊封面图 [①] 如图1所示。

《铁道》（中华民国铁道协会主办）、《铁路协会会报》（中华全国铁路协会主办）属于铁路工程行业，均创刊于1912年，前者第二年停刊，后者创刊时名为《铁路协会杂志》，1913年改名为《铁路协会会报》。《督办广东治河事宜处报告书》（督办广东治

---

① 本书封面图片除特别注明外，均来源于"全国报刊索引·民国时期期刊全文数据库（1911～1949）"。

图 1 《铁道》等封面图

河事宜处出版)、《河海月刊》(南京河海工程专门学校主办)、《江苏水利协会杂志》(江
苏水利协会主办) 都属于水利工程行业,分别创刊于 1916 年、1917 年、1918 年。

创刊于 1913 年的《中华工程师会报告》(后改名为《中华工程师学会会报》) 比较
特殊。该刊主办单位是中华工程师学会,学会会员分布在好几个领域,服务对象范围
较广,纵观其内容,超出建筑行业比较多,本书把它纳入建筑期刊观察。

这个时期,建筑期刊的主办发行主要有政府机构主办、社团主办、大学主办三种
形式。

2.1.2 发展期(1920—1927)

进入 20 世纪 20 年代,建筑期刊的一大特点是行业主管部门和地方主管机关纷纷
兴起办刊潮,以水利工程和铁路工程为代表的土木建筑期刊数量增长较快,并开始出
现公路工程期刊和房屋建筑期刊。部分期刊封面如图 2 所示。

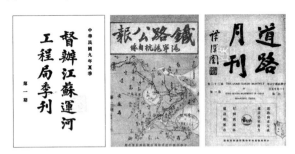

图 2 《督办江苏运河工程局季刊》等封面图

本阶段水利工程行业增加了《督办江苏运河工程局季刊》(1920 年)、《水利杂志》
(1922 年,安徽水利杂志社编印)、《绍萧塘闸工程月刊》(1926 年,绍萧塘闸工程局
创办)、《太湖流域水利季刊》(1927 年,太湖流域水利工程处出版)。水利工程刊物
的兴办与当时水灾频繁,政府设立诸多水利机关开展对各大水系的水患治理有关。

铁路工程行业，从 1920 年起按照交通部训令，各地方铁路局以同一形式，出版了《铁路公报》系列旬刊，如《铁路公报·沪宁沪杭甬线》《铁路公报·京汉线》《铁路公报·津浦线》《铁路公报·京绥线》等。从这些刊物的内容看，主要是铁路运输管理方面，铁路工程建设方面不是太多。这是由于 1920 年后直皖战争、川湘之战、两次直奉战争、北伐战争等陆续开打，1924 年至 1926 年三年间是南北武装力量权势更迭相当快速激烈的时期 [①]，政府频繁更替，政局动荡，债台高筑，已建成的铁路路局运转困难，遑论兴修铁路，有数据显示，1924 年、1926 年全国铁路新增里程均为零 [②]，铁路建设不兴，铁路工程项目稀缺，专业的铁路工程期刊也就难以出现。

这个时期新增了公路工程建设领域的《道路月刊》（1922 年）、房地产建筑行业的《上海地产月刊》（1927 年），以及以"记载国内工程消息，研究工程应用学识，以浅明普及"为办刊宗旨的《工程旬刊》（1926 年）。社团组织办刊新增了中国工程学会会刊《工程》（1925 年），行业主管部门办刊新增了《浙江省建设厅月刊》（1927 年）等。其中中国工程学会会刊《工程》，其涉及范围是大工程，除了前述土木工程、房屋建筑工程外，还包括机械、化学、采矿及冶金等工程领域。部分期刊封面图如图 3 所示。

图 3 《工程》等封面图

2.1.3 黄金期（1928—1937）

1927 年北伐胜利标志着国民党在全国统治的基本确立，国民党政府推出训政。从 1927 年后到日本全面侵华的 1937 年之前，"是许多在华已久的英、美及各国侨民所公认的黄金十年"，在这十年之中，政局相对稳定，"交通进步了，经济稳定了，学校林立，教育推广，而其他方面，也多有进步的建制"①。

国民政府所谓的"黄金十年"，大体按照孙中山提出的实业计划推行建设，加大了铁路、公路、水利、港口、码头等土木工程基本建设投入。随着经济的发展，人口向大都市聚集，人们对住房需求和厂房、酒店、金融大厦、文教等设施的需求迅速增加，在上海等大城市出现房屋建筑领域的建设高潮。

反映在建筑期刊上，这一时期同样也成为建筑期刊的"黄金期"，无论是土木工程领域，还是房屋建筑工程领域，期刊数量、品种都大量增加，呈现出积极的发展态势。

铁路工程领域，1930 年，民国政府铁道部长孙科签发秘字第 4916 号铁道部令《改良国有铁路定期刊物办法》，办法称，"公报性质向以登载公文函件为主，而各路刊物似宜多载对于路员及民众有益之资料，所以各路刊物不宜再用'公报'名义"，规定"各路刊物宜名为《铁路月刊》，后加'某某线'数字，各国有铁路之刊物，均宜采用此名，以昭划一"，"似宜规定一国有铁路刊物之统一尺寸及封面样式，使一望而知为国有铁路刊物"②。在该办法要求下，各路局的铁路期刊再一次集体转型，统一名称及封面形式、栏目设置等，如 1930 年的《铁路月刊·湘鄂线》《铁路月刊·津浦线》《铁路月刊·南浔线》，1931 年的《铁路月刊·北宁线》《铁路月刊·广韶线》《铁路月刊·平汉线》《铁路月刊·正太线》等。此外，另有 1929 年《沈海铁路月刊》、1930 年《铁路旬刊·道清线》出版。这些期刊的内容以已建成铁路线路的运输管理为主、既有铁路工程的维修和施工等为辅。

这一时期陆续新开工了一些铁路工程，负责施工建造新铁路的工程局纷纷创办了自己所负责路段的铁路工程期刊，如 1930 年的《浙江省杭江铁路工程局月刊》、1931 年的《陇海铁路潼西工程月刊》、1933 年的《粤汉铁路株韶段工程月刊》和《杭江铁路月刊》、1934 年的《浙赣铁路月刊》、1936 年的《陇海铁路西段工程局两月刊》等。部分期刊封面如图 4 所示。

我国公路建设启动较晚，属于 20 世纪 20 年代初才大量发展起来的新事物，与晚清 19 世纪 80 年代就发轫的铁路建设比较起来尤其显得姗姗来迟。随着各地加强公路建设，各地公路局陆续在本阶段创办了一些公路建设和管理方面的期刊。如 1928 年

---

① 调查太平洋关系学术记录 [M]// 卓遵宏 . 中华民国专题史：06 卷 南京国民政府十年经济建设 . 南京：南京大学出版社，2015.

② 改良国有铁路定期刊物办法 [J]. 铁路月刊·津浦线，1930，1（1）：113-114.

四川万县的万梁马路总局创办的《万梁马路月刊》及同年四川泸县的富泸马路总局创办的《富泸马路月刊》、浙江省公路局1929年创办的《浙江省公路局汇刊》(1933年改为《浙江省公路管理局汇刊》)、川南马路总局1929年创办的《川南马路月刊》、湖南全省公路局1930年创办的《公路月刊》、江西公路处1930年创办的《江西公路处季刊》和1934年创办的《公路三日刊》、湖北省公路管理局1936年创刊的《湖北公路半月刊》(后改为《湖北公路月刊》)、四川公路局1936年创办的《四川公路月刊》等。部分期刊封面图见图5。

图4 《粤汉铁路株韶段工程月刊》等封面图

图5 《四川公路月刊》等封面图

水利工程建设继续得到加强,由此这一时期新出现一些水利工程机关或社团主办的期刊。如1928年华北水利委员会创办的《华北水利月刊》、1928年湖北省政府水利局创办的《湖北水利月刊》、1929年江苏省水利局创办的《江苏省水利局月刊》、1930年广东治河委员会创办的《广东水利》、1931年中国水利工程学会创办的《水利》月刊、1932年陕西水利局创办的《陕西水利月刊》、1934年黄河水利委员会创办的《黄河水利月刊》、1936年扬子江水利委员会创办的《扬子江水利委员会季刊》等。部分期刊封面见图6。

与经济社会发展潮流相适应,这一时期增加了多种房屋、民用与工业建筑期刊。这些期刊涉及的建筑工程与人们的生活关系更为密切,其范围很广,"如衙署官舍建

图6 《水利》等封面图

筑、学校建筑、医院、戏剧建筑、工场建筑、商店、百货公司建筑、住宅和公寓建筑等"[①]。这些期刊中比较著名的,一是上海市工务局1930年1月创办的《工程译报》,该刊着力引进国外建筑技术,专门刊登翻译外国期刊建筑技术稿件;二是1930年3月由中国营造学社创办、专业研究中国古建筑的期刊《中国营造学社汇刊》,这是中国建筑学术史上重要的里程碑事件;三是面向当下的建筑市场和满足建筑设计、施工等新需要的期刊陆续出现,如1932年上海市建筑协会创办的《建筑月刊》,1933年中国建筑师学会正式出版的《中国建筑》,1936年由广州勤勤大学建筑系学生和一些青年建筑师组成的新建筑月刊社创办的《新建筑》。部分期刊封面图见图7。

图7 《中国营造学社汇刊》等封面图

这一时期大学纷纷创办土木工程类期刊。民国政府明确,"大学及专门教育必须注重实用科学,充实学科内容,养成专门知识技能,并切实陶融为国家社会服务之健全品格"[②],"大学教育注重实用科学之原则,必须包含理学院或农、工、商、医各

① 创刊词[J]. 新建筑,1936(1):2.
② 中华民国教育宗旨及其实施方针[J]. 教育部公报,1929,1(5):2.

学院之一"①。在这样的背景下，我国一些大学开始开设实用性强的建筑专业，如1928年东北大学聘任归国的梁思成创设建筑系；1928年南京第四中山大学改名为中央大学，把此前一年并入的苏州工业专门学校的建筑科改为建筑系，这是我国最早的两个大学建筑系。此外，更有许多大学开设土木工程专业。在此背景下，诞生了诸多大学类建筑期刊。如浙江大学土木工程学会1930年创办《土木工程》、清华大学土木工程学会1932年创办《国立清华大学土木工程学会会刊》、岭南大学工程学会1933年创办《南大工程》、广东国民大学工学院土木工程研究会1933年创办《工程学报》、中央大学土木工程学会1933年创办《校风·土木工程》（当年下半年改为《土木》）、复旦土木工程学会1933年创办《复旦土木工程学会会刊》、之江文理学院土木工程学会1934年创办《之江土木工程学会会刊》等。部分期刊封面图见图8。

图8 《国立清华大学土木工程学会会刊》等封面图

2.1.4 艰难期（1937—1945）

1937年7月7日，日本悍然发动全面侵华战争，打断了中国各项建设事业步伐，建筑期刊出版事业也遭受重创。这一时期，前述期刊绝大多数都因战争爆发而不得不停刊。但在抗战的大后方，尽管条件异常艰苦，也因应战时需要而诞生了一些新的建筑期刊，凸显出建筑期刊顽强的生命力。部分期刊封面图见图9。

铁路工程方面，"及抗战军兴，倭寇深入，我谋军事运输之便利，并图开发西南富源以奠定复兴之基础，皆有提前建筑滇缅铁路之必要"，于是，"此筹划多年之国际交通线"即滇缅铁路于1938年冬季开始正式动工修建②。1940年1月，负责修筑该铁路的滇缅铁路工程局创办了《滇缅铁路月刊》。"吾国自抗战以还，中央对于铁路之建

① 大学规程 [J]. 教育部公报，1929，1（9）：84.
② 抗战中诞生之滇缅铁路 [J]. 滇缅铁路月刊，1940（1）：13-15.

图9 《滇缅铁路月刊》等封面图

设，常抱定打通国际路线与开发后方交通之两项原则。关于前者，致力于西南方向为多，而因环境变迁，所受阻力亦最大。西北方面则路线之方向单纯"，"自太平洋战争发生以来，国际形势陡变，我国西北走廊，遂居于世界上一重要位置"[①]，基于此，民国政府决定赶修宝鸡到天水的铁路，负责修筑该段铁路的交通部宝天铁路工程局于1942年10月创办了《宝天路刊》。

　　公路工程和交通运输管理方面，这一时期主要是力保公路交通运输畅通。1938年2月江西公路局创办《江西公路》，1938年7月交通部西南公路运输管理局创办了《西南公路》，1939年西北公路管理局创办《西北公路》，1940年交通部川滇公路管理处创办《川滇公路》，1941年广东公路处创办《广东公路》半月刊，1945年军事委员会战时运输管理局川陕公路管理局创办《川陕公路》，这一类刊物属于交通运输管理类期刊，主要刊登局令等文件，涉及公路工程的内容不是主流。公路工程施工建设技术方面的期刊有1939年12月创刊的《公路月刊》、1940年创办的《公路技术》(手写油印)、1941年创办的《公路研究》、1942年创办的《公路丛刊》、1942年运输统制局公路工务总处创办的《公路工程》，1942年重庆大学公路研究实验室创办的《新公路月刊》，1944年交通部滇缅公路工务局创办的《滇缅公路》。

① 凌鸿勋.宝天铁路赶工应有之认识[J].宝天路刊，1942，1（1）：1.

中国市政工程学会成立后于 1944 年创办《市政工程年刊》，为抗战结束后定都及国内城市的市政建设作理论和技术上的探讨与准备。

这一时期还出现一些内容比较宽泛的期刊，如：中华营建研究会 1944 年成立后创刊的《中华营建》；1940 年由新工程杂志社在昆明创办的《新工程》，涉及面较广，不仅包括铁路、公路、水利等土木工程，也包括民用房屋建筑，还包括航空、机械、输送电工程等。类似的还有 1945 年抗战结束前，工程杂志社创办的《工程界》，涉及工业建设、土木水利、市政建筑、电机工程、机械工程、机动车工程、化学工程、纺织染工程、工程材料、工程传记、工业展览、工业管理等内容；1945 年抗战胜利前于重庆创办的《工程报导》，出版两期后因为主要出版人到上海从事市政建设而改到上海出版。这些期刊内容都比较综合。

此外，限于出版条件，还出现了一些手抄油印期刊，如：中央大学西迁重庆，该校建筑系学生于 1943 年创办的《建筑》；中国营造学社南迁辗转到四川南溪县李庄，梁思成、林徽因等通过募集资金，于 1944 年、1945 年复刊出版了两期手抄石印版《中国营造学社汇刊》。见图 10 所示。

图 10 手写石印的两期《中国营造学社汇刊》目录

总的说来，这一时期的建筑期刊大多诞生在重庆、昆明等大后方，受战争影响，各方面条件都很差，期刊出版页面比较少，印刷装订品质相对比较差，刊期很不固定，许多在短时间内就无疾而终。

抗战期间，日伪占领区也诞生了一些建筑期刊，如天津工商学院内设的工商建筑工程学会于 1941 年 10 月创办《工商建筑》，上海特别市营造厂同业公会奉伪政府命于 1943 年改组成立后，创办了《营造》月刊等。

2.1.5 短暂恢复期（1945—1949）

中国军民众志成城、前仆后继、浴血奋战，最终打败了日本帝国主义，取得了全民族抗日战争的胜利。战后国家满目疮痍，亟待恢复重建，由此各地因应工程建设需要陆续新办了一些建筑期刊，如郑州的《黄河堵口复堤工程局月刊》(1946年)，交通部公路总局《第五区公路工程管理局公报》(1946年)，中国工程师学会武汉分会《工程：武汉版》(1946年)，建筑材料月刊社《建筑材料月刊》(1947年)、水利委员会《水利通讯》(1947年)、《中国工程周报》(1947年)、《江苏公路》(1947年)、南京市营造工业同业公会《营造旬刊》(1947年)、中华民国营造工业同业公会全国联合会与南京市营造工业同业公会合办《营造旬刊》(1948年)、上海市营造工业同业公会《营造半月刊》(1948年)、《现代公路》(1948年)等。后来国民党政府发动内战，最终中国共产党领导的人民解放军彻底推翻了国民党反动统治。时局动荡之下，这些刊物最后都停刊了。

　　抗战胜利，国民党政府收回台湾后加强了对台湾的经营，我国台湾省出现建筑热潮，台湾建筑期刊由此诞生。如1947年由台湾省土木建筑工业同业公会联合会创办的《台湾营造界》，以及同年由中国工程师学会台湾分会发行的《台湾工程界》。

　　部分期刊封面图见图11。

图11　《营造旬刊》等封面图

2.2　类型及特点

　　前述按行业分类的民国时期建筑期刊，出版单位不同、面向的读者各异，呈现出不同的特点。为论述方便，本书按照主办出版单位、出版目的和读者对象的差异性，对民国时期的建筑期刊按如下类型进行分析和论述。

2.2.1　行业管理型

1. 基本情况

行业管理类期刊属于各主管部门或机关编辑出版，发布本部门、本机关管理范围内相关信息的期刊，主要刊登各主管部门或机关的具体工作动态、工作部署，所涉及的工程建设行业发展、项目资金安排、实施进度及管理举措等各方面信息。如民国时期的铁路工程、水利工程、公路工程期刊等，它们在民国时期建筑期刊中占多数。

铁路工程建设和管理领域，如：《铁路公报·沪宁沪杭甬线》《铁路公报·京汉线》《铁路公报·津浦线》《铁路公报·京绥线》《铁路月刊·湘鄂线》《铁路月刊·津浦线》《铁路月刊·南浔线》《铁路月刊·北宁线》《铁路月刊·广韶线》《铁路月刊·平汉线》《铁路月刊·正太线》《沈海铁路月刊》《铁路旬刊·道清线》《浙江省杭江铁路工程局月刊》《陇海铁路潼西工程月刊》《粤汉铁路株韶段工程月刊》《杭江铁路月刊》《浙赣铁路月刊》《陇海铁路西段工程局两月刊》《滇缅铁路月刊》《宝天路刊》。

水利工程建设和管理领域，如：《督办广东治河事宜处报告书》《督办江苏运河工程局季刊》《绍萧塘闸工程月刊》《太湖流域水利季刊》《华北水利月刊》《湖北水利月刊》《江苏省水利局月刊》《广东水利》《陕西水利月刊》《黄河水利月刊》《扬子江水利委员会季刊》《黄河堵口复堤工程局月刊》《水利通讯》。

公路建设领域，如：《万梁马路月刊》《富泸马路月刊》《浙江省公路汇刊》《川南马路月刊》《公路月刊》《江西公路处季刊》《公路三日刊》《湖北公路》《四川公路月刊》《江西公路》《西南公路》《西北公路》《川滇公路》《广东公路》《川陕公路》《滇缅公路》《第五区公路工程管理局公报》《江苏公路》。

此外，还有民国政府主管机关的刊物如《铁道公报》《建设委员会公报》，地方主管部门的刊物如《山东省建设月刊》《江苏建设》《浙江省建设月刊》《河南新建设》等。这些刊物也涉及建筑工程方面的内容，但不是太多。

2. 特点

一是内容以发布本部门本机关的事务、信息为主，具有工作指导性质。

如《铁道公报》。该刊有两份同名期刊。一份由民国政府铁道部于 1928 年 12 月创刊，初创时是月刊，从 13 期起改刊期为半月刊，到了第 262 期又改为日刊，变成了日报一类的刊物，1937 年日本全面侵华后停刊。该刊全面汇集了当时的铁道规划和建筑施工等政策法规文件。时任民国政府铁道部长孙科在创刊的发刊词中表明该刊的宗旨是"以同人服役铁道部之工作报告于国民""以铁道建设之大计宣示于民众"，明确了该刊的定位是将部门各项工作对外公告宣示。另一份是 1940 年汪精卫伪政府刚成立时的铁道部所办，半月刊。1940 年第 2 期该刊刊发 8 篇文章，其中 1 篇为汪精卫的训令、4 篇为汪伪政权铁道部长傅式说的署名文章或签署的部令文件、1 篇为汪伪政权文官处会议决议、2 篇为铁道部人员复职资历审查简则和公务人员请求复职的暂行处理办法，所刊发的文章全部为官方公文内容，乏善可陈。

又如《建设委员会公报》(月刊、后改为双月刊)，1930 年创刊，1937 年停刊，主要刊登民国政府建设委员会及民国政府行政院的各种训令、指令、法规、公牍及各省的建设要闻。该刊出版期间，仅是刊发建设委员会委员长张人杰签发的各种文件就达 10 548 条，令人咋舌。

地方建设主管部门期刊如《山东省建设月刊》《江苏建设》《浙江省建设月刊》《河南新建设》也大同小异，各省主管部门即建设厅的信息、政府有关工程建设的公文和建设规划多有刊登，同时也更多记录了地方工程项目的建设和管理情况。

既发布部门信息，也发布建筑工程规划、计划和管理要求，以指导开展工作，是这类期刊的主要使命和特点。

二是出版条件有保障。

民国时期的期刊种类繁多，但其兴也勃焉，其亡也迅焉。很多都因为办刊经费、人员及市场需求等先天条件不足，导致或艰难维持断断续续出版，或难以为继不得不停刊。但本类型期刊则不同，出版该类期刊的政府部门或机关出于工作需要而办刊，因此在经费、人力等方面都给予了必要的保障。如 1928 年创办的《铁道公报》，不仅一直正常出版，而且 4 年后的 1932 年，刊期还改为了每日出版，直到 1937 年日本全面侵华、南京陷落，该刊才被迫停刊。这类期刊大多比较类似，如地方部门期刊《浙江省建设月刊》从 1930 年创办到 1937 年抗战全面爆发后停刊，其间一直保持正常出版。

铁路系统各路局、水利部门、公路局等部门出版的期刊，同样在人力和经费方面给予保障。铁路各管理路局的刊物基本都有经费和人员保障，孙科担任铁道部长后颁发部令，要求各路局所办期刊要尽量通过广告和刊物销售收入来减少路局经费投入。至于负责修建铁路工程的铁路工程局所办期刊，则大多从建设经费中列支相关经费，保障其正常出版。水利工程期刊方面，陕西省水利局创办《陕西水利月刊》时规定，"刊物隶属于总务科编审股，其编辑、审查、校对各事，由该股主任负责办理"，"本刊物印刷事务，由编审股随时与庶务股会同办理"[1]，物力人力财力制度等都有保障。

---

[1] 陕西水利局发行月刊暂行规则 [J]. 陕西水利月刊，1932（创刊号）：封 4.

2.2.2　学术研究型

1. 基本情况

中国的建筑业十分古老。中国人在建筑领域的理性思维其实并没缺位，历史上早就进行过有关的理论探索和总结，如《周礼·考工记》的记载、宋代李诫《营造法式》等。但在中国传统社会里，建筑领域的匠人长期被歧视、受冷落，地位低下，建筑科技含量长期徘徊不前，到近现代后，我国的建筑理论和建造技术总体上被西方抛在身后。

经过清末民初科技类期刊的启蒙和引导，民国时期出现一批薪火相传，以建筑技术、学术研究为己任的学术型建筑期刊。具体可分为两类：

一是同人型期刊。同人型期刊的典型是转到北京大学后于1918—1920年这段时间出版的《新青年》，一批北大教授志趣相投，共同撰稿、编辑《新青年》。建筑工程类的同人型期刊，最为典型的是《中国营造学社汇刊》。

二是院校、学会研究型期刊。典型的有《中华工程师学会会报》《河海月刊》《工程译报》《水利》《中国建筑》《国立清华大学土木工程学会会刊》《工程学报》《复旦土木工程学会会刊》《建筑》等。

2. 特点

一是比较小众，期刊维持正常出版难度较大。

如《中国营造学社汇刊》，创办时经中国营造学社社长朱启钤多方求援，得到了管理美国退还庚子赔款资金的中华教育文化基金会资助，才创办了学社，继而出版了该刊。该刊致力于中国传统建筑历史文化的挖掘、整理，学社同人持续多年去全国各地实地考察中国古建筑，成果发表在各期次的《中国营造学社汇刊》上。1937年因抗日战争全面爆发停刊后，学社主要成员转移到了四川南溪李庄，众人维持生计都很艰难，直到1944年才复刊出版了两期，到了1945年，因主要人员各自分离，后继资金匮乏，该刊最终完全停刊。各高校相关学会所办期刊也大多存在因资金困难导致出版延宕等状况。

二是学术成果颇丰，涌现出一批建筑工程领域知名专家。

这些期刊发表或宣传行业专家的学术成果，在专业领域获得较大反响。《中国工程师学会会报》在第1卷第8期发表詹天佑的《京张铁路工程纪略》，不仅首次为在复杂环境中修筑铁路提供了经验资料，而且大大提高了中国人民自力更生办铁路的信心。《工程》刊发了茅以升的8篇署名文章，其中有关于当时中国最先进的铁路大桥钱塘江大桥的设计及建设施工情况的介绍。《中国营造学社汇刊》前后刊发了学社发起人和创始人朱启钤及著名建筑学家刘敦桢、梁思成、单士元作品多篇，特别是梁思成和刘敦桢，各自由此成为中国古建筑研究领域的学术巨擘。刊发高水平专家学者的学术成果提升了民国时期建筑期刊的学术水平和历史价值。

2.2.3　建造应用型

1. 基本情况

建筑工程需通过理念和设计的物化外显，即通过建造施工才能把构想中的设计图纸变成功能性的实物，最终实现其价值。民国时期以一些企业为主组成的行业组织主办出版的建造应用型期刊，主要就是为这个过程服务的。典型的如《建筑月刊》《营造旬刊》《营造半月刊》《台湾营造界》等。

2. 特点

一是内容上侧重于工程施工建造领域。

以《建筑月刊》创刊后的1932年第1卷第2期为例，其内容分布比例如图12所示。

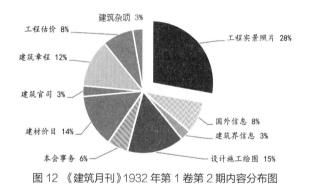

图 12　《建筑月刊》1932 年第 1 卷第 2 期内容分布图

该刊内容偏重于工程建造和施工。该期内容刊发版面数量从高到低依次是建筑物施工及国内外建筑实景照片（20页），工程的正面、侧面、后面等各部位的设计施工画图（11页）和建筑材料价目表（10页）、峻岭寄庐建筑章程（续，9页，峻岭寄庐即今上海锦江饭店的贵宾楼和峻岭楼，该章程为修建此楼的具体施工方案）、工程估价（附图表，6页）、建筑工程中杂项费用之预算（附表，2页），前面几项合计58页，占了整本期刊的74%。这些都是对施工建造非常实用的资料和信息。其他内容涉及国外信息如日本倾销水泥的信息2页、美国全年建筑业情况（含表，4页）、建筑界消息2页、建筑官司2页、读者来函1页，也大多与建筑施工密切相关。其余页面为协会相关信息等。

二是注重期刊内容的实用性、可操作性。

如上述《建筑月刊》实例汇总所示，其主要内容如工程实景图片、设计施工绘图、建材价格表、工程估价表、建筑章程等，都是与工程建造施工过程紧密相关的实用信息。这些信息是工程建造过程中急需的，而当时工程施工方获取技术和市场信息的能力和渠道都很有限，期刊提供实用性、可操作性很强的内容，具有相当强的指导性和实际应用价值。

《台湾营造界》也是如此。其每期内容分布稍有差别，有的期次以建筑工程类的各类资讯为主，还发一些文学作品，有的期次则以刊登实用信息和技术性资料为主。如1948年第2卷第3期，该刊该期较薄，只有20来页，共刊发文章17篇。其中：知识性介绍文章6页，包括玻璃常识、砌墙所需灰沙计算方法、砖块与灰沙简便计算法各1页，工程土壤学3页；介绍实用工料价格等信息的文章5页，包括当前红砖配售状况信息、台湾木材种类及经营概况、各机关建筑工程料价调整办法、台北市长寿桥计算书等各1页，另有介绍美国和德国营建情况3页。

2.2.4 行业社团型

1. 基本情况

这类建筑期刊都由行业协会、学会所办，如《铁路协会会报》《江苏水利协会杂志》《道路月刊》等。

2. 特点

一是内容比较杂，主要为协会和会员服务。

本类型期刊刊登的内容介乎以上期刊之间，既发布管理机关的有关公告、法令、条例和各项管理措施，也发布行业协会学会自己的内部事务，比如会议、研讨、会员介绍等，同时还刊发与专业相关的知识性、技术性文章，显得比较杂。跟前述建造应用型期刊相比，这类期刊刊发的内容不够实用，与学术研究型期刊相比，刊发的内容专业程度又不够深入。且作为协会会刊，主要为协会工作和会员服务，刊发自身内容的比重比较大。

二是以行业协会为依托，出版相对比较稳定。

这类期刊总的来说持续出版时间比较长。如：《铁路协会会报》从1912年创刊，几经改名，到1937年停刊；《道路月刊》1922年创刊，1937年停刊；《工程》从1925年在上海问世之后，历经各个时期，包括日本占领时期，都坚持出版，直到1949年

6 月才宣告停刊。

此类期刊也有部分出版时间非常短，如孙中山任会长的中华全国铁道学会的《铁道》，随着袁世凯免去孙中山筹建铁道权力后不久，该刊就停刊了。这跟时局紧密相关。

2.2.5 民间市场型

这类建筑期刊，主要由非官方、非学会协会和非大学院校的社会单位出版发行，体现了建筑期刊具有一定的社会认知度。如经营房地产的普益地产公司 1927 年创刊的《上海地产月刊》；建筑材料月刊社 1947 创办的《建筑材料月刊》，同年中国工程出版公司出版的《中国工程周报》；现代公路出版社 1948 年创办的《现代公路》。

民国时期的经济发展水平还比较落后，期刊出版此起彼伏，大多来去匆匆，昙花一现者比较普遍。当时大量社会化期刊的生存都是问题，更何况专业领域的建筑期刊了，缺乏行业资源依托、受众比较窄、市场空间局限大的民间市场型建筑期刊生存下来尤其困难。

2.3 总体特点

民国时期的建筑期刊，总体来看有以下几个特点。

2.3.1 与民国时期的期刊总量相比，数量太少

上海图书馆开发的"全国报刊索引·民国时期期刊全文数据库（1911～1949）"，计划收录 25 000 余种期刊，迄今已收入 12 辑合计 21 000 余种。

如前所述，本书在上述"全国报刊索引·民国时期期刊全文数据库（1911～1949）"中输入建筑、营造、工程、水利、公路等关键词分别进行搜索，总计有 615 种建筑期刊（其结果有部分交叉），这个数量只占该数据库已收入民国时期期刊总数的 3.12%，占比很低；若按该馆计划收入民国期刊总数 25 000 种计算，占比更低，只占 2.46%。

像五四运动时期是个思想大解放、大激荡时期，据不完全统计，五四运动前后全国创办了 400 多种新期刊 [①]，但建筑期刊同期（五四运动前后两年）只新诞生了 6 种，仅占同期全国新诞生期刊数量的 1.5%。

---

① 宋应离 . 中国期刊发展史 [M]. 开封：河南大学出版社，2000：100.

20 世纪 30 年代是民国期刊出版的鼎盛时期，据 1935 年（上海）《申报年鉴》的数据，1935 年全国共出版期刊 1 518 种 ①，而据本书不完全统计，此时建筑期刊共有 35 种左右，只占全国期刊总数的 2.3%。

2.3.2　地域分布呈现相对集中与比较分散并存的特征

建筑期刊出版地，以创刊时的地点为准，呈现出地域分布较广较分散，但同时出现数量较多的建筑期刊相对集中于少数城市出版的特点。

民国时期出版了两种及以上建筑期刊的地域分布见图 13。

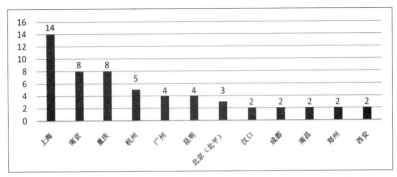

图 13　民国时期出版两种及以上建筑期刊地域分布图（单位：种）

上海是民国时期尤其是国民党政府统治时期的经济文化中心；南京是当时的首都；重庆是抗战时的陪都，抗战期间各大机构聚集于重庆。因此，民国时期建筑期刊较为集中地分布在上海这样经济相对发达和南京、重庆等政治地位较高的地区。特别是，上海建筑期刊数量一枝独秀，遥遥领先于其他城市，体现了建筑期刊跟经济活动和文化活动密切的正相关关系。而传统文化重镇北平的建筑期刊数量偏少，在民国时期的建筑及其文化传播活动方面显然并不居于中心地位。

另外，得益于铁路和水利、公路等建设机关或工程建设机构分散于各地且纷纷办刊，一些城市出乎意料地成为建筑期刊的出版地，如衡阳、万县、泸县、西安、开封、宝鸡、兰州、安庆、镇江等。

2.3.3　出版刊期长短不一

民国时期各建筑期刊的出版刊期，长的一年出版一期，短的一周一期。本书抽样

---

① 宋应离 . 中国期刊发展史 [M]. 开封：河南大学出版社，2000：152.

统计了 89 种建筑期刊，出版刊期为月刊的一共 48 种，占了 53.9%；此外，旬刊 7 种、年刊 6 种、季刊 5 种、双月刊 2 种、半月刊 2 种、周刊 1 种，刊期不定的 18 种。

2.3.4　存世时间大多不长

民国时期许多建筑期刊都"来也匆匆，去也匆匆"。有的如《建筑材料月刊》，1947 年 1 月创刊于南京，当年 7 月就停刊了，存世仅有半年时间；有的甚至只出版了一两期就消失了。

根据本书目前掌握的资料，上述抽样建筑期刊中，能够确认停刊时间的只占 34%，剩下的 66% 都不清楚因何停刊、何时停刊。有确切停刊时间可查的，1937 年停刊的有 7 种，1948 年停刊的有 2 种，1949 年停刊的有 2 种。

在确切记载了停刊时间的刊物中，从创刊到最后停刊，存世时间最长的是《铁路协会会报》，从 1912 年创刊，几经变迁改名，最后于 1937 年停刊，出版时间跨度长达 25 年。其次是《工程》，1925 年 3 月创刊，1949 年 6 月停刊，出版时间长达 24 年。

这两种期刊有关工程建设的专业内容并非是主流，但也有相当部分工程建设内容，特别是《铁路协会会报》刊发了许多涉及工程建设行业背景、政策、形势等方面的内容，与工程建设息息相关。

两种期刊并列第三名。一是《水利》，从 1931 年创刊，抗战后迁到了重庆改出《水利特刊》，1945 年改回《水利》，1948 年停刊，一共出版了 17 年 100 多期，更难能可贵的是该刊各期次刊物都完整保留了下来，成为研究民国时期水利科技和水利工程建设的珍贵史料。二是《国立清华大学土木工程学会会刊》，从 1932 年 6 月在北平创刊，日本全面侵华战争爆发后，清华大学等高校迁往大西南，该刊短时间内曾停刊，迁昆明后复刊，不过该刊为年刊，出版总期次不多，1949 年第 7 期出版后停刊。

两种期刊并列第五名。一是《道路月刊》，从 1922 年创办到 1937 年停刊，时间长达 15 年。二是《中国营造学社汇刊》，该刊 1930 年创刊，1937 年停刊，7 年后复刊，1945 年最终停刊。由于中间停刊了 7 年，《中国营造学社汇刊》只是名义上持续出版了 15 年。

另有《南大工程》，断断续续出版了 16 年，但 1936 年之前只是每年出版 1 期，这之后停刊了 12 年，1948 年复刊后到 1949 年停刊，只出版了 3 期，16 年间总计才出版了 7 期，难以纳入排名。

3

民国时期建筑期刊发刊词研究

发刊词是报刊创刊号上说明办报办刊宗旨的文章，是给该份报纸或期刊确定性质、规定内容和明确方向的宣言①。期刊的发刊词名称和形式多种多样，其基本内容大多包含办刊宗旨、办刊方向、主要栏目或内容、对作者来稿的要求和对读者反馈的希望等，往往代表了出版发行方对该刊的目标定位：准备办一份什么样的期刊、办给谁看、打算怎么办刊、希望作者投什么样的稿件等。

民国时期建筑期刊的发刊词，大多是结合分析行业面临的困难和问题，提出办刊的目的和所要努力的方向和举措，较少涉及编辑出版技术上的具体要求。下面按行业来分析各类期刊的发刊词。

3.1　铁路建筑期刊发刊词

铁路工程类期刊与民国同年诞生。民国元年即 1912 年，《铁道》和《铁路协会杂志》创刊。在铁路工程期刊中，有着较大影响的是由《铁路协会杂志》改刊后的《铁路协会会报》。《铁路协会杂志》前 9 期没有馆藏样刊，改刊后第 1 期也没有刊发新的发刊词，因此无法研究其发刊词。

"民国成立，庶政更新，铁路的建设，应该要比满清（晚清）时代办得好而且快；谁知军阀割据，兵祸连结，已成的铁路尚且破坏得不堪设想，那里还有余资举办新

---

① 吴冷西 . 出版十论 [M]. 北京：中国社会科学出版社，1994：18.

路？"①民国成立后到20世纪20年代末，铁路建设寥若晨星，因此，这一时期的铁路期刊主要是由各铁路路局主办的铁路运输管理类期刊，尤其20世纪20年代受交通部、30年代受铁道部训令统一改刊，各路局期刊封面风格一致、栏目设置相差无几，内容都以部令、局令、路局管理事务等为主，千篇一律。具有研究价值的是20世纪30年代以后创刊的几种铁路工程期刊。

铁路工程类期刊绝大多数都是铁路工程局或管理局主办，其创刊时刊登了发刊词的，除了极个别有对刊物的内容要求如《滇缅铁路月刊》《粤汉铁路株韶段工程月刊》等之外，大多重在阐释该局事业的重大价值、重要意义、工作部署和事务安排等，几乎并不在办刊方面着墨，表现出为主办单位的事业发展、工作推进和任务完成等服务的机关刊特色。

分析铁路工程期刊发刊词，总体上有如下两个特点。

3.1.1　突出强调铁路建设的重大意义

1912年10月10日出版的《铁道》创刊号上刊登了副会长黄兴撰写的"弁言"，其后是康宝忠撰写的"发刊词"。两篇文章都强调铁路建设对于中国的实业建设、国防建设的重要性。黄兴认为，国家推翻了封建专制走向共和了，但还很贫穷落后，人民生活困苦依旧，要改变旧貌，非加强实业建设不可。不赶紧建设铁道，交通不便，实业就无从发展，而国防问题尤其急迫，"边祸方兴，国防益急，尤非藉铁道联络不足以保卫"②。康宝忠则认为，"吾国居于东大陆之中，东西南北相距万里，其交通之机关，固又以铁道为最急也。铁道影响于世界也，既如彼，吾国对于铁道之需要也，又如此。为吾国计，固宜合全国之力，共视为最先之事业。"③

黄兴撰写的"弁言"

中国铁路工程建设的先驱詹天佑1919年病逝后，民国时期取得比较突出业绩的

① 杜镇远.弁言[J].杭江铁路月刊，1933（全线通车纪念号）：1.

② 黄兴.弁言[J].铁道，1912，1（1）：弁言1.

③ 康宝忠.发刊词[J].铁道，1912，1（1）：发刊词1.

铁路工程实干家主要还有两位，一位是杜镇远，另一位是凌鸿勋。二人分别在任职铁路工程局局长时都创办了一些期刊。

杜镇远担任过杭江铁路工程局局长、浙赣铁路局局长、滇缅铁路工程局局长。杜镇远1933年创办《杭江铁路月刊》，1934年随铁路局改名而改刊为《浙赣铁路月刊》，并分别为两刊撰写了"弁言"和"卷首语"。他在文章中着重强调两条铁路的重要意义，指出，杭江铁路是浙江地方提议和筹措资金、在民国政府铁道部支持下修筑的铁路，目的"原在贯通浙赣两省，以与粤汉铁路连接"，"浙赣铁路连成一气以后，西通粤汉，北接沪杭，更与苏皖浙赣闽五省公路联络交通，无远弗届"[1]。

凌鸿勋在主持修筑粤汉铁路株韶段和宝天铁路时，分别创办了《粤汉铁路株韶段工程月刊》(1933年)、《宝天路刊》(1942年)。《宝天路刊》创刊号把凌鸿勋的署名文章《宝天铁路赶工应有之认识》刊登在第1页，该文可以算是凌鸿勋对员工修建宝天铁路的动员令，同时起着代发刊词的作用。该文着重强调了抗战时期修筑该铁路的紧迫性和重要性，以及国家财力极为艰难情况下修此铁路，要想方设法克服困难，节约资金。

3.1.2 个别期刊阐发办刊事务比较深入到位

铁路工程期刊的发刊词，大多较少提及甚至不提及办刊事务。如《铁道》的发刊词提及办刊，只有寥寥数语："夫精神所萃，险阻可夷，实行之基，必赖讨论，苟有成章之言即为指示之方。况全国交通事至广颐，乌可仓卒于尝试也。爰为杂志，期与海内人士共论其故，或亦铅刀一割之效也欤？"[2]《杭江铁路月刊》《浙赣铁路月刊》《宝天路刊》的代发刊词，根本就没提及办什么样的刊、怎样办刊、对稿件有何要求等具体办刊事务。

凌鸿勋1933年创办《粤汉铁路株韶段工程月刊》，杜镇远1940年创办《滇缅铁路月刊》，则分别提出了具体的办刊思路。

作为粤汉铁路株韶段工程局长，凌鸿勋在"弁言"里明确，创办《粤汉铁路株韶段工程月刊》是为了详细记录湖南株洲到广东韶关之间铁路工程施工过程中的有关资料以备世人参阅，同时要求该刊的体例与政府公报等有所区别。他说，以前大家都忙

---

① 杜镇远. 卷首语[J]. 浙赣铁路月刊，1934，1(1)：1-2.

② 康宝忠. 发刊词[J]. 铁道，1912年，1(1)：发刊词3.

于修建铁路事务，"于文字之纪载未遑暇及"，现在，铁道
部筹措经费限期修成，受到社会广泛重视与关注，工程局
使命和责任重大，因此，"所有工程建筑情形与其进行经
过、以后计画，亟宜发为记述，以备关心路政者之参考"，
"今后工事设施更宜公诸于世"，"特按月编印月刊一册"。
凌鸿勋还对该刊今后的内容进行了部署安排，"工作状况
以及关于技术上有待考量讨论之资料与各项插图，均择要
刊入，尤其对实施方面更求详尽"，并对刊物风格定调：
"较之专事登载政令法规、只作公报体例观者，其用意固
不尽同。"①

凌鸿勋《弁言》

担任滇缅铁路工程局局长的杜镇远为《滇缅铁路月刊》
创刊号撰写了一篇比较标准的"发刊词"。该文首先交代了
该刊出版所处抗日血战的时代背景，接着点明了该刊办刊
的"旨趣"即宗旨和目的，是对本局工作"检讨既往""策
励将来""通内外之情""收联系之效"，并借此表明了作者
作为工程局局长对筑路员工的关爱与期望，激励全体员工
勠力同心，为建设滇缅铁路、打通国际路线、增加抗战力
量、开发西南富源、奠定复兴基础而贡献力量，并寄望该
刊记录、见证这一历程。

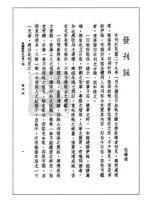

杜镇远《发刊词》

该"发刊词"在民国时期的铁路工程期刊中比较少见，特将原文录于后，以供
参阅：

　　本刊于民国二十九年一月全国抗日血战方酣之际与读者相见，虽所处环境极
为恶劣，印刷材料极为绌短，而尝试迈往之志，不少懈怠。惟是草创伊始，有赖
于本路全体同人共同努力充实其内容，则自今以往，容有可观者。爰将发行本刊
之旨趣，试申述之。

　　一曰检讨既往。谚云"前事不忘，后事之师"。本路建设伊始，经纬万端，
溯自成立以来，计划之改革、事务之增损、人事之变更，有堪回忆者。如由处改

① 凌鸿勋. 弁言 [J]. 粤汉铁路株韶段工程月刊，1933（1）：弁言1.

局之递嬗、南线北线之商讨、宽轨狭轨之较量、预算或增或减，在在足资吾辈之检讨，以为今后致力之明鉴。

一曰策励将来。本路工程，由昆达缅，沿线山洞桥涵之艰巨、瘴疠疾疫之侵袭、征募工人之复杂、购运材料之困难，几无一事不经缜密之研究，始克有济，亦无一事不经随地之改良，始克奏功。而韶光如电，部限有期，屈指东段通车只余一载，今后同人之绞脑汁、出血汗，以求推进本路之一寸一尺者，将于此刊见之。

一曰通内外之情。外情不白于内谓之壅，内情不宣于外谓之隔，或壅或隔，败事之由。本人奉令来长斯路，对于全路员工，极端爱护，视若家庭。其在局内者以至诚相许，以期声应气求；其在外段者，亦无不以共同努力之精神，以相感召。犹恐地段辽阔，面谈难遍，视督难周，今后同人对于本路有所建白，或内情之不获输于外，外情之不获达于内者，悉赖此刊为之沟通。诗曰："他山之石，可以攻错。"传曰："开诚心，布公道。"本人以此自勉，亦愿与同人共勉焉。

一曰收联系之效。夫身之使臂，臂之使指，环转相承，始克灵动。若一官不仁，则全体失其用，一肢不活，则全体受其累。本路组织，各有专司，一发之微，动牵全局，深望本路各部分今后工作，悉以环转相承运用灵活为极则，断不容有观望徘徊，或迂滞停顿之象。打通国际路线，增加抗战力量，开发西南富源，奠定复兴基础，将于同人是望，亦将于此刊验之。[1]

3.2　水利建筑期刊发刊词

民国时期的水利工程建筑期刊创办时间也比较早。除个别由大学等院校或水利协会等社团主办外，其余主要由各区域性水利机关或各省水利管理机构创办。这些期刊创刊时有的刊登了"发刊词"，有的以"序言""弁言"等代发刊词。

水利工程领域最早的连续出版物，是1916年出版的《督办广东治河事宜处报告书》，到1927年差不多以年刊的刊期陆续出版了8期。该报告书第1期内容为"西江实测"，全书近200页，最前面刊印了督办谭学衡写的两页多文字，介绍了广东西江洪水成灾的经过，督办广东治河事宜处的来历，自己任职后聘任外国工程师对西江河道、水位进行测量，工程师将测绘测量结果和提出的拟建防洪工程计划等编印成报告

---

① 杜镇远. 发刊词 [J]. 滇缅铁路月刊，1940（1）：1-2.

书，谭学衡审定后"命匠刊印以供众览"。该文以传统书籍"序"的形式呈现，具有一定的发刊词意义。

3.2.1 《河海月刊》的发刊词

1917 年 11 月手写油印的《河海月刊》创刊号上刊登了校长许肇南撰写的"发刊词"。

许肇南并没有就该刊的具体办刊谈及任何设想或提任何要求，而是重在阐发思想传播和报刊对于文明进步的重要意义。他说，"尝闻群学者称，蒸汽舟车、电信、报章为近世文明利器，舍其一则无以立。盖蒸汽车舟所以利人物之交通，电信报章所以利思想之交通。交通滞则文明或几乎息矣！……是故文明各国凡合俦结社以明道，讲学议政为鹄的者，莫不力谋其思想之交通而有报章之刊布。"

许肇南《发刊词》

许肇南结合南京河海工程专门学校兴办的由来，由办学、就学再论及思想的交流沟通，得出结论："顾从事寔（实）工者所历各殊，所得各异，即修学一校者仁智所见，亦岂从同。惟思想之殊途同归"，"是月刊所集邮致同人"，"张先生（注：指学校倡办人张謇）之所诏，吾人之所志，其由思想以进于事功之期日，虽未可以数计，亦必缘此而愈迩，使群理不诬，固断可凭也"[①]。

3.2.2 区域性水利机构主办刊物的发刊词

江河湖海具有区域性，决定了水利工程的区域性特点。民国时期发生了多起区域性的重大水患，由此也促成了多个区域性水利机构的成立。这些机构在兴办水利工程时陆续创办过期刊，这些期刊的发刊词具有以下特点。

一是强调期刊主办机构和自己的责任与使命。

这类期刊的发刊词，一般都由该刊物主办机构的负责人撰写，强调所属机构责任和作为机构负责人的使命担当，成为共同的话语范式。

张謇任职江苏运河工程局督办时，在为《督办江苏运河工程局季刊》撰写的"序一"中称，"率治运始，事实宏且艰，上承国令，下念民瘼"；韩国钧在该刊"序二"

---

① 许肇南.发刊词[J].河海月刊，1917（1）：1-2.

中说，"国钧随诸父老后，夙夜兢兢，惧不胜负"[①]。

1926 年 7 月，浙江总司令卢香亭、省长夏超联合下发训令，重新设立绍萧塘闸工程局，任命曹豫谦为局长。1926 年 10 月，《绍萧塘闸工程月刊》创刊，曹豫谦撰写发刊词说，"绍萧夙号泽国，自有塘闸而泄卤变为腴沃，工程之重要如是"，"今夏霉雨兼旬，山潮迸发"，"冲决溢漏百余处，田禾漂没，庐舍为墟"，表示自己受命"专司工事"，由于"战事发生，道路梗阻，债券不能远销，前途殊为可危"，但自己"在任一日即尽一日之心力，事必身先，款必公开，期告无罪于父老"[②]。

1919 年设立的苏浙太湖水利工程局，至 1927 年改组为太湖流域水利工程处。1927 年 9 月《太湖流域水利季刊》创办，处长沈百先为之撰写发刊词，称"深维水利工程于民生关系最大，其事业当于技术化外更求民众化，使流域内人民向以旱涝由于天灾者，皆恍然知其实由人祸，而一勺之水，时其蓄泄，利害所关，不仅亲受，人人出其心思才力，以谋共享之乐利"[③]。

二是提出办刊是为了公开所辖水利事务，"用告邦国，此犹周官"。

张謇在《督办江苏运河工程局》"序一"中，明确了创办该刊目的："自设局以来都凡三月，汇为季刊，用告邦国，此犹周官月会岁要之遗是非。"

这样的办刊出发点曹豫谦也有："爰自任事日起，凡局用工料，各项分门列表，其他关于工程之文牍条教、绅耆之意见、地方之请求，亦随时登录，名曰月刊，以备他日专书之刻。"沈百先一脉相承："本刊之作，乃将本处测验、计划、实施、经济、诸端，按季分门编印，报告两省官民，冀有以匡正促进之耳。"

1928 年，顺直水利委员会改组为华北水利委员会，10 月《华北水利月刊》创刊。该刊"发刊词"明确了该刊的创办，"其意义有二，一在阐扬学术，一在报告工作"，"所以分门别类，不厌求详者，诚以水利工程关系国计民生至深且巨"，对自身工作，"嗣后自当逐次披露，以就正于国人之前"。

① 张謇，韩国钧 . 序一，序二 [J]. 督办江苏运河工程局季刊，1920（1）：1-2.

② 曹豫谦 . 发刊词 [J]. 绍萧塘闸工程月刊，1926（1）：1-2.

③ 沈百先 . 发刊词 [J]. 太湖流域水利季刊，1929，1（1）：发刊词 1.

3.2.3　协会或地方水利机关主办刊物的发刊词

1.《水利》月刊

1931 年中国水利工程学会成立，当年 7 月，学会会刊《水利》月刊创办。

副会长李书田撰写了《水利月刊创刊词》。他纵论历史上大禹、郑国、贾让、贾鲁、潘季驯、靳辅等治河兴水利之得失，提出治水兴修水利工程需要依靠水利科学。"经会内同人协议，为贯彻研究水利学术及促进水利建设，组织出版委员会，刊行《水利》月刊，专载关于水利之论著、计画、译著、时闻等文字。"李书田陈述了办刊方略，大体规划了该刊的主要栏目设置。李书田最后对

李书田《水利月刊创刊词》

《水利》月刊助益于水利人和水利事业颇寄期望："专识得诸庠序，上农亦贵有师；新法创自美欧，瘠土定堪化沃。集思广益，坐言以起行，计画同良箸援山，译稿庸郢书燕说。甚祝览披全册，勿效论语之当薪；更期采取片言，聊若泰山之助壤。"①

2.《陕西水利月刊》

1932 年 12 月，《陕西水利月刊》创刊，陕西省水利局局长李协撰写"序言"提出办刊宗旨："于新事业则求研考之有素，计划之精确；于旧事业则求管理之得宜，革新之有术，划壹法制，修明水政，兼以磨练人材，工余则学，学理有所新得，事业有所新展，法令有所新颁，考察有所新获，皆笔而载之，以求正于时彦，以昭示于来人，是则本刊之旨也！"②

3. 其他水利机关主办期刊

1)《江苏省水利局月刊》

1929 年江苏省水利局成立后创办。时任江苏省建设厅厅长兼水利局局长王柏龄撰写"发刊词"，介绍了江苏水利基本情况和水患情况，称"辛亥革命以后十五年间军阀弄权只知剥削民脂"，现在国民革命成功，特设江苏省水利局，"拟从根本改革"，

① 李书田．创刊词 [J]．水利，1931，1（1）：1-2.
② 李协．序言 [J]．陕西水利月刊，1932（创刊号）：序言 2.

"以期得到兴利去害之结果，完成革命目的"，"局务报告例有月刊之编辑，其关于水利上研究调查勘测之所得，则随时发行特刊，尽量贡献，并尽量征求材料，容纳各方意见，藉收集思广益之效"①。

2)《黄河堵口复隄工程局月刊》

抗日战争中，为阻止日军前进，1938 年蒋介石下令炸开郑州东北花园口黄河大堤。花园口决堤虽打破了日军的作战计划，为保卫武汉争取了时间，但同时也淹没了河南、皖北、苏北 40 余县的大片土地，千百万人流离失所，并形成连年灾荒的黄泛区。

抗战胜利后，国民党当局成立了一个专门机构黄河堵口复隄工程局对花园口决堤进行善后处理。1946 年 7 月 15 日，该局创刊出版《黄河堵口复隄工程局月刊》。局长赵守钰撰写"发刊词"，介绍了堵口复堤的由来，说"胜利伊始，政府为振救灾黎，复兴农村，首先决定堵口复隄、挽归故道之策，设立黄河堵口复隄工程局，计日开工，以专责成"，担此重责，赵守钰觉得兹事体大、中外瞩目，无论是工程施工计划、器材使用，还是工程的进展，无不为社会人士所深切关注，"特以月刊逐项登载，附以人事动态、法令、章则、往来函电，裨使各界详细明了，冀获匡正"②。

3.3　公路建筑期刊发刊词

3.3.1　《道路月刊》

《道路月刊》创刊号，王正廷撰写了"发刊词"。

从事外交的王正廷一开篇就引用西方理论和言辞强调宣传事业的重要性，他说，"言论者，事实之母。西人云'一纸新闻胜十万毛瑟，此宣传事业各国各界之所注意者也'"，协会"以提倡各省分筑马路为要义，征求会员、人材、经济俱得圆满之结果"，决定出版发行《道路月刊》，月刊的内容，"凡关于治路论说、地图、工程测量、调查、记事、章程等，均汇而编之，以尽宣传之微责"③。可见，王正廷特别重视期刊的宣传功能和作用，这也是《道路月刊》此后的特色，其宣传道路建设的必要性、

---

① 王柏龄. 发刊辞 [J]. 江苏省水利局月刊，1929（1）：弁辞 1.
② 赵守钰. 发刊词 [J]. 黄河堵口复隄工程局月刊，1946（创刊号）：封 1.
③ 王正廷. 发刊词 [J]. 道路月刊，1922，1（1）：论说·发刊词 1.

为推动道路建设大造舆论等不遗余力，宣传协会各项工作、宣传刊物自身也极尽其能事。

3.3.2　20 世纪 20—30 年代四川出版的几种公路工程期刊发刊词

20 世纪 20 年代，《道路月刊》首倡公路建设，江浙、山西、福建、山东、湖南、察哈尔等地掀起修筑公路的热潮，"蜀道难"的四川也不甘落后。

辛亥革命前，四川保路运动率先动摇清王朝根基，"争路之役，蜀倡其首，实为革命之见端"，到国民革命军北伐成功，"国府已定新都，川路犹仍旧贯"，人民对此不满，"当轴者忧之，乃于民国十年设省道局于渝，舍铁道之难为，马路之易与"，由此四川开始修筑马路，"先都后鄙，由城及乡"，于是"乐万合潼开办于东北，成灌井富发轫于西南"，"应而成嘉也，成简也，与夫嘉叙、简乐、渝简诸路，莫不相继而起"[①]。20 世纪 20 年代中后期四川筑路热火朝天，由此诞生了几种公路工程期刊。

《富泸马路月刊》 "发刊词"中指出，在今日中国，应当急谋建设之点很多，交通切要而不可稍缓，筑路更是"整理交通的首要"，四川闭塞，蜀道崎岖，尤有急起筑路的必要，一些马路，"有的已经工竣开车，有的正在上紧工作"，富顺"盐产最富"，泸县"扼两江交点，是川南的重镇，更当富盐出口的门户"，富泸马路修建意义重大。"富泸马路的已往的情形是如何？未来的办法是如何？那些是应当改善的？那些是应当研究的？"这就是该刊发行的宗旨和责任。[②]

《川南马路月刊》 创刊号有两篇发刊词。第一篇"发刊词"明确办刊宗旨，"是办理路政的总报告、讨论路政的工具、发展交通的宣传品"；筑路人"一方面奉了政府的委任，一方面拿人民的金钱来修路，除了抱定廉洁的宗旨、努力筑路的工作而外，觉得还有几件事情要做"。要做哪几件事？一是对于办理路政的经过，"如路政的计画、工程的实施、财政的状况、已成马路管理的方法和其他一切关于路务的事，应得有整个的报告"；二是对于专门从

从均《川南马路月刊·发刊词》

① 杨赞贤 . 发刊词二 [J]. 川南马路月刊，1929（1）：3-4.

② 张孟滋 . 发刊词 [J]. 富泸马路月刊，1928（1）：发刊词 1-2.

事路政的人来说，"应当随时交换路政的智识，讨论进行的方法，并且应该公开讨论，使其他的人们都来发抒对于路政的卓识伟论，作我们的借镜，以谋方法的改善"，"这样便当有讨论的工具"；三是现在还有少数人对公路交通的必要性不甚了解，且还有怀疑，因此，"除了报告办理路务的经过、解释怀疑外，至少还须做一点宣传的工作"。这就是创办该刊的目的。①

《四川公路月刊》 1924—1925 年间，四川开始大力兴建公路。1927 年，刘文辉主政四川，倡导修筑成渝公路，6 年后建成，从此四川有了贯穿东西的成渝干线公路。1934 年，蒋介石命令"兴筑五省公路，由干线进而谋省与省之交通，其范围日广，其工程日难，川黔路渝松段，既于廿四年（注：即 1935 年）夏初如期完成"。在修建这些公路的过程中，时任四川公路局局长魏军藩认识到，"路之为物，与政治相演进，随国难而严急，下之系于民生，上之关于国计，自设计兴工，以及养护运输诸务，必如何而后合乎学理、适乎经济、应乎时效，以期日

魏军藩《发刊词》

进而有功"，这种情况下，"既不可无专门之研究，自不可无专门之纪载"，于是决定创办《四川公路月刊》，"分类纂述全川路事内容，旁及路学、路史、路规，以求正于先进君子前，使本局随时得所考镜，以资改良，庶几……积极而利于建设，于以为应付时艰、复兴民族之一助"②。

3.3.3 抗战期间几种公路期刊发刊词

抗战时期，公路作用日益凸显。这个时期在大后方诞生了多种公路工程期刊，不过限于各方面的客观条件，多数存在出版刊期难固定、存续时间大多较短、刊物页码较少、印刷装订较为简陋粗糙等现象。

《公路工程》 1942 年 3 月由运输统制局公路工务总处创办，处长康时振撰写"发刊词"。康时振认为，公路建设在我国尚属新兴事业，对于学术研究改进、工程统计调查，"向少专刊"。"公路建设与国防关系之至深且切，战后我沿海口岸，被敌人封

① 从均. 发刊词 [J]. 川南马路月刊，1929（1）：1-2.

② 魏军藩. 发刊词 [J]. 四川公路月刊，1936（1）：正文前 1.

锁，铁路航运鲜可利用，公路交通遂为当前切要之务，非仅国内客货赖以转运，抑且为输入军需物资之唯一途径"，如今对公路建设重视起来了，"研究公路学术、从事公路事业者日益加多，本刊应运而生，以期贡献学术上之研究与业务上之报导"。康时振阐释了"本刊所具之意义与使命"：公路建设这些年技术人员已经与日俱增、经验亦日渐宏富，"今后技术人员应如何交换知识与经验，以力求改进，至关重要"；抗战开始后，公路建设转向了西部偏远荒僻的不毛之地，人迹罕至，瘴疠丛生，工程艰巨、工作艰苦，百倍于从前，如何作技术上的改进以克服困难，需要进行研究；战争爆发，运输困难，筑路材料输入极其困难，"如何因时制宜，就地取材，如何利用科学方法，觅取代替物品均属急要"[①]。回答这些问题，促成问题的解决，这就是该刊的使命。

《新公路》 1942 年运输统制局公路工务总处、重庆大学工学院公路研究实验室创办。该刊以手写油印方式出版。张洪沅在"发刊词"中指出，"抗战军兴，运输频繁，后方公路，几全属泥结碎石路面，运量一增，即不堪承载"，对此，公路领域的学者和工程人士，"莫不以路面改善、土壤性能及建筑经济为研究实验之对象"。该刊创办，动机在于"举凡公路之研究，务必供诸同好"，"'新公路'者，非本刊内容之'新'，乃望于吾国公路事业将来之'新'也"[②]。

《滇缅公路》 1944 年由交通部滇缅公路工务局创办。局长龚继成在"创刊词"中说，要"一面抗战，一面建设"。他认为，抗战是建设新中国的先决条件，但这并不是说建设要开始于抗战胜利以后，恰恰相反，"我们正是在抗战过程中加强我们的建设，以我们的建设来支持抗战"，公路建设者站在最前线，担负了滇缅公路的保养与抢修任务，"我们一向是抱着埋头苦干的精神"，"但是单靠这种精神我们还不容易创造出集体的意志"。要能充分表现出集体意志，"则一种随本路始终的长期性的刊物出版"，非常必要；"以工程理论与实际为主干而以其他与实际生活有关的智识为附丽"，"范围较广的刊物之出版"，非常必要。因此刊物的出版，"刻不容缓"[③]。

① 康时振.发刊词[J].公路工程，1942（1）：1.

② 张洪沅.发刊词[J].新公路，1942（创刊号）：1-2.

③ 龚继成.创刊词[J].滇缅公路，1944（创刊号）：1-2.

3.4 房屋建筑期刊发刊词

为了研究方便，本书把水利、铁路、公路等土木工程之外与百姓生活联系更紧密的住房、商场、剧院、酒店、厂房等归为一类，称为房屋建筑。

与其他几类建筑工程期刊不同，民国时期的房屋建筑工程期刊出现得比较晚，到20 世纪 20 年代末至 30 年代初才有相关期刊创刊。

3.4.1 《工程译报》

1927 年 8 月，上海特别市工务局成立，该局后随上海特别市改为上海市而改名为上海市工务局，是当时大上海规划建设的具体组织和实施、管理机构。1930 年 1 月，该局编辑发行了季刊《工程译报》，局长沈怡撰写了"发刊辞"。

沈怡在"发刊辞"中引用孙中山的话"我们要学外国，是要迎头赶上去，不要向后跟着跑"，"承认我们的科学的确是落后，现在愿意跟他们（注：指国外建筑界）学，做他们的学生"；办《工程译报》，就是为了学习西洋科学技术，而把西方各种期刊上的最新知识和精华，编译汇集在这本期刊上，确实是一种学术取巧的办法，除"供给同人们自己切磋以外，还能使国内工程学界引起些微的兴趣和注意，那便是我们的意外了"[①]。

3.4.2 《中国营造学社汇刊》

1930 年 7 月创刊的《中国营造学社汇刊》第 1 卷第 1 册上没有刊登传统意义上的发刊词，学社社长朱启钤的文章《中国营造学社缘起》和《中国营造学社开会演词》起着代发刊词的作用。

朱启钤对研究中国的传统营造学说有比较详细的打算。他计划以五年为期，通过搜集资料、审定、制图撰稿、分科编纂等，系统研究营造学说。五年之中，有成果了，要么举办实物展览，要么印行定期出版物或单独发行出版物，具体情况根据中国营造学社的经济状况和社员们的意见而定。创办《中国营造学社汇刊》的具体经过，却不是当期朱启钤的署名文章所写，而是在第 2 册"社事纪要"栏目里进行了详细披

---

① 沈怡 . 发刊辞 [J]. 工程译报，1930，1（1）：发刊辞 1.

露。一方面，根据资助学社的中华教育文化基金董事会的要求，学社需要向该机构呈交学术研究成果；另一方面，当时学社在研究中国传统建筑学术方面已经取得初步成果，小有名气，索要学社研究成果资料的国内外同好日益增多，由此，学社才决定"发行不定期汇刊"即《中国营造学社汇刊》[①]。

朱启钤《中国营造学社缘起》

1944 年 10 月，因抗日战争爆发停刊了约 7 年半之久的《中国营造学社汇刊》在四川南溪李庄出版了复刊第一期，刊发的"复刊词"可以视作该刊一份特别的"发刊词"。当期汇刊全部是手写石印。该"复刊词"收入了《梁思成全集》第四卷，应为梁思成所写。其内容一共分为 6 个自然段，说了五层意思：第一层意思是解释了《中国营造学社汇刊》停刊后，学社成员辗转到了李庄，因为印刷方面存在困难，以前对华北及江浙各地的建筑调查测绘和研究成果无法编辑印刷成刊物；第二层意思是介绍学社成员在辗转云南、四川期间所做过的调查工作和从中发现的当地建筑及其艺术价值等；第三层意思是表示这次决定复刊，是为了满足社友急于了解学社成员调查研究结果的需要，经研究后决定在印刷条件很差的情况下因陋就简，降低标准，用手写石印的方式复刊；第四层意思是对这段时期给予学社资金支持和

梁思成《复刊词》

工作支持的众多机关团体和个人表示感谢；第五层意思是为这次复刊的刊物质量欠佳表示歉意，期待抗战胜利后能恢复正常出版。

3.4.3 《建筑月刊》

《建筑月刊》延续了其前身《上海建筑协会筹备会报》《上海建筑协会会报》的出版。

1930 年 6 月 7 日，筹备中的上海建筑协会出版了《上海建筑协会筹备会报》，第 1 号没有发刊词，但发表了"编者的话"，其中称"这张刊物并没有多大的使命，他的

---

① 发行中国营造学社汇刊. 中国营造学社汇刊 [J].1930，1（2）：社事纪要 5.

职责只是尽量地将本会会务报告于关心本会的诸君"，"这刊物所载的尽是些琐屑的会务以及乏味的文件"①。

1932 年 11 月，上海市建筑协会正式创办《建筑月刊》。创刊号上刊发了未具名的"发刊词"，据分析应是协会负责学术和宣传的杜彦耿所撰，表露出与《筹备会报》第 1 号"编者的话"完全不同的思想，表现出了崭新的境界与抱负。

杜彦耿《发刊词》

该"发刊词"首先论述当时中国建筑业面临的危机：中国建筑文化悠久灿烂，"建筑一业，自有巢构木，黄帝制室，盖已几及五千年。中古而后，阿房未央，齐云落星，莫不穷极工巧，刻画烟云，藻绘之精，雕饰之美，足骇今世"，但现在西方建筑"后来居上"，"自五洲沟通，西洋文化东渐，中土人士，目光一变，竞为仿效"，"矜奇者虽一物之微，莫不以取诸泰西为贵；维新者甚或以不脱华化为羞"，如此一来，出现两大弊端，"一、专务变本，自弃国粹；二、专用外货，自绝民生"，由此造成中国传统建筑文化"一扫无遗，其结果必至习于夷化，自忘本来"，"欲求同化，必用异材，其结果必至尽弃国货，自绝生机"。接着叙述协会恢复过去的期刊以"赓续未来"，明确了《建筑月刊》的基本内容："除于原有各门，详加改善，并力谋充实内容、刷新面目外，学术方面，关于研究讨论建筑文字，尽量供给；事实方面，关于国内外建筑界重要设施，尽速刊布。""发刊词"还特别表达了该刊的抱负："务期于风雨飘摇之中，树全力奋斗之帜；冀将数千年积痛，一扫而空"；宣告该刊有四个方面使命："以科学方法，改善建筑途径，谋固有国粹之亢进；以科学器械，改良国货材料，塞舶来货品之漏卮；提高同业智识，促进建筑之新途径；奖励专门著述，互谋建筑之新发明。"②

3.4.4 《中国建筑》

《中国建筑》由中国建筑师学会创办，1933 年 7 月正式出版第 1 卷第 1 期。在这之前曾经于 1932 年 11 月出版过一期《中国建筑》"创刊号"，刊登了赵深撰写的

① 编者的话 [J]. 上海建筑协会筹备会报，1930（1）：1.

② 发刊词 [J]. 建筑月刊，1932，1（1）：3-4.

《中国建筑》创刊号封面及发刊词

"发刊词"。

赵深是从美国宾夕法尼亚大学留学归国的建筑师，参与倡议组建中国建筑师学会工作。他在"发刊词"中扼要回溯了中国悠久灿烂的建筑文化与技术，指出"惟自汉以后之中国文章，重于技巧"，建筑业的从业工匠技师们"摈于通儒，列为九流"，社会"独未能尽知建筑之重要，与建筑师之高尚"。他认为，建筑业的振兴要靠建筑同人共同努力，要振兴建筑业、提升社会对建筑业和建筑师社会地位的认识，就需要进行建筑科技知识的普及研究，而要做到这一点，就必得大量翻译介绍东西方建筑的书报内容，这就是《中国建筑》产生的原因。

赵深对《中国建筑》拟刊登的内容进行了说明：一是中国历史上的有名建筑，不管是"宫殿、陵寝、地堡、浮屠、庵观、寺院"还是其他，"苟有遗迹可寻者，必须竭力搜访以资探讨"；二是国内外的建筑师、建筑专家们的建筑作品，只要愿意公布，"极所欢迎，取资观摩，绝无门户"；三是西方"近代关于建筑之学术"，将择优刊登，"借攻他山"；四是国内大学建筑专业学生，"学有深造，必多心得，选其最优者，酌为披露，以资鼓励"。他指出，《中国建筑》的最大使命是"融合东西建筑学之特长，以发扬吾国建筑物固有之色彩"。

赵深在"发刊词"中还对作者的稿件提出了要求：由于建筑学专有名词国内"尚付诸阙如"，必要时不能不选择使用西方语言标注；叙事说理的文章，"力求通达，不尚辞藻"，不需要华美雕饰之词[①]。这在民国时期建筑期刊中是比较少有的。

3.4.5 《新建筑》

1936年10月，广州诞生了一种由中国新建筑月刊杂志社编辑发行的双月刊《新

---

① 赵深. 发刊词 [J]. 中国建筑，1932（创刊号）：1-2.

《新建筑》创刊号《创刊词》

建筑》。

《新建筑》创刊词中透露出以下办刊思想：第一，针对的主要是房屋建筑；第二是要提高对传统"泥瓦匠"的基本认识，改变社会的"泥水匠"认知；第三要提高人们对建筑的认识，使他们明白建筑和人类生活的密切关系，从而更加关注建筑业；第四是提倡研究、宣传和推广爱国的国防建筑。

该"创刊词"指出，建筑"似乎是个很熟面的名词了，可是将它从泥水工匠的观念中解放出来，而认为是一种专门的学术，是在造型艺术领域中占着重要位置的艺术与科学综合的产物，恐怕是新鲜的学问罢"，"住宅还保留住数千年来的样子，千篇一律的平面，不通光、不卫生、无目的性、无机能性的住宅还占着都市的整体"，青年建筑研究者，"对于这种无秩序、不调和，而缺乏现代性的都市机构，是不能漠视的，对于这不卫生、不明快、不合目的性的建筑物是不能忍耐的了"，这便是《新建筑》产生的原因："《新建筑》这小型的纯建筑刊物之产生，是基于上面的不能'忍耐'和不能'漠视'的内心并发的结果。它的使命是发扬建筑学术，使它从泥水工匠的观念中解放出来，而人们也认识建筑是有他们专门的尺度，非泥水工匠所能胜任的，再进一步使一般人获得建筑上的一般智识，明了建筑和人类生活的密切的关系而加以深切的注意。"

同时，针对当时"国防严重的关头，我们的领土随时受敌人空袭的威胁机会，我国没有强大的空军力量"，该"发刊词"还大力倡导发展"防空建筑"，"欲使民众获得'防空建筑'的智识，故设'防空建筑'一栏以便研究，这是我们刊物的主要的论坛"，"'防空建筑'因其为国防的策略，为广宣传以负提倡的责任，特许别刊转载，并欢迎一般工学家存于此项研究之计划发表。而本刊同人，也更加努力研究防空建筑以助国防"。[①]

3.4.6 《建筑》

全民族抗战爆发后，中央大学从南京内迁到重庆继续办学。

1943 年，中央大学建筑系三二级学生以手写油印方式创办了学术性月刊《建

---

① 编者. 发刊词 [J]. 新建筑，1936（创刊号）：1-2.

筑》。创刊号上没有发表"发刊词"或"创刊词"之类的
文章，但在最前面发表了两篇言论文章，一是在第 2 页刊
发了时任中央大学建筑系主任、著名建筑学家鲍鼎的文章
《对〈建筑〉未来的希望》，二是在第 3 页刊发了一篇《建
筑是人类藏身之所……》。

鲍鼎《对〈建筑〉未来的
希望》

鲍鼎在《对〈建筑〉未来的希望》一文中说，近年以
来工程界纯学术性的刊物实在太少了，建筑方面的刊物特
别缺乏。中央大学建筑工程系三二级同学于学校功课与私
人经济双重压迫之下筹备《建筑》月刊，"为时甚暂，而
第一期的《建筑》竟能发刊，这是特别值得庆幸的"，对
未来的《建筑》，"我希望以后的三三级、三四级……能继
续这种排除万难为学术而努力的精神，接着永无间断地发行下去，在内容的质与量方
面力求进步，我希望牠不久能扩大而变为《中大建筑》，同时使成为我全国建筑界的
公开园地，真能于学术方面有所贡献"，办成"真正有价值的永久性的建筑刊物。"[1] 鲍
鼎对自己学生创办的手写刊物寄予了很高期望。

3.4.7 《中华营建》

抗战中，营建人（即建筑施工从业人员）全体动员，
在军事工程、军需工厂、航空建设工程、水利灌溉工程、
铁道工程、公路工程等方面为抗战尽一份力。1942 年秋，
在战时陪都重庆，聚集在此的营建同人商议成立中华营建
研究会，"一方面发展我们固有之知识，一方面尽量灌输
近代之科学知识与技术"，"促进物质建设，以解决国计民
生之需要"[2]。

1944 年 10 月 10 日，中华营建研究会在重庆创办了
季刊《中华营建》。其"发刊词"在众多建筑期刊中，第
一次明确提出"营建是需要理论与经验并用的"，要将营

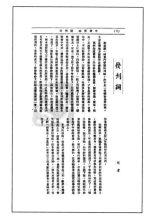

《中华营建》创刊号
《发刊词》

① 鲍鼎 . 对"建筑"未来的希望 [J]. 建筑，1943（1）：1.
② 本会筹备委员会 . 本会成立经过及今后之期望 [J]. 中华营建，1944（1）：1.

建的"学术"与"经验"熔于一炉。"发刊词"说,"要出版一种专门学识的刊物,决不是一件轻而易举的事,尤其是营建方面似乎更难编辑";"我们知道营建一门包括的范围甚广",在营建中,"不但需要理论,还切需经验,有许多良好的营建方法是从经验上得来的……营建是需要理论与经验并用的。""发刊词"强调,"本刊的目的,就是介绍各国新兴的营建工程,并研讨我国的营建工程,溶学术与经验于一炉,使能提起研究的兴趣,藉可推进本会的会务"①。

3.5 大学社团主办的土木建筑期刊发刊词

民国时期大学建筑期刊主要由学校的社团组织主办,专业方面以土木工程为主,出版的刊期都比较长,年刊比较常见。《河海月刊》和《建筑》虽为大学刊物,但本书分析发刊词时把二者作为特例,分别放进了水利工程类和房屋建筑期刊,此处不再分析。

3.5.1 《土木工程》（浙江大学土木工程学会）

浙江大学土木工程学会1930年3月创办《土木工程》。"创刊词"中说有报纸统计了当时的科学刊物很少,要是把医学除外,还不够一只手数的,"在这样一个国家,学术如此落寞,即使不算耻辱,也未免笑话"。发刊词提出该刊编辑出版的努力方向为符合国内实际:"第一是搜究国内的实际建设情形……我们所希望的,是要从外国的学理中,得些适合中国的方法来。""第二是要介绍些国外的新理法。'迎头学上去',这是孙逸仙先生所召示讲过的话。要这样,对于所谓新,非得随时知道不可,如此才能说是迎头,至少也容易三步并作两步走。所以新的介绍,也有它的需要在。"

3.5.2 《国立清华大学土木工程学会会刊》

1932年6月创刊的《国立清华大学土木工程学会会刊》,刊发了一篇《本刊的旨趣》,起着发刊词的作用。文中说,"清华大学土木工程学系的成立,虽然有数年的历史,但是发行刊物还以此次为'空前'",该刊的办刊目的有两方面:"借此能稍尽阐发工程学术的责任,同时谋一般读者对于工程智识有较多认识的机会。"

---

① 编者. 发刊词[J]. 中华营建,1944(1):2.

3.5.3 《土木工程》(复旦大学土木工程学会会刊)

复旦大学土木工程学会会刊《土木工程》创刊于 1933 年 10 月，第 1 期上刊登了金通尹撰写的《发刊词》，其中说："土木工程系同学尝与理学院各系同办刊物二次。其后屡有独办刊物之议。予以诸同学学未成，管窥之见、蠡测之词，虽不足称道，而砥砺观摩，刊物诚有裨补，毕业诸同学服务所得，往往在讲室课本讨论范围之外，实际工作，举以告肄业同学，足以发明学理，增进兴趣；即在校同学，濡笔有所译述，温故知新，为益亦复不少，故乐赞其成。诸同学郑重考虑，为遵付实行，近年六月，始汇集成编。对于社会不足言贡献，而本系毕业同学服务之劳，与在校同学研究之勤，略可见一斑。自今以往，将继续不断，以就正于当世，企予望之。"

3.5.4 《土木》(中央大学土木工程研究会会刊)

南京的中央大学土木工程研究会于 1933 年 11 月 1 日创刊出版了《土木》杂志。其《发刊词》说，1932 年 11 月 26 日该会正式成立时，在会上决定出版本会会刊和《土木工程》各 1 种。一个月左右之后出版了会刊，从 1933 年 3 月 8 日开始在中央大学日刊帮助下每周三出版《土木工程》1 期，一学期中出版了 13 期，不曾间断。但《土木工程》是随着中大日刊分发全体同学的，其他系的同学能看到与他们不相关的《土木工程》，外地的读者却无法阅览，请日刊代为分别寄送但商无结果，而学校的日刊申明在新一学期不再代为出版该刊。同时学会会刊出版了 1 期之后难以为继。在 1933 年的全体大会中，会议决定尽管经济不宽裕，也必须独立发行自己的刊物，"篇幅不妨暂少，而精神不可不振；印刷不必精美，而发行不可不周；拔林飚飚，起自青萍，涓滴之流，可成江河，苟能坚持不懈，行见其增高继长，一日千里耳"。

3.5.5 《之江土木工程学会会刊》

1934 年 5 月，杭州之江文理学院土木工程学会出版了《之江土木工程学会会刊》创刊号。该刊没有发表发刊词，而是刊发了一篇《土木工程学会会刊序言》，序言提出该刊目的：一个是学生们交流研讨，一个是提高文字修养。

该序言对学生们提出了殷切期望和谆谆教诲，看得出来是一位老师所写："今日潜修学业诸君，他日出而问世，虽尚有待于一番实地经验，惟能在此时即知工程师责任之重大，于技术上之修养外，所应关心之事尚多，随时随地加以注意，未始不足以树相当基础，而为异日发展之助，虽然，各个人之时间有限，机会难得，欲于此繁复之情形下，有所探索，未免顾此失彼，端赖群策群力，各本其时间机会，尽力搜求，然后共同研讨，学会之设，殆应以此为一重大之使命。"学会发行会刊，"即所以表现研讨所得之成绩者也"，更进一步说，工程学子，往往对于文字上之修养不甚注意，"发行刊物，藉以促进文字上之修养"，"文字为传播思想、记载事物之唯一工具，他日身任工程师，不能无规订计划、草拟报告之事，凡非图表之所能详尽者，无若畅达之文字，将何以显示其意旨。况工程上习用之文字，每有其特殊之风格，与普通文艺不同，必纲举目张、辞简义赅，即图表摄影，亦无不需一一合乎法度，非经相当练习，岂能确有把握"。强调了文字表达能力对土木工程学生的重要性，也对通过会刊锻炼和提高学生文字表达能力寄予了极大期望。

3.6 抗战胜利后到 1949 年的建筑期刊发刊词

全民族抗日战争胜利后，中国大地满目疮痍、百废待兴，建筑业迎来战后一段复苏时期。随着战后重建工程的陆续展开，因为战火被中断、阻滞的建筑期刊出版事业开始恢复元气，相继诞生了一些新的期刊。

3.6.1 《工程报导》

1945 年 9 月 25 日，《工程报导》复刊。该刊创刊于此前两个月即 1945 年 7 月，当时抗日战争还没取得最后胜利。抗战正式胜利 20 多天之后（国民政府决议 9 月 3 日为抗战胜利纪念日），该刊在上海出版了复刊号，编号为第 3 期，之前的两期为在陪都重庆出版。

为什么会这样？《工程报导复刊词》中说明了个中原委："本刊为阐扬工程学术，报导工程概况，使理论与实践密切联系，以促进交通事业之发展，于民国三十四年七月诞生于抗战的首都——重庆。迨日寇投降，发起人多奉命来沪办理市政工程，不得不暂告停刊。现为编印便利起见，改在上海出版，仍本原来宗旨，继续服务。"迁到上海后，"今后上海市政工程如房屋建筑、道路桥梁海港、码头仓库公园以及给水、沟渠等实为其市政设施之物质基础，甚为重要，本刊对此希望有所贡献"。既表明了创刊的时间地点，也表明最初创办时主要是为了促进交通事业发展，而迁到上海之后，报道业务大幅扩展到市政建设领域。

"复刊词"还表达了该刊的一番雄心，说"上海为国际市场，但缺少国际刊物，战前文化，经日阀盘踞期间，摧残殆尽，窒息无声。本刊希能破此沉寂，渐渐成为国际刊物"。

3.6.2 《建筑材料月刊》

《建筑材料月刊》提出了自己的口号："是营造业最好的读物，是建筑材料业的指南。"

该刊"发刊词"以"本社"名义刊发。"发刊词"中说，一群建筑材料的从业员，因为在业务上时常发现许多问题需要研讨，并且觉得同业之间及与营业的对象——营造业之间，需要互相认识和联系，为便利起见他们就一起创办了《建筑材料月刊》；《建筑材料月刊》是建筑材料业同行互相研讨问题、联系感情的刊物，同时也是建筑材料同行和营造业的同行之间互相讨论问题、联系感情的刊物。刊物内容上，符合上述要求的，不论是用论文、用报告、用文艺作品，还是用统计数字、用图表等的方式表达出来，一概都吸收采用。

"发刊词"十分详细地列举了所需要的稿件内容，一共十二项。并向读者表达了办好该刊的志愿，表示"有恒心、有毅力地办这个刊物，不临难而退，不见异思迁，使本报（注：原文如此。下同）的生命能够壮大久长"，"有眼光、有魄力地来办这个刊物，在本报的使命范围之内，完成使命，消除苟且敷衍的心理，以增重本刊的价值"。

3.6.3 《江苏公路》

《江苏公路》创刊号上刊发了张竞成撰写的"创刊词"。

"创刊词"认为，国家建设，以交通为第一；交通建设，又以公路为重心，"公路之发展与否，关系人民生活之荣枯、社会经济之盛衰、国家政治之隆替。尤以现代战争，机械化部队之连用，粮秣弹药之补给，又具有国防军事上之超然价值与独特权威也"，交通上，水运、航空、铁道，不如公路"具有普遍性、深入性"。"创刊词"列举了国家公路建设规划及江苏省的计划，但现实状况距原计划与理想尚远，"一切应兴应革问题，均有赖于吾人之智慧与精神集中于学理上之探讨"，本刊旨在鼓励同行们"提供意见，发抒理论，指导实际，改进工作，并宣传中央政令，报导业务动态"。

3.6.4 《台湾营造界》

1947年5月，台湾省土木建筑工业同业公会《台湾营造界》创刊。其"发刊词"

指出，由于祖国八年的血肉抗战，日本屈膝投降，光复本省，使台湾重归祖国怀抱，复归主人地位，分担建国建省的重任，故自光复以来，本省土木建筑事业，更好像雨后春笋般的蓬勃，呈出空前盛况，"我们恢复主人地位的今日，应该负起主人的责任，努力于本业的繁荣，复兴土木，以期贡献于国家社会"。要达成这个目的，必须有一种联络切磋的工具，所以才有《台湾营造界》的创刊，表示本刊愿做这一个工具，成为同业的喉舌，以完成这伟大的任务。"发刊词"还指出，建筑事业是现代科学的一个重要部门，我们的国家在八年战争破坏之后，正在复兴建设，要完成现代化的国家，需要优秀的科学建筑技术，"发

《台湾营造界·创刊词》

刊词"呼吁本省建筑技术从业者，要深切感受到时代赋予的使命非常重大，并期待"同业者和建筑技术同志，确实认识祖国，把握时候（*原文如此*），应付（*原文如此*）国家社会的要求"。①

3.6.5 《现代公路》

1948 年 3 月 1 日，《现代公路》在上海出版。其目录和版权页上标识自己是"公路和汽车的一般性杂志"，显示其关注的是公路和汽车。

该刊发表的"创刊例话"相当于发刊词。"创刊例话"写道，"只有造成舆论或一种氛围，才能使政府或社会人士发生兴趣和注意，进而协助促进其（*注：指公路和汽车*）发展"，环顾国内，谈公路与汽车的书籍和刊物，实在少得可怜，所以，他们决定先办一本杂志——《现代公路》。

该文还对中国公路的未来憧憬了一番："一朝'天河洗甲，桃林放马'，我们都埋头为公路与汽车努力。广阔平坦，坡度弯度合于标准的碎石路面，甚至超级公路，以南京为中心，向各省各地放射，构成一个完密的公路网……从上海出发，三天到西安，五天到昆明，一周到迪化（*注：今乌鲁木齐*）。公路运输真达到安全、舒适、迅速和经济的四大要求。比较大的城市里，都有公共汽车，为一般公民的日常代步工具。制造厂也遍设各地，不仅能够自制配件、轮胎和工具，更能自造汽车。"文章最

---

① 创刊词 [J]. 台湾营造界，1947（1）：1.

后感叹道："这是多么美丽而伟大的理想，怎不使人倾心而愿为之尽瘁呢？"这样的理想在旧中国不可能成为现实。可以告慰该刊和该文作者的是，在今日的新中国，公路发展与汽车业已经走在了世界前列，远远超出了该刊当时的想象。

3.6.6　《营造旬刊》

1947年3月10日，南京市营造工业同业公会创办的《营造旬刊》正式出版，30期之后，1948年1月10日第31期改由中华民国营造工业同业公会联合会与南京市营造工业同业公会联合出版。

在联合出版的第1期即《营造旬刊》总第31期上，担任公会和联合会两个社团组织理事长的陶桂林写了一篇《本刊改组的经过和期望》，算是该刊合刊的代发刊词。文中，陶桂林讲清了二者联合出版《营造旬刊》的来龙去脉，认为在联合会方面，比起单独创办一种刊物，可以省却许多手续上的麻烦，减少经济上的负担，在南京营造公会方面，借此可以使刊物得到改善和扩充，而在读者方面，可以多看到一些各地同业的消息、工程的动态、建设的计划，可谓一举三得。于是，双方同意从本期起加大篇幅，仍用原名，实行联合出版。

陶桂林提出，新的《营造旬刊》"宗旨仍然是提倡营造业的道德、砥砺同业的精神、联络同业的感情、传达同业的消息，藉以发挥团结的力量，促进我们建国工作的效能，达到我们协助政府推动建设的目的。再进一步尽量介绍世界新的工程学术、新的建筑计划和新的营造图照，以期引起同业竞进的奋勉，内容上力求刷新与充实"。

3.6.7　《营造半月刊》

1948年11月1日，上海营造同业公会会刊《营造半月刊》创刊。

上海营造同业公会理事长陶桂林撰写的《发刊词》认为，现在"营造范围，亦逐渐由住之一字扩充至路工水利各方面"。在他看来，上海为东方大埠，各种事业，"莫不执全国之牛耳，营造方面，自亦不能例外"，"计我业在沪者，今有同志千余家"，"各家平时对于事业之改进、技术之改良、统计之成绩等等，各有心得，靡足珍贵，不有刊物，奚资借镜"，于是上海市营造工业同业公会"乃有发行《营造半月刊》之议，嗣后同业间倘有所发明，得藉此刊以传播，倘有所疑问，得藉此刊以讨论，裨收提携共进之效，其裨益于我同业者，岂浅鲜哉"。

上述各刊"发刊词"或各种代发刊词各具特点，我们从中可解读出：

黄兴对铁路建设的忧思，李协水利救国的抱负，沈怡针对中国工程建设领域科学落后现象大声疾呼"承认落后""迎头赶上"，《建筑月刊》对崇洋媚外之风日盛、传统建筑文化和国货遭受严重冲击面临生存危机的忧虑，李书田倡导以科学精神推动传统水利工程向现代迈进，王正廷竭力宣传、大力推动全国兴修公路，赵深和《新建筑》都致力于增加社会对建筑师地位的认识和对建筑师价值进行重估，等等。这些发刊词犀利的笔锋直指当时工程建设领域各种弊端和问题，振聋发聩，表现出工程建设期刊创办者的思想先行引领性。

张謇、韩国钧、曹豫谦、沈百先、赵守钰等，以及《川南马路月刊》《华北水利月刊》表达的任事勤勉、"事必身先""款必公开"，将自身工作通过期刊向公众公开；李协的水利救国主张，《新建筑》致力于推进防空建筑的研究和宣传，康时振提出的公路建设与国防事业密切相关，将自身工作与国家命运紧密相连。工程建设事业实践性极强，与乡土、百姓、家园息息相关。这些发刊词，无不蕴含着工程建设期刊人特有的务实精神、桑梓情谊与家国情怀。

《建筑月刊》提倡以科学方法改善建筑途径促进传统建筑进步，以科学器械改良国货发展国产建筑材料，奖励专门著述推动建筑新发明；《中国建筑》提倡融合东西建筑学之长、发扬我国传统建筑的特点；《新建筑》认为建筑是一种专门的学术，是在造型艺术领域占据重要位置的艺术与科学综合的产物；《中华营建》提出"营建是需要理论与经验并用的"，期刊内容要熔"学术与经验于一炉"；《江苏公路》提出"国家建设，以交通为第一；交通建设，又以公路建设为重心，公路之发展与否，关系人民生活之荣枯、社会经济之盛衰、国家政治之隆替"，加深了对公路建设重要性的认识；《台湾营造界》指出，建筑事业为现代科学的重要部分，我国在抗战中遭到破坏之后，正在复兴建设，要建成现代化的国家，需要优秀的科学建筑技术，期刊正好可以发挥积极作用。

这些发刊词，充分展示了推动处于起步时期的工程建设行业向上生长的新生媒体力量。①

---

① 李俊. 民国时期34种工程建设期刊发刊词的内容研究与价值探析 [J]. 新闻研究导刊，2023，14（8）：48.

民国时期建筑期刊人物群像研究

　　期刊出版，离不开期刊出版发行人，没有他们，刊物就不可能产生和存续下去；同时期刊也离不开编辑，他们是期刊内容和期刊成品的加工制作者，决定着期刊出版的质量高低和品位高下；期刊更离不开作者，没有作者持续"生产"高质量作品，期刊就成了无米之炊，更谈不上高品质。

　　以上几类人，本书统称为期刊人。

　　民国时期，期刊界涌现出了许多知名期刊人，如出版、编辑方面的陈独秀、邹韬奋、叶圣陶、胡愈之等，著名作者就更多了。建筑期刊限于其行业属性和专业特性，不可能出现社会知名度如前者那般高的期刊人，但也涌现出一些可圈可点者，他们开创和书写了民国时期建筑期刊的全新发展史，塑造了民国时期建筑期刊的整体形象，是中国建筑业从传统走向现代的推动者、舆论引领者、宣传推广者和学科建设者，他们的办刊经历、办刊思想和主要著作，值得进行深入挖掘、梳理和总结。

　　本书深入研究了 20 多位建筑工程期刊出版发行人、编辑和作者的办刊、编辑或撰稿的经历、思路及主要作品。

　　梁思成认为，"现代的建筑，已由原始人类直觉的创造，进而为一种艺术与工程学的结合，在普通性上渐渐加上专门性了。在设计、施工乃至应用上，现代建筑已与其他工程并列为专门学术。"[1] 如果不具备相应专业能力，办起刊来就会或隔靴搔痒，或浅尝辄止，甚至摸不着门道、南辕北辙。

---

[1] 梁思成 . 书评：英华华英合解建筑辞典 [J]. 中国营造学社汇刊，1936，6（3）：186.

要成为建筑期刊人，相应的受教育背景是必要的也是必需的。民国时期建筑期刊人所受教育，在所处时代和出国留学大潮的影响下，总体上可以划分为国内教育和国外教育两个类型。其中，国内教育又可以分为旧式教育、新式大学教育和自学成才三个小类；国外教育又可以分为日式、欧式（主要是德式）和美式教育三个小类。

民国时期建筑期刊人的代表，主要有叶恭绰、李仪祉、王正廷、朱启钤、沈怡、凌鸿勋、杨锡镠、陶桂林、阚铎、陆丹林、瞿兑之、杜彦耿、汪胡桢、杨哲明、杨得任、顾世楫、张大义、刘敦桢、茅以升、张含英、李书田、梁思成、赵祖康、林同棪等。他们有的是出版发行人，有的是编辑，有的是作者，有的兼而为之。

这些建筑期刊人代表中，叶恭绰、朱启钤因其所处时代或年龄较长等因素接受的是旧式教育，他们创办期刊，或因职业需要，或因学术兴趣使然。少数的属于自学成才类型，如：以期刊编辑为职业的如陆丹林、杜彦耿；因为白手起家创办知名营造企业，在业界创出很高社会声誉、担任社团负责人创办期刊的陶桂林。其他的代表人物，则大多具有国内大学或国外留学相关的专业教育背景，而具有国外留学背景的建筑期刊人又占了多数。

下面基于他们所受国内教育和国外教育背景分而述之。

4.1　国内教育背景

4.1.1　出版发行人

民国时期国内教育背景的建筑期刊出版发行人主要代表有叶恭绰、朱启钤（旧式教育）、杨锡镠（中国本土大学教育）、陶桂林（自学）等。

1. 叶恭绰

叶恭绰（1881—1968），字裕甫，又字玉甫、玉虎、誉虎，号遐庵，广东番禺人。书画家、收藏家、政治活动家。晚清贡生，后选用训导，21岁时入京师大学堂仕学馆。清末入邮传部文案处，后任路政司科长、主事、郎中等职，1910年升任铁路总局提调，1911年9月任铁路总局代局长。辛亥革命后，1912年5月任北洋政府交通部路政司司长兼铁路总局局长，后历任中央银行董事、财政部长、交通总长、铁道部长等职。参与朱启钤组织成立的中

任交通次长时的叶恭绰
原载《铁路协会会报》
1917年56/57期

国营造学社，是学社第 7 位社员。

叶恭绰对民国时期建筑期刊的贡献，主要在于他 1912 年任交通部路政司司长兼铁路总局局长时，当选为新成立的中华全国铁路协会副会长（后长期任会长），该协会创办了《铁路协会杂志》。这是民国时期建筑期刊中创办时间最早的期刊之一。

叶恭绰还对民国时期的许多建筑期刊如《道路月刊》《中国营造学社汇刊》《建筑月刊》等，以不同方式给予了实质性支持。

2. 朱启钤

朱启钤（1872—1964），字桂莘，亦作桂辛，号蠖园，学者、实业家，贵州开州人。清末曾任京师大学堂译学馆监督、北京外城巡警总厅厅丞、津浦铁路北段总办。北洋政府时期曾任交通总长、内务总长，是当时政坛老交通系重要成员，一度兼代理国务总理。曾亲自主持北京城的改造。后离开政坛经商，并创立了中国营造学社。

朱启钤像

原载《中国营造学社汇刊》
1932 年第 3 卷第 1 期

朱启钤对民国时期建筑期刊的贡献在于创办了《中国营造学社汇刊》，以学社和汇刊为平台，引进和培养了中国古建筑研究史上十分重要的两位人物——梁思成和刘敦桢，二人分别是《中国营造学社汇刊》、同时也分别是民国时期建筑期刊最重要的研究型、专家型、学者型作者之一。

1）朱启钤的办刊经历

朱启钤的前半生都从政为官，曹聚仁评价他"会做官"，在为官上有过一些政绩，但曾因为拥护袁世凯复辟而遭到通缉，留下历史"污名"。不过，足以让朱启钤名垂中国建筑期刊青史的是其十多年后创办的《中国营造学社汇刊》。

朱启钤 1930 年创办《中国营造学社汇刊》时已经 58 岁。创办这份汇刊，是由于朱启钤发起成立了中国营造学社。之所以发起成立中国营造学社，又源于朱启钤偶然发现深藏于图书馆的一部宋本古书《营造法式》，并特将此书重新刊刻印刷面世。这部《营造法式》的发现和重新刊刻印刷，影响了朱启钤的后半生，促成了中国营造学社的成立，聚合了一批中国古建筑学术研究干才如梁思成、刘敦桢、林徽因等，并深刻影响了他们的人生道路和学术归依，也造就了《中国营造学社汇刊》的出版及其在中国建筑学术史上的崇高地位。

朱启钤得《营造法式》后，一方面刊刻出版，另一方面研读思考，1925 年前后决意发起一个私人研究团体，"启钤老矣……私愿以识图老马，作先驱之役，以待当世贤达之风闻兴起耳"。最初，朱启钤打算命名为"中国建筑学社"，不过考虑到建筑本身"虽为吾人所欲研究者最重要之一端"，但"若专限于建筑本身，则其于全部文化之关系，仍不能彰显"，故"打破此范围，而名以'营造学社'，则凡属实质的艺术，无不包括，由是以言，凡彩绘、雕塑、杂织、髹漆、铸冶、抟埴，一切属于民俗学家之事，亦皆本社应旁搜远绍者"[①]。

1929年，中国营造学社得到中华教育文化基金董事会3年为期、每年拨款15 000元的资助。1930年1月，朱启钤从天津迁居北平，中国营造学社正式运行。

1930年7月，《中国营造学社汇刊》第1卷第1册正式出版。《中国营造学社汇刊》1937年因为抗战全面爆发停刊，出版了20期（含合刊1期）。1944年、1945年在李庄复刊的两期，则由梁思成、林徽因等募资出版。

2）朱启钤的办刊思路

《中国营造学社汇刊》最初只是朱启钤向资助学社的中华教育文化基金董事会提交的出版成果，并没有系统的办刊设想和计划。汇刊向现代学术期刊演化，更多的是朱启钤从东北大学和中央大学分别"挖"来留美归来的梁思成和留日归来的刘敦桢后的事情。

朱启钤的办刊思路可以总结如下：

一是把方向，筹资金，确保学社正常运转、汇刊正常出版。

不像其他社团，中国营造学社是由爱好中国古建筑研究的同道个人组成的纯学术社团组织，在学社存续期间，维持学社生存和发展的经费筹措一直是个难题。1930年3月，在得到中华教育文化基金董事会资金支持后，朱启钤于北平宝珠子胡同七号正式成立中国营造学社[②]。但这些经费不足以维持协会和汇刊的运作。朱启钤采取了各种办法，如组建干事会，争取他以前的老交通系下属骨干、社会名流等加入学社，提供支持或赞助，甚至连东北少帅张学良也被吸纳进来，为学社捐款。除此，他还动用资源和关系，争取到了中英庚款管理基金负责人朱家骅的支持，获得每年18 000元的资助。

正是由于朱启钤想方设法寻找资金渠道、提供财力保障，才有了后来梁思成、刘

① 朱启钤. 中国营造学社开会演词 [J]. 中国营造学社汇刊，1930，1（1）：8-9.
② 李俊. 朱启钤与北京中轴线建筑的利用与保护 [J]. 建筑，2023（8）：87.

敦桢等心无旁骛到全国各地进行实地调研考察并形成了一份份重量级专业学术报告，交由《中国营造学社汇刊》编辑刊发，成为中国古建筑学术研究史上一篇篇重要文献，造就了中国营造学社和《中国营造学社汇刊》在中国建筑期刊发展史和中国古建筑研究史上极高的学术地位和学术声誉。

二是搭机构、揽人才，放手让专业的人做专业的事。

学社成立初期，按朱启钤的设想是重点展开文献研究，为此，他搭建的学社各机构以文献搜集、整理、校勘、研究等为主，如在学社外设立评议、校理和参校等职务，筹设干事会广求海内贤达给予精神、物力支持；在学社内部设立专职的编纂、绘图等职位，主要配合完成文献研究成果的编纂和绘图等。引进了两个关键人物负责研究和编辑工作：一个是曾经留日的阚铎，此前阚铎曾任中华全国铁路协会早期的编辑主任、《铁路协会会报》总编辑；另一个是诗文功底深厚、精通英文的姨表弟瞿兑之，瞿兑之是清末重臣、朱启钤的姨父瞿鸿禨之子，是瞿鸿禨培养了朱启钤成才。

1931 年 6 月，30 岁的梁思成离开东北大学回到北平，朱启钤任其为学社法式部主任。不久，与日本人一向交好的阚铎重回东北任职铁路局长，朱启钤不得已自己兼任文献部主任一段时间，1932 年他招揽留日归来、在中央大学任教、35 岁的刘敦桢，任其为文献部主任。对于自己延揽的梁刘二人，朱启钤是非常满意的，他曾说自己"并访求匠师，详定法式，使青年建筑家得有以近代科学眼光整理固有技术之机会，而于中西文字之移译，以期新旧知识之沟通尤三致意焉"，他"物色专攻之人材以作小规模之试验，亦未尝稍有懈"，于社内分作两组，"法式一部，聘定前东北大学建筑系主任、教授梁思成为主任，文献一部则拟聘中央大学建筑系教授刘敦桢君兼领"，"梁君到社八月，成绩昭然，所编各书正在印行，刘君亦常通函报告其所得，并撰文刊布。两君皆青年建筑师，历主讲席，嗜古知新，各有根底，就鄙人所见所及，精心研究中国营造，足任吾社衣钵之传者。南北得此二人，可欣然报告于诸君者也"①。

事实也证明了朱启钤独具慧眼。此后的营造学社形成了法式部主任梁思成和文献部主任刘敦桢并驾前驱的架构，二人珠联璧合，接下来的几年时间里，使得中国营

---

① 朱启钤.请中华教育文化基金董事会继续补助本社经费函 [J].中国营造学社汇刊，1932，3（2）：161-163.

造学社的学术考察和学术研究及《中国营造学社汇刊》的高质量学术成果出版大放异彩。

三是高度认同并竭力支持学社主干成员的学术研究方向，形成《中国营造学社汇刊》把论文写在祖国大地上的独具特色的学术品格。

梁思成和刘敦桢二人到任后，朱启钤对学社工作的重点进行了调整，将文献校勘整理和研究转向了梁刘二人倡导的对中国古建筑进行实地考察和现代科学研究，他说起未来的打算、来年的工作，"将以实物之研究为主，测绘、摄影则为其研究之方图。此项工作须分作若干次之旅行"。朱启钤本人并非建筑专业科班出身，他之所以研究中国营造学，出自个人喜好，但他的眼界很高、眼光很准，他认为，梁刘二人"此种研究方法，在本社为工作方针之重新认定，而其成绩则将为我国学术界空前之贡献"①。自此，《中国营造学社汇刊》的内容变为了以梁刘二人领头进行实地考察、测绘、研究的学术成果为主，来自于中国大地上 10 多个省、220 多个县的古建筑实地考察和研究报告，铸就了《中国营造学社汇刊》卓尔不群的特异品质。比如梁思成的《蓟县独乐寺观音阁山门考》《曲阜孔庙之建筑及其修葺计划》《记五台山佛光寺建筑》，刘敦桢的《苏州古建筑调查记》《河北省西部古建筑调查纪略》，以及二人合著的《大同古建筑调查报告》等，都属于朱启钤此前认定的"其成绩为我国学术界空前之贡献"的新发现、新成果、新范式。

四是竭力保持《中国营造学社汇刊》编辑骨干的稳定。

在 1937 年《中国营造学社汇刊》停刊之前，朱启钤根据编辑工作需要和人员变动情况，多次引进编辑力量加强编辑工作。这个过程中编辑人员有来有去，变化也比较频繁，有的干了一期两期就离开了。但朱启钤始终保持了一个稳定的骨干编辑与《中国营造学社汇刊》相始终。

这个骨干编辑便是朱启钤的姨表弟瞿兑之。瞿兑之从《中国营造学社汇刊》1930年 7 月出版第 1 卷第 1 号开始，就与阚铎搭档从事汇刊的编辑工作。1935 年 6 月第 5卷第 4 期开始，他重新使用自己过去的名字瞿宣颖从事该刊编辑工作，直到 1937 年停刊。瞿兑之前后共 7 年参与编辑了 20 期《中国营造学社汇刊》。该刊长时间、高品质出版，瞿兑之一以贯之的编辑工作功不可没。

---

① 朱启钤. 请中华教育文化基金董事会继续补助本社经费函 [J]. 中国营造学社汇刊，1932，3（2）：161-163.

　　朱启钤以个人民间之力创立中国营造学社，开展中国古建筑营造学术研究，创办
《中国营造学社汇刊》，学社的学术研究和期刊出版都取得了突出的成就。朱启钤在民
国时期建筑期刊出版中的地位和作用，以及对于建筑学的贡献、其以上办刊思路对于
今日及未来建筑期刊出版的启发和价值，都值得后人深入研究、总结和重新评估。

3. 杨锡镠

　　杨锡镠（1899—1978），字右辛，江苏吴县人。大学就读于交通部上海工业专门
学校，1921 年，叶恭绰执掌交通部，重组唐山工业专门学校、上海工业专门学校、
北京铁路管理学校和北京邮电学校四所交通部管理的学校为交通大学，亲任交通大学
校长，并分设三校，对各校的相关专业进行整合，此时正在上海工业专门学校读大四
的杨锡镠因此而转入交通大学唐山学校，并毕业于该校土木工程系。

　1）杨锡镠的办刊经历

　　杨锡镠首先是一位建筑师，办刊并非其职业。1929 年，杨锡镠在上海开设了一
家以自己名字命名的建筑师事务所——杨锡镠建筑师事务所，在大上海留下过精彩
的建筑设计作品，如南京饭店、百乐门舞厅——直到今天仍然是在有关民国时期大
上海的影视剧中经常出现的"网红"建筑，尤其涉及大上海灯红酒绿的剧情时，百
乐门舞厅就会时常挂在剧中人的嘴边、出现在影视剧的画面中。百乐门的设计、建
设和竣工、开业，当时上海媒体极为关注，著名报纸《申报》《时事新报》发了多条
消息报道。

　　1929 年，杨锡镠经建筑师范文照、李锦沛介绍加入中国建筑师学会。

　　中国建筑师学会 1933 年 1 月召开年会，选出了学会新一届班子和各机构成员，

杨锡镠设计的上海百乐门舞厅

原载《中国建筑》1934 年第 2 卷第 1 期

杨锡镠被选为执行部书记，掌管对外文书往来之类。学会下设 6 个委员会中，杨锡镠兼任职务最多，筹划会所工作委员会、出版委员会、编制章程表式委员会、建筑名词委员会 4 个委员会成员中都有他，其中出版委员会由杨锡镠、童寯、董大酉 3 位建筑师出任委员。1933 年 7 月，学会会刊《中国建筑》第 1 卷第 1 期在创刊号出版半年多后正式出版。

《中国建筑》正式出版期间，一直没有刊登具体的编辑人员名字。从 1934 年 1 月第 2 卷第 1 期开始，《中国建筑》将出版人由中国建筑师学会改为中国建筑杂志社，并开始实行发行人制度，杨锡镠为发行人，其发行人身份此后一直都刊印在册，直到 1937 年停刊。1934 年，杨锡镠还兼任《申报·建筑专刊》主编。

2）**杨锡镠的办刊思路**

一是从满足建筑师实际需要出发。

杨锡镠刚主持《中国建筑》编辑工作时，从有利于帮助建筑师开展业务的实务出发，认为混乱的建筑市场亟须统一合同、说明书的式样，使之合乎标准化，这是当时的莫大急务，也是中国建筑师学会成立章程表式委员会的缘由。但此事不那么容易办成。为此，他将自己的建筑师事务所与业主所签合同、说明书毫无保留地原样翻拍刊登出来，供建筑师同人参考、借鉴。

这是杨锡镠作为中国建筑师学会编制章程表式委员会委员尽职尽责的一种表现，是他作为中国建筑师学会出版委员会委员支持《中国建筑》的具体行动，同时也是他

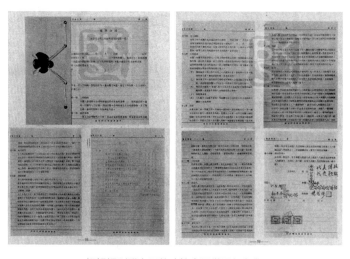

杨锡镠刊登自己的建筑合同供同行参考

原载《中国建筑》1933 年第 1 卷第 1 期

办刊思路的具体体现。

在《中国建筑》第 1 卷第 1 期上，杨锡镠刊发了自己设计的一组南京饭店照片和自己作为建筑设计师与业主所签的合同。在名为《建筑文件》的文章中，杨锡镠解释了刊登其合同说明书的原因和目的。他说，说明书与合同，在建筑工程上的地位和重要性比建筑设计图样有过之而无不及，建筑师受业主委托做设计，责任不仅仅在设计绘图而已，设计之后工程完成过程中的价格、双方责任等，没有具体的说明书、不订立合同，就不能予以确定。而且建筑事业的发展日新月异，施工方法也越来越复杂细致，如果没有说明书进行指导，施工承包方几乎无法进行施工，因此说明书绝不是可有可无的事情。而工程方面发生纠纷导致诉讼，往往是由于缺乏缜密公允的合同明确双方的责任。中国现代建筑业发轫不久，以往大兴土木往往由业主直接委托给承包人，绘图、施工等一概任之听之自行处理，减料自肥自然难免，由于没有合同也没有说明书，业主就算要起诉也无凭据，只能自食其果。近些年来，建筑业越来越繁荣，建筑业务各方开始重视起合同和说明书来，但还处于各自为政的状况，一向没有统一的固定模式，中文英文均有，格式也不尽一致，挂一漏万者难免，发生纠纷难以作为法律上的完备论断依据。因此，统一相关格式使之合乎标准化，是当前的急务 [1]。

这充分体现了杨锡镠超前的合同意识、规范意识、标准化意识和互助理念。此后杨锡镠特地把自己建筑师事务所的有关设计合同、建筑章程、工程说明书等在《中国建筑》上进行了分期连载，且每期他都会亲自撰写文字予以解释和说明，供业界参考。

杨锡镠 1934 年 1 月出任《中国建筑》发行人，当月出版的《中国建筑》第 2 卷第 1 期上，他把自己设计百乐门舞厅的过程、思路、一整套百乐门舞厅设计图纸及照片刊登出来，供业界参考借鉴。当年 9 月，杨锡镠成为《申报·建筑专刊》主编，将专业的视角向社会延展。《申报》1931 年时日发行量达 15 万份，《建筑专刊》随《申报》免费赠送本埠 5 万余订购读者，其读者量于专业期刊而言完全不可企及，以此向上海社会传播普及建筑专业知识，提高了建筑业和建筑师的地位，扩大了建筑业的影响。

二是成系列地组织各著名建筑师事务所，分别集中刊发其各自的建筑设计代表作品，供从业建筑师学习参考。

---

[1] 杨锡镠. 建筑文件 [J]. 中国建筑，1933，1（1）：34.

　　杨锡镠办《中国建筑》杂志，其主要作用并不体现在写文章上，而是体现在组织策划刊物的重要内容和调动作者资源上。这是他作为期刊出版发行人和主持刊物事务者真本事的体现。

　　经过杨锡镠的策划组织，《中国建筑》从 1935 年第 3 卷第 2 期开始，将中国建筑师学会的重要会员、著名建筑师动员起来，逐期分别出任一期《中国建筑》主编，并提前在期刊上将消息刊发出来，向读者预告。当时的著名建筑师如董大酉、赵深、陈植、童寯、关颂声、朱彬、杨廷宝、庄俊、罗邦杰、陆谦受、吴景奇、李锦沛、巫振英、范文照、奚福泉、杨润玉、杨元麟、杨锦麟等，一一在列。

　　该计划如期推出，各大建筑师纷纷拿出了本人或本建筑师事务所的代表设计作品，在各自负责的当期《中国建筑》上竞相展示。该活动一直持续到 1937 年 4 月该刊最后 1 期。两年时间里，当时中国建筑设计界最精华的建筑设计作品一一得以在《中国建筑》杂志上展示，类型丰富，各具特色，涉及的建筑包括了航空协会陈列馆、图书馆博物馆工程、工业材料试验所工程、医院及卫生试验所工程、外交部大楼、饭店、公寓、住宅、别墅、舞厅、大学校舍、银行大楼、财政部部库、妇产医院、政府大楼、大戏院、俱乐部、仓库、厂房，等等。

《中国建筑》以 37 个页面的篇幅首次图文并茂集中推出建筑师作品专辑——董大酉建筑师设计的中国航空协会会所及陈列馆，上海市立图书馆，博物馆，中国工程师学会工业材料试验所，上海市立医院及卫生试验所等工程

原载《中国建筑》1935 年第 3 卷第 2 期

　　杨锡镠很好地利用了学会的会员资源禀赋，并将其转化为编辑资源和作者资源，这是他作为一个优秀期刊出版发行负责人的成功之处。

　　杨锡镠属于建筑专业人士办建筑专业期刊，具有很强针对性，办刊切中专业人士痛点，通过精细号脉精准找到建筑设计专业人士的需求点。同时，杨锡镠又通过出任《申报·建筑专刊》主编，将专业知识和内容以普通读者乐于接受的方式进行传播和扩散，力求专业内容普及化，提升传播可达率和接受度。这些都是后来的专业期刊从业者值得深入研究和学习的办刊思路。

4. 陶桂林

陶桂林（1891—1992），乳名逢馥，江苏通州直隶州吕四镇（今江苏南通启东市吕四港镇）陶家沟人。陶桂林年少时就到大上海的木器店当了一名学徒工。他刻苦学习和钻研，并坚持通过晚上补习掌握了英语，自学成才后受聘于外商营造厂，主持修建了诸多建筑工程。1922年陶桂林创办了馥记营造厂，通过艰苦打拼和不断完成优质工程而崛起成为上海的著名营造企业家，馥记营造厂一度是近代上海乃至全国最大的建筑施工企业。[①]

陶桂林像
原载《道路月刊》
1933年第40卷第1号

陶桂林是上海市建筑协会的倡办人之一，后来还分别被推选为南京市营造工业同业公会、中华营造工业同业公会联合会和上海市营造工业同业公会理事长等，可见其备受业界推崇。

陶桂林在不同时期曾对建筑行业期刊以不同方式予以支持，前期主要表现为广告投放的形式。抗战胜利后，陶桂林在被选举担任南京、全国及上海3个工业同业公会（联合会）理事长期间，公会（联合会）所创办的《营造旬刊》《营造半月刊》，以追求实用性、追求短刊期为主，主要为同业公会服务，为同业服务，为同业争取权益，同时推动同业规范发展。

1）陶桂林的办刊经历

上海市建筑协会创办的《建筑月刊》从1932年11月创刊到1937年4月停刊。在这期间，陶桂林将主要精力放在自己馥记营造厂的业务上，没有在刊务和编辑事务上有多大作为。陶桂林对《建筑月刊》的支持，主要体现在以自己的馥记营造厂在《建筑月刊》上长期投放广告。《建筑月刊》总计出版了45期，据本书统计，陶桂林的馥记营造厂在其中43期投放刊登了整版广告，跟协会另一位高层、《建筑月刊》刊务委员会委员竺泉通的新仁记营造厂并列第一。

陶桂林对期刊和宣传的作用的认知比一般营造企业家要高得多。在他事业发展的中前期即抗日战争全面爆发以前，他特别重视宣传自己的营造厂。陶桂林在广告

---

① 有关陶桂林个人情况参见：娄承浩，薛顺生.上海百年建筑师和营造师[M].上海：同济大学出版社，2011：168-171.

宣传方面舍得投入，且追求广告投放在建筑工程领域的多角度、全方位、持续性覆盖，一方面积极宣传自己的营造厂以扩大影响，以助益馥记营造厂在各地各领域承揽业务；另一方面也通过广告赞助大力支持这些期刊的发展，从而帮助企业在专业领域获得更多关注和更好发展。如中华全国道路建设协会《道路月刊》、中国建筑师学会《中国建筑》、浙江大学土木工程学会《土木工程》及《建筑材料月刊》《营造半月刊》《中国工程师学会会刊·工程》，陶桂林在这些刊物上都进行了广告投放。馥记营造厂对《道路月刊》更是整年投放广告，且是唯一对《道路月刊》长期予以广告支持的营造厂，1933年，陶桂林个人还加入并资助中华全国道路建设协会，成为其永久会员。

1937年日本全面侵华后，《建筑月刊》停刊，陶桂林的馥记营造厂也被迫西迁到了重庆。陶桂林继续在重庆、贵阳等大后方经营建筑业务，在重庆承建了一批建筑项目，如国防军事工程、交通银行被日机轰炸后的设计重建、被称为战时"国际联欢社"的嘉陵宾馆等，并开发建设了嘉陵新村住宅区。1939年，中华工程师学会在重庆出版战时特刊《工程月刊》，刚把营造厂迁到重庆第二年的陶桂林就在该刊投放广告予以支持。

1944年，寄居在四川南溪李庄、身处困境中的梁思成、林徽因等决定复刊《中国营造学社汇刊》，但生活都很困难的他们经费严重不足，陶桂林等一批建筑同人伸出了援手，陶桂林个人捐资5 000元，是捐款最多的两个人之一。

陶桂林很重视对自己企业的自身宣传和历史档案留存。1936年，馥记营造厂出版了《馥记营造厂承建导淮委员会邵伯、淮阴、刘涧三船闸工程纪念册》。1941年，馥记营造厂在陪都重庆打拼三年，陶桂林为馥记营造厂出版了一份企业形象册，名为《馥记营造厂重庆分厂成立三周年纪念册》。陶桂林分别撰写"绪言"并题写书名。

抗战胜利后，陶桂林的经营重心转回了南京、上海。此后的陶桂林越发热衷于同业公会等社会组织事业。

1946年6月10日，南京市营造工业同业公会成立，陶桂林当选理事长，1947年3月10日，创办《营造旬刊》，陶桂林为发行人，主编为杨寂人。

1947年10月，公会将一年来的重大工作汇编成册，南京市营造工业同业公会编印出版《营造年鉴》（第一期），理事长陶桂林题写刊名并作序。这可能是建筑施工领域第一部年鉴性质的行业出版物。

1948年7月10日，陶桂林牵头发起的中华民国营造工业同业公会联合会正式成

立，陶桂林被推选为理事长。陶桂林主
持的联合会经研究决定，将原定出版全
国同业公会联合会会刊的计划，改为与
南京市营造工业同业公会联合出版《营
造旬刊》，1948 年 1 月，联合出版正式
开始 ①。

1948 年 11 月 1 日，陶桂林任理事
长的上海市营造工业同业公会创办《营
造半月刊》，陶桂林为该刊第一期撰写"发刊词"。

陶桂林是民国时期靠自学成才成长起来的建筑营造企业家。他作为建筑一线的著
名企业家对建筑期刊出版事业的重视与大力支持，即使在今天也具有特别的意义。

2）陶桂林的办刊思路

陶桂林前期参与出版事业，只是作为协会高层参与上海市建筑协会出版会刊的决
策支持和企业家层面的广告投放支持，后期担任多个协会社团组织理事长之后，才真
正作为发行人、责任人创办了建筑营造行业的专业期刊。

从陶桂林后期创办《营造旬刊》《营造半月刊》的实际运作来看，他的办刊思路可
以归纳为以下几个方面：

一是强调短周期，强调信息的快速发布与传播。

抗战全面爆发前，陶桂林支持、资助的刊物，无论是《建筑月刊》，还是《道路
月刊》，刊期都是月刊，浙江大学土木工程学会《土木工程》甚至还是年刊。

从陶桂林抗战全面爆发后创办的期刊为旬刊、半月刊来看，他创办的新期刊强调
短周期、小篇幅、快节奏，从中可以看出陶桂林追求信息发布和传达的高频次与迅捷
度。这应该跟他的企业家身份有关。企业经营需要及时、全面掌握信息，过期的信
息会导致经营决策滞后，甚至导致决策失误，误了先机失去机会不说，还可能招致重
大损失。此外，1948—1949 年，国民党治下的国统区经济形势恶化，通货膨胀严重，
物价飞涨，对建筑营造行业而言，各种物资价格更是波动巨大。协会刊物对会员具有
指导意义，滞后的信息价值不大甚至会误事。如此，就可以理解陶桂林创办旬刊、半
月刊的思路了。

---

① 陶桂林 . 本刊改组的经过和期望 [J]. 营造旬刊，1948（31）：2.

二是注重信息的实用性。

后期的陶桂林除了办理馥记营造厂的事务外，还兼任南京、全国和上海 3 家同业公会（联合会）的理事长，且当选为国民大会代表，事务非常繁忙，公会所办几种刊物的具体事务无暇顾及，但刊物指导思想和内容方向，自然需要得到他的首肯和支持。

从《营造旬刊》《营造半月刊》的内容来看，两刊都很重视刊发对营造行业非常实用的信息。《营造旬刊》延续了抗战前《建筑月刊》的惯例，每期都会刊登《南京市建筑材料市价表》，有时还刊登《上海市建筑材料市价表》《青岛市建筑材料价目表》，按砖瓦、砂石、五金、木料、玻璃、油漆、杂项等建筑工程必不可少的建筑材料分类刊登最新的价格信息。在那个信息闭塞、物价飞涨、货币大贬值的年代，这样一份每十天就更新一次的价格信息，对营造界而言无疑非常全面、及时、实用。此外，该刊还每月发布南京市的泥水工、木工工资，这些对营造行业也非常实用。

三是致力于为同业鼓与呼，并致力于规范行业行为。

陶桂林创办的两份刊物都是同业刊物，尤其是《营造旬刊》由全国营造工业同业公会联合会合办后，更要面向全国同行。

1948 年 6 月 10 日，《营造旬刊》发表陶桂林的文章，陶桂林通过摆事实讲道理，呼吁民国政府立法院、内务部给予营造业公平合理地位。他说，"各地同业请求改善之议案，百数十件，归纳意见，皆为现行法令不公允不合理而发者"，现在行宪开始，"一切法制，咸与维新"，为此，他呼吁，"钧院部俯体群情，审查事实，剔除积弊，刷新政令，从速制定合于民主时代之营建法规，颁布全国，划一遵行，则国家复兴与建设之力量，必可加强，非仅解除营造业本身之痛苦已也"[1]。

此外，《营造旬刊》还以分期连载的形式发布了建筑师学会所订《建筑师章程》、营造工业同业公会全国联合会制定且已报备案的《全国营联会拟定工程合同及工程规则》，推动行业规范发展。《营造半月刊》创刊号上发表上海营造工业同业公会向上海市工务局《呈请解释加强营造业管理实施办法条文》并请将营造厂资本规定数减低的呈文，以及发表公会为同业建筑材料采购困难致上海市工业会的函，为营造业全行业争取权益。

四是高度重视宣传和公开工业同业公会的各项事务。

---

① 陶桂林. 营联会呈请制定营建法规 要求公平合理地位 [J]. 营造旬刊，1948（46）：2.

　　无论是《营造旬刊》，还是《营造半月刊》，每期都有相对比较多的页面分别发布全国工业同业公会联合会、南京市工业同业公会或上海市工业同业公会的各种会务信息、收支明细及各种报告、公告或通知，公开告知全体会员单位和关心会务的各方，公会内部各项事务完全公开透明。《营造旬刊》还坚持每个月都刊发刊物自身的经费收支表，刊物账目一目了然。

　　五是建筑营造技术方面的原创内容很少，重视不够。

　　这既跟刊物属于会刊性质有关，也跟两刊篇幅都只有区区 8 页有关，如此少的页面每期容纳了会务、专论、政府通告法令、国内外资讯、市场行情及其他内容外，很难有更多的版面刊发技术性文章。目前能查到图书馆收藏《营造旬刊》共计 30 期，只有极少数期次登载过技术文章，且都属于转载，如：钱冬生的《闲话新村式的住宅建筑》及《编制"营建指数"的商榷》（均原载《工学通讯》），赵国华的《填土之压密程度检查简法》（原载《工程报导》），《洋灰面上，如何油漆》（原载《工学通讯》）、《钢筋混凝土的理论及应用》（原载《台湾营造界》）。《营造半月刊》在图书馆的馆藏很少，总共 4 期（其中 4、5 期合刊）中，发表的技术文章只有《都市防空地下室设计》一篇，另一篇《工厂建筑之沿革与发展》只能算介绍性质的文章。

4.1.2　编辑

　　国内教育背景的建筑期刊编辑代表人物有陆丹林、瞿兑之、杜彦耿等。

1. 陆丹林

　　陆丹林（1896—1972），曾用名陆杰夫，广东三水人。幼年就读家乡达立学堂，在祭孔时拒绝充当陪祭并反对行礼，被学校记大过一次，后入广州培英学校，校长朱执信介绍其加入中国同盟会，之后结识诸多国民党元老。孙中山曾手书"博爱　丹林先生属"赠与陆丹林。

　　陆丹林 1919 年前后曾短暂于广州军政府从政，与王正廷、吴山等短时共事，这段风云际会的经历也为他 1922 年到上海加入王正廷任社长、吴山为总干事兼主笔的《道路月刊》从事编辑工作埋下了伏笔。

　　陆丹林一生发表文章使用的笔名较多，别署"自在"。其最著名的斋名"红树室"由黎元洪题写。陆丹林曾加入

陆丹林像

原载《道路月刊》
1930 年第 30 卷第 2 期

南社，常撰书画评论文章、杂文、文史掌故与评传等。喜搜罗书画、印章，与张大千交好，藏张大千画百余幅，为《张大千画集》撰写长序。谢无量以西晋文学家陆机比之于陆丹林："陆机少小能文赋，况占岭南红树秋。十年冰雪战诗骨，画师写出更风流。"[①]

陆丹林与政界、文化界、书法界名人交往较多，于右任、柳亚子、叶恭绰等多次为他的书斋红树室题诗或写诗唱和相与往还，如："最是秋风系战伐，霜叶无计一停车""何似岭云横染处，青山红树著维摩"[②]，"红树青山人似玉，促挥毫，更脱群贤手。萧与筑，总孤负。逃盟复社交君久，更频年相忘形影，靳骖先后"[③]，"扫除圣法等秕糠，坐视传薪国粹亡。剩有痴儿角余技，对凝神血作光芒"[④]，"苑展营邱泼墨图，丹枫翠幛杂模糊。插橡箕斗商歌动，霜气弥天答雁呼"[⑤]，"寄情苦类颇霞绮，转识惊余返照明。谁料山河原白地，寻根摘叶可怜生"[⑥]。本书粗略统计，为陆丹林题诗赠诗、相与交往的诗、书、画等文化界人物有 58 人。

陆丹林交游无拘，涉猎广泛，富有才情，写诗著文立马可待，先后主编多种期刊，是民国时期上海、香港编辑中的佼佼者。陆丹林编辑《道路月刊》期间编纂、校订了诸多道路、市政方面大部头工具书性质的实用图书，还参与其他文史书画事件及编刊、撰述，表现出其对知识海绵般吸收和泼墨般发散的能力。

1）陆丹林的编辑工作经历

陆丹林在民国时期简直就是为了编辑办刊而存在。本书考证他的编辑生涯时间跨度，从 1919 年到 1949 年 30 年间几乎没有停歇的时候；他办刊的种类和数量也比较多，有时候同时兼着两种或以上刊物的主编、编辑工作。

陆丹林办期刊始于 1919 年。

陆丹林曾自学西医。1918 年 10 月 15 日，广州博济医院印行内部医学刊物《博济》月刊，由该院交际部编辑处负责编辑出版。1919 年 1 月出版的第 4 期《博济》刊登了该院现任职员名单，23 岁的陆丹林为该医院交际部书记；1919 年 3 月第 6 期《博

① 汪毅 . 文史椽笔陆丹林 [J]. 广东史志，2013（5）：23.

② 于右任 . 为陆丹林题红树室图 [N]. 时报，1922-08-20（04）.

③ 柳亚子 . 金缕曲题陆丹林社兄红树室图 [J]. 越国春秋，1934（68）：4.

④ 陈三立 . 题陆丹林红树室时贤书画集 [J]. 学衡，1931（74）：16.

⑤ 陈三立 . 题陆丹林红树室图 [J]. 真光杂志，1934，33（1）：54.

⑥ 叶恭绰 . 题陆丹林红树室图 [J]. 真光杂志，1934，33（1）：54.

济》刊载陆丹林为编辑主任，这是现在能查到陆丹林从事编辑工作、担任编辑主任最早时间的书面确证。此时，陆丹林就已经有了自己的办刊手法，比如每期封面刊名，邀请不同的政界或书画名人题写，如徐谦、吴景濂、林森、赵藩、马君武、林雅云等。1919 年 12 月 15 日出版的《博济》第 15 期第 21 页刊登消息："陆丹林君，前为本报书记，现因有事去职，本报自十四期以后，均为医务部执行编辑任务，陆丹林无与焉。"陆丹林此时离开了《博济》，行止难以查明，笔者分析跟当时广州的时局相关，此后他应该参加了军政府有关工作，由此才跟同在军政府供职的王正廷、吴山有了关联。

陆丹林编辑（主编）的部分刊物封面

1921 年 9 月，王正廷任会长的中华全国道路建设协会成立。1922 年 3 月 15 日协会创办出版《道路月刊》，5 月的第 1 卷第 3 号开始，陆丹林使用陆杰夫的名字加入《道路月刊》编辑行列，与吴慎初共同负责编辑工作。从 8 月起，编辑工作改由陆杰夫一个人负责。1926 年，陆杰夫在《道路月刊》上声明改用陆丹林，一直持续到《道路月刊》1937 年 7 月出完第 54 卷第 1 号因为抗战全面爆发而停刊。本书统计，15 年间《道路月刊》出版 162 期，陆丹林参与了其中 160 期的编辑工作，以陆杰夫、陆丹林、杰夫、自在、丹林等名字在该刊发表各类文章 134 篇。

1924 年 12 月 1 日，上海蜀评社《蜀评》创刊，《蜀评》由四川江津（今重庆江津区）人、中华全国道路建设协会总干事、《道路月刊》主笔吴山担任社长，聚集在沪四川人为远隔千里、陷入军阀混战的家乡鼓与呼。《蜀评》第 1、2 期，陆杰夫担任撰述，2 月 10 日第 3 期开始，与刘矩一起担任该刊编辑。广东人陆丹林以"陆杰夫""杰乎""杰夫"之名在《蜀评》发表各类文章 39 篇，平均每期为该刊撰写 4 篇文章。这段时间，陆丹林通过为《蜀评》撰稿的方式，对《蜀评》和吴山、对四川给予了全力支持。

在《道路月刊》编辑出版后期，陆丹林陆续参与创办或编辑、主编了其他 10 余种期刊，如《国画月刊》《国画》《逸经》等。

陆丹林曾说，"对于书画，虽然是门外汉，可是我欣赏书画的兴趣，比其他的嗜好来得起劲，收藏书画，就成了我的生活趣味之一"①，因此他热衷参与编辑书画期刊。

1930 年，蜜蜂画刊社成立，陆丹林为社员、干事之一，3 月 31 日创刊《蜜蜂》，陆丹林以"自在"为笔名在创刊号上撰一小文，另以"红树"笔名作画坛佳偶趣谈之文。此后几乎每期都会用自在或丹林笔名发表作品或文章。

1934 年《国画月刊》创刊，由中国画会（张大千、陆丹林是执行委员之一）月刊社出版，编辑人有黄宾虹、陆丹林等，陆丹林在《国画月刊》上发表各类文章 14 篇。后《国画月刊》停刊，1936 年 1 月《国画》创办，谢海燕为主编，黄宾虹、陆丹林等仍为编辑之一。

1934 年 4 月 1 日《美术生活》创刊，《建筑月刊》主编杜彦耿和著名摄影家郎静山都是其编辑，陆丹林则和徐悲鸿、林风眠、黄宾虹、张大千等为特约编辑。

1936 年 3 月，《逸经》文史半月刊创办，陆丹林为编辑之一，负责"人志""秘闻""诗歌"3 个专栏的编辑工作。从 1937 年 2 月 5 日第 23 期开始，陆丹林任编辑主任，同时继续负责前述 3 个栏目的文章编辑。在《逸经》上陆丹林加上笔名"自在"共刊发各类文章 30 多篇。日本全面侵华后不久，"淞沪战事发生，交通梗塞，文友星散"，《逸经》于 1937 年 8 月 20 日停刊。

1937 年 8 月 30 日，宇宙风、逸经、西风三家期刊社联合发行《逸经宇宙风西风》联合旬刊，陆丹林撰写《发刊词》，他语气坚定、铿锵有力地表示，现在同人一方面从事救国工作，另一方面腾出若干时间来联合编印这一个刊物，"我们一息尚存，当为文化而努力"，"为救亡而奋斗"，"我们要记着，大风起兮云飞扬，忠勇的将士已固守四方，在敌人未灭、国耻未雪，每一个国民都应该为国家为民族而奋斗，不只是本刊！"②。郭沫若、老舍、臧克家、宋美龄、丰子恺、华君武、施蛰存等有作品刊发。陆丹林（或以自在等笔名）每期都有稿子发表，共计刊发了 25 篇，其中一篇《刊物绝交》，公开表明与日本期刊出版同行绝交的态度③。到 1937 年 10 月 30 日，联合旬刊

① 陆丹林 . 偶然想起几件事 [J]. 国画月刊，1934（1）：2-3.

② 陆丹林 . 发刊词 [J]. 逸经宇宙风西风，1937（1）：1.

③ 陆丹林 . 刊物绝交 [J]. 逸经宇宙风西风，1937（6）：1.

出版了 7 期，上海沦陷后停刊。

经过几番筹措，几个月后，1938 年 3 月 5 日，《大风》旬刊在香港创刊，陶亢德、陆丹林共任编辑。陆丹林从 1938 年 6 月 5 日出版的第 10 期开始任主编，他提倡"拥护中央、抗战到底""文章报国"[①]。《大风》现有馆藏刊物总计 99 期，本书统计，陆丹林在《大风》上撰写发表了近百篇文章。

1945 年 12 月 15 日，《人之初》创刊。该刊酝酿于重庆、出版于上海，发行人卢鹏飞，陆丹林任主任，创刊号上刊发了陆丹林撰写的《〈人之初〉的诞生——代发刊词》。

1945 年 7 月诞生于重庆的《工程报导》，由陆丹林主编，行公编译社出版，日本投降后，发起人多奉命到上海办理市政工程，该刊在重庆出版两期后停刊，9 月 25 日改在上海复刊出版，1947 年改由陆筱丹主编。

1949 年 2 月 14 日，《新希望》周刊在上海创刊，陆丹林任专栏主编。该周刊辟有"艺苑"专栏，每期按"摄影""书画""影剧""游览"不同内容轮流刊发。《新希望》只出版了 10 期，为时两个多月。其中，陆丹林主编的专栏"艺苑·书画"出版了 3 期，以"现代名画选"为主题，刊发了相关书画作品和介绍文字。

2）陆丹林编辑《道路月刊》的思路

陆丹林编辑《道路月刊》时间最长。查《道路月刊》各期，陆丹林在一些以致读者或周年庆、周年回顾等形式刊发的文章中，多多少少表达了一些自己的办刊理念。

在办刊思想、目的、使命、期刊作用方面，陆丹林称，"提倡道路建设，绍介治路知识，调查交通事业，计画兵工政策，以修道路市政上之进步与改良，宣传于民众，是皆舆论界之天职，亦抑本刊所引为己责者"[②]。"道路协会成立后，即继续编发月刊，以为宣传的工具，且做国人发挥路政的言论机关，关于筑路的'利益''工程''事实'介绍于国人，作为道路协会对于筑路界的供献。这是本刊出版的'原因'和'动机'"，所以，"本刊纪载的文稿，无论是译著的，选录的，其内容无不关于筑路之鼓吹、工程的设计、长途汽车的状况，一切游记杂俎等，均是用科学的方法、严密的调查，提倡全国道路之进步与改良，以引起社会的注意和施行为大前提。这是本刊所负唯一的使命"[③]。刊物的作用方面，陆丹林认为，在幅员辽阔、人口众多的中国，

① 陆丹林.《大风》一周年 [J]. 大风，1939 年（30）：929.

② 陆杰夫. 新年致读者 [J]. 道路月刊，1923，4（2）：1.

③ 陆杰夫. 本刊出版周年的回顾 [J]. 道路月刊，1923，5（1）：7-8.

"欲作大规模之运动，为最普遍之宣传，端赖出版物为之宣扬"①。

对刊物与读者、作者的关系，陆丹林有深刻的认识。他说，一种刊物的出版，第一个要依赖的便是读者，对没能及时与读者联系沟通"最抱憾"，每次接到读者的意见和勉励，"只有深深地在心版上铭镂着"；本刊"不敢自居于任何特殊的地位"，"愿做路市两界同志们直接或间接的一个良伴"。对作者，"我们应该很诚恳感谢的，便是本刊每月收到国内外赐给了许多的实际文稿图表，无数的热忱路政同志们供应我们的论文、诗歌、游记、小说与敏捷的路市两政消息，许多义务撰述诸君，牺牲精神时间，不断地译著许多深切实用的著作，充实本刊"②。

陆丹林的编辑工作有如下思路：

一是根据协会的工作重点安排《道路月刊》的重点内容和宣传节奏。

15年中，中华全国道路建设协会的工作重点大约可以分为以下几个方面：在国人对道路建设缺乏认识、毫不重视阶段，大力宣传道路建设对于经济发展、物资流通、人文交流、国防建设等方面的重要性，鼓动地方主政者大力推行道路建设。针对军阀割据、战乱频仍、民生凋敝，提出"兵工筑路"策略，解决裁军军人出路和缺少筑路工人问题。破除城市城墙对马路建设和经济发展的藩篱制约，宣传和推动拆除城墙修筑马路的"拆城筑路"运动。在道路建设有了起色后，重点转向道路的运输使用和服务，如办理公路救济服务，发起自造汽车、采探汽油、创设汽车修理厂、提倡公路旅行等。

《道路月刊》配合协会各个阶段的重点工作，以大量篇幅和持续跟踪深入报道，做好各个时期的重点宣传。为什么要这样做？陆丹林任认为，"本刊既是中华全国道路建设协会的机关报，则本刊的言论自然根据道路协会的宗旨和进行的计划"③。

二是密切配合协会每年一度的征求会员大会，每年编辑出版专刊。

中华全国道路建设协会是一个缺乏支撑和依托的社团组织，在协会成立之初全国鲜有重视道路建设的，更别说设立专门的道路建设管理机构及其道路建设从业人员了。向全社会广泛征求会员，不断扩大会员规模，通过会员缴纳会费和赞助的方式维持协会正常运转和《道路月刊》正常出版，是道路协会当时主要的生存法则。这方面

① 陆杰夫. 本刊出版两周年赘言 [J]. 道路月刊，1924，9（1）：1.
② 陆丹林. 为本刊纪念特号作 [J]. 道路月刊，1930，30（2）：2-4.
③ 陆杰夫. 本刊出版周年的回顾 [J]. 道路月刊，1923，5（1）：8.

王正廷会长的上层资源动员能力很强，各个时期的党政军要人都被他动员起来为协会征求会员大会"站台"，连蒋介石都曾经做过道路协会四届名誉会长、一届征求会员名誉总队长。

每到征求会员大会时，处于操作层面的吴山和陆丹林是最忙碌的人之一。陆丹林负责出版《道路月刊》专刊，每次都要详尽地开展宣传，从高层的"站台"，到协会的动员，再到地方各分会各征求队的鼓动、征求队员及其优秀成绩的展示宣传，等等，无不完备刊载，大力宣传造势。

三是重大节点活动，亲自撰写文章发动。

陆丹林的个人爱好是文艺书画和历史，其本人也不具备路政市政工程专业教育背景。但每到《道路月刊》的重大节点，陆丹林总会亲自上阵撰写和刊发文章来推动工作向纵深发展。

如"兵工筑路"，陆丹林先后撰写了《主张裁兵的不要忘了一件事就是兵工筑路》《从临城劫案证明"裁兵筑路"的重要》《兵工运动之亟要：国民会议之唯一问题，解决国是之根本办法》《兵工征工筑路与御敌救国》《兵工筑路为革命完成后之最大建设》。如关于筑路的重要性，先后撰写了《建设新中国先筑新道路》《巩固国防与修筑道路》《民众应负建设之大任》等。如"拆城筑路"，撰写了《全国筑路拆城及创办长途汽车之进行观》等。

四是善于通过利用名人题写刊名来提升《道路月刊》的社会影响力。

《道路月刊》是公路工程类专业期刊，公路建设地域性强，点多面广，需要唤起各地民众的筑路意识，才能推动当地道路建设。从传播学角度而言，政界、军界和文化界名人的传播效应远远超过道路建设专业人士。

《道路月刊》前4期封面刊名都采用了协会会长王正廷的题字，陆丹林任编辑后不久，从1922年8月第2卷第3号开始，封面刊名每期开始使用不同的名人题字，一直持续到1934年1月第42卷第3号为止，长达11年多。初步统计，《道路月刊》前后共有政界军界和书画、文化、教育、经济等各界名人110余人次题写刊名，形成独特的封面风格。

这个做法，其实是陆丹林1919年主编《博济》时同样手法的延续。

政军界名人，陆丹林可能做不到都能取得他们的墨宝，但文化艺术圈是他经常活动的领域，大量约请这些名人题写刊名，协会里只有他能胜任。

五是下功夫对期刊资源进行二次挖掘和价值延伸开发。

在全国道路修筑热潮起来之后，专业技术人员"类若晨星，设施专书尤乏参览。而欲设计得当、措施裕如者，辄感困难"。针对这种情况，陆丹林认为，"编纂道路丛书，以供实施之堂奥"，既"为时事之要求"，也"孚路政界之期望"。

于是，1924 年左右，陆丹林在编辑《道路月刊》的同时，开始致力于编辑出版《道路丛刊》。该丛刊内容分为十编，共计 1 600 余页，包括"论著""工程""法令""特件""实录""公牍""纪事""游记""长途汽车公司章则表册""附录"。这些大多是《道路月刊》的基本栏目设置。这十编主要内容的撰述、译述作者共计 50 人，也大多是《道路月刊》的重要或骨干作者，如丁文江、王正廷、吴山、吴承之、徐谦、陈树棠、袁薆生、黄笃植、彭禹谟、杨得任、董修甲、赵祖康、顾在垅、顾彭年等。陆丹林在编辑《道路丛刊》过程中，"汇集材料，取其说理精详、应于实用者，

汇编成书"，"凡路政市政必需之识验，关于论著、工程、法令、章则，以及一切计画、实施状况各方面，悉赅备焉，务使阅者对于道路理论与实验有所考镜，堪为实施之南针，且能引起创造新理论及新方法之动机"。陆丹林坦陈，所有材料十分之四来自"《道路月刊》三年来各期"，特约的专门撰述占十分之四，选译的"国内外书报杂志者"占十分之二。历时半年，《道路丛刊》编纂完成[①]。

这是陆丹林在《道路月刊》之外对月刊内容资源、作者资源等出版资源进行二次挖掘利用和价值延伸开发的初次尝试。《道路丛刊》出版后，受到广泛欢迎，购者纷集，三年之间出版五千部"售罄一空"，而"年来各地造路日多，研究实施参考专书需求甚亟"，"各地以道路问题相磋，以翻版《道路丛刊》相督劝者，月必数十起"[②]。

接下来几年，为满足路政和市政建设大发展需要，陆丹林陆续组织和参与编纂出版《市政全书》(历时近 1 年，1928 年完成)《道路全书》(历时近 1 年，1929 年完成)。《市政全书》为陆丹林负责编纂，汇集了 50 余位专家的论著译著，全书加附录共 7 编，共 1 400 余页，约 70 万字，出版前预约 500 余部，不到一年就一再重版，共计三版

---

① 陆杰夫.《道路丛刊》编辑概略 [J]. 道路月刊，1925，13(2/3)：1.

② 陆丹林，《道路全书》编纂之动机及经过 [J]. 道路月刊，1929，27(1)：1-2.

印刷①；《道路全书》由陆丹林和负责《道路月刊》校对的蒋
蓉生及另一位后加入《道路月刊》的编辑刘郁樱合编，全书
60 万字，1 290 余页，汇集了百余位路政专家的专论译著，
共分为 5 编，出版前，全国建设机关、教育机构、其他机
构团体汇款预约购买就达 600 余部②。此后，《市政全书》《道
路全书》都历经再版。

陆丹林主持编纂的
《市政全书》

在协会十周年期间，陆丹林又以十周年纪念的名义组
织出版了系列丛书，多部由陆丹林校订，如顾在堭的三部
译著《都市建设学》《最新实用筑路法》和《最新公园建筑
法》及杨哲明的译著《桥梁工程学》、黄笃植的著作《道路
通论》、赵祖康的著作《测设道路单曲线简法》。

1930 年，吴山、陆丹林和刘郁樱合编出版了 100 多万字的《路市丛书》。

对陆丹林主持编辑出版《道路月刊》和专业图书所取得的成绩，王正廷 1930 年
在为《路市丛书》作序时如是嘉许："本会十年来出之《道路月刊》，初印五千份，分
送全国各会员与各机关团体，继而购者加多，现已月印一万五千份以上"，十年来出
版"百余期约百万册以上"，"本会历年所编之《道路丛刊》《道路全书》《桥梁工程学》
《市政全书》《最新实用筑路法》《道路通论》《都市建设学》《最新公园建筑法》《测设道
路单曲线简法》等等，一版再版，以至四版五版，价虽昂贵，购者踊跃"，编译、发
行"各专书亦达二十万部以上"③。

2. 瞿兑之

瞿兑之（1894—1973），原名瞿宣颖，字锐之，后改为兑之，晚年号蜕园，湖南
长沙人，朱启钤的姨表弟。史学家、文学家、画家，在文献整理、史学、书画、掌
故、方志等方面均颇有成就。

瞿兑之幼时开始学习国学和西学，加上家中巨量藏书，故基础扎实，文史、方
志、掌故学养丰厚。瞿兑之跟陈寅恪因为父辈交好而长期友好，与齐白石皆为王闿运
门生而相互激赏。同时代学者名流中，瞿兑之来往密切的有章士钊、黄宾虹、胡适、

① 陆丹林.《市政全书》出版的动机和意义 [J]. 道路月刊，1928，24（2）：6-9.
② 陆丹林.《道路全书》编纂之动机及经过 [J]. 道路月刊，1929，27（1）：1-2.
③ 王正廷. 王序 [M]// 路市丛书. 上海：中华全国道路建设协会，1930：王序 5-7.

瞿宣颖任河北省政府秘书长
时照片

原载《河北建设公报》
1932 年第 5 卷第 1 期

吴宓、周作人等。

瞿兑之曾就读于上海圣约翰大学，后转复旦大学，1919 年毕业获文学士。大学期间，瞿兑之就表现出对文史的兴趣，发表了诸多文章，如 1915 年发表《南北朝之不能并合其原因有几试推论之》《隋唐之际战争之要点何在群雄之优劣若何试概论之》《述东汉党人之始终并论其与国家之关系》，1916 年发表《国民劣根性之研究》《论儒墨之异同》《学校中之自治》，1917 年发表《赞蔡松坡并序》《职业教育之学生观》等。

瞿兑之从复旦大学毕业后任复旦中学部文学及西洋史教员，1920 年后，历任国务院秘书厅、教育部、司法部、交通部等秘书，1924 年代理国务院秘书长，1926 年任国史编纂处处长、财政部总务厅厅长、署理印铸局局长，1928 年任燕京大学讲师、师范大学及清华大学讲师。1930 年，襄助姨表兄朱启钤创办中国营造学社，为学社第 12 位社员，并出任《中国营造学社汇刊》编辑，直到 1937 年《中国营造学社汇刊》停刊。1931 年财政部令为盐务稽核总所总务科文牍股助理员，同年为上海市通志馆筹备委员会专任委员，1932 年后历任河北省政府秘书长、河北省通志馆馆长，河北省第一届普通考试筹备处副处长，1937 年 1 月任冀察政务委员会法制委员会专门委员。

抗战全面爆发后，瞿兑之选择了留在北京，此后改名为瞿益锴。在此期间出任了一些伪职，如 1938 年任伪北京大学监督，后任伪华北编译馆馆长，1939 年 1 月被伪行政委员会任命为铨叙审查会主席，1940 年为伪华北政务委员会秘书厅厅长等。[1] 抗战胜利后瞿兑之自号蜕园，表示要如蝉蜕壳般告别曾经的旧我，一如叶恭绰为其所题"蜕园往事都成蜕"。但终究，瞿兑之这段伪职经历让他的学问、名气均在后来的历史长河中湮没不彰。

1）瞿兑之的编辑工作经历

1919 年，刚从复旦大学毕业的瞿兑之参与了《复旦年刊》的创刊编辑工作。这是本书查证到的瞿兑之从事编辑工作之始。

---

[1] 瞿兑之生平资料来源：《约翰声》《复旦年刊》《政府公报》《内政公报》《教育公报》《盐务公报》《国闻周报》《河北月刊》《"华北政务委员会公报"》等民国时期期刊。

瞿兑之编辑、创办和题写刊名的刊物封面

瞿兑之从 1930 年到 1937 年任职《中国营造学社汇刊》编辑，是该刊任职时间最长的核心编辑人物，也是刊名的书法题写者（署名"婉溆"）。该刊鼎盛时期刊登梁思成、刘敦桢等最为经典的中国古建筑原野考察和学术研究成果，大多经由瞿兑之编辑刊发。

1933 年 1 月，瞿兑之以瞿宣颖之名在河北省政府秘书长任上，根据省政府主席于学忠提议，创办《河北》月刊，瞿兑之担任总编辑并为创刊号撰写篇幅达 9 页的长篇"创刊辞"，同时，瞿兑之还集河北正定龙兴寺碑字为该刊第一期题写封面刊名，这成了此后该刊的风格：每期都由不同的人集河北省内各种碑刻字题写刊名，与《道路月刊》的刊名题写另有异趣。

瞿兑之改名为瞿益锴后，1942 年在伪华北编译馆馆长任上创办《国立华北编译馆馆刊》，并为该刊题写刊名，为创刊号撰写"导言"。

2）瞿兑之的期刊编辑思路

1930 年 7 月《中国营造学社汇刊》创刊，瞿兑之任编纂兼英文译述，后期到 1937 年停刊前只有他一个人从事该刊编辑工作。不过，瞿兑之在《中国营造学社汇刊》做编辑期间并没有多少自我发挥的机会，一方面古建筑研究非瞿兑之所长，另一方面无论是前期的文献部主任阚铎，还是后期的法式部主任梁思成和文献部主任刘敦桢，专业能力都很强，所提交刊发或其他专业研究者发来的论文，数量可观、质量很高，瞿兑之做编辑工作不怎么需要在稿件数量和质量方面费神伤脑筋，只需要把着力点用在具体的编辑业务上即可，因而也没有多少编辑策划思路和创见、组稿约稿、作者队伍建设等可言。

瞿兑之自己创办过两本刊物并分别担任总编辑，虽然跟建筑期刊无关，但他任总编辑时的一些办刊思想和编辑思路，仍有一定参考价值。

一是瞿兑之任河北省政府秘书长时，于 1933 年创办《河北》月刊并担任总编辑。作为省政府的机关刊物，按照一般惯例是充当机关的喉舌，登载机关公文、指令、法规、工作部署安排等。但瞿兑之要求《河北》月刊与政府公报区别开来，"一如布帛之在藏，一则如裘裳之称体"，不"以省政府之喉舌自居"，而是要当"全省吏民之喉舌"；稿件风格上，不要"陈死之纪载"，需要的是"以生动之笔，为写实之文"；编辑手法上，要加强图表刊用，"古人左图右书，初无轩轾，近代体表之功尤显，本刊选登图表，必期其足状难达之情，摄影诸幅，亦求其足以显示各种事业活动之真相，或保存原物之状态者"；对稿件内容，"本刊意在周知民意，故所述不嫌烦碎"；对于来稿，"务期力扫官样文章肤廓虚浮之习，必求其真，必求其切"；刊登稿件不搞连载，"每篇自为起迄无中断与牵连之病，意在无一篇文字不加剪裁，亦无一篇文字不能独立，在杂志中，差能独开生面"[①]。该期征稿启事中特别标明，"体裁不拘，但须缮写清楚并加新式标点"。

二是瞿兑之 1942 年在任伪华北编译馆馆长时创办《国立华北编译馆馆刊》，认为该刊"以当杂俎之享，一册之中，樊然并列，或长籍累期而迭见，或短言一目而无遗"；对于该刊的稿件要求，"文字必期明析，内容必期充实。非必有新奇之意，要以原原本本启人正确理解为主，学术文化消息及图书介绍，亦必尽量登载"[②]。

瞿兑之在所任职编辑的《中国营造学社汇刊》发表过 3 篇文章，数量较少，其中《社长朱桂辛先生周甲寿序》一文详细叙述了表兄朱启钤的生平事迹，是研究朱启钤的重要史料。此外他的诸多文史、典故文章主要发表在《古今》《逸经》《越风》《新民》《学术界》《新民声》等刊物上。

瞿兑之于民国时期建筑期刊的突出贡献，在于他一直坚守 1937 年停刊前的《中国营造学社汇刊》编辑岗位，保证了该刊稳定出版，其编辑工作奠定了《中国营造学社汇刊》及梁思成、刘敦桢等在中国古建筑学术研究、民国时期建筑期刊出版史上重要地位的基础。

3. 杜彦耿

杜彦耿（1896—1961），上海川沙人。生于上海的一个营造世家。

---

① 瞿宣颖 . 创刊词 [J]. 河北，1933，1（1）：8-9.
② 瞿益锴 . 导言 [J]. 国立华北编译馆馆刊，1942（1 之 1）：2.

他天资聪颖，业余时间刻苦钻研建筑技术和自学英语，对西方近代建筑技术的精髓深有所得。25 岁左右开始独立承建工程项目，到 30 岁时，承揽了一幢 7 层高的办公大楼、一幢 7 层高的栈房。这在当时的上海已算是较大的建筑了 [1]。1931 年 2 月 28 日，在杜彦耿和同行的热心筹划推动下，上海市建筑协会正式成立，杜彦耿是大会主席团五人成员之一。1932 年 11 月，由杜彦耿一手策划并担任主编的《建筑月刊》正式创刊。

杜彦耿像

原载 1931 年 4 月 1 日《上海市建筑协会成立大会特刊》

除了《建筑月刊》的编辑工作，杜彦耿承担了建筑协会附设夜校正基建筑工业补习学校校务，并上课讲授建筑技术和英语。1936 年，叶恭绰牵头主办的中国建筑展览会在上海举行，杜彦耿与朱启钤、梁思成、庄俊等中国建筑界著名人物一起名列大会常务委员，并承担了繁重的宣传和展览会会刊编辑任务。

1932 年"一·二八"事变时，杜彦耿组织一支水木业义勇队 500 余人支援奋勇抵抗日本侵略者的十九路军，他还在《建筑月刊》上两次刊登被日军炮火毁掉的商务印书馆、造木公司等建筑残照和绘图共 10 幅，揭露日本侵略者的罪恶。1937 年"八一三"事件爆发，杜彦耿率《建筑月刊》全体人员投入支前，提供防御工程施工图纸、运送建筑材料到前线加固工事等。《建筑月刊》停刊后，1938 年，杜彦耿来到昆明，重新做起了建筑设计和施工，并出面组织了昆明建筑师公会。

抗日战争胜利后，杜彦耿因长期伏案工作患了青光眼，视力极差，所幸得到在昆明工务局工作的沈长泰的帮助，杜彦耿在该局担任顾问工程师。新中国成立初期杜彦耿在昆明市建设局担任顾问 [2]。

1）杜彦耿的编辑工作经历

杜彦耿的办刊经历始终与他热心倡议、参与发起、推动成立的上海市建筑协会联系在一起：一是 1930 年负责了《上海建筑协会筹备会报》《上海建筑协会会报》的编辑出版；二是 1931 年负责了《上海市建筑协会成立大会特刊》的编辑出版；三是上海建筑协会 1932 年 11 月正式出版《建筑月刊》，杜彦耿具体负责月刊的编辑出版工

---

[1] 何重建. 杜彦耿的《建筑月刊》[J]. 建筑 .1994（10）：34.

[2] 有关杜彦耿的生平，部分参考了上海社会科学院出版社 1997 年出版的《上海建筑施工志》。

作。从 1934 年 11 月第 2 卷第 11、12 号合刊开始，直到 1937 年 4 月停刊，《建筑月刊》都刊印了"主编 杜彦耿"。

1	2	3	4	5
《上海建筑协会 筹备会报》	《上海建筑协会会 报》	《上海市建筑协会成 立大会特刊》	《建筑月刊》	《中国建筑展览会 会刊》

注：图 1、2、3 来自中国国家数字图书馆；图 4、5 来自全国报刊索引·民国时期期刊全文数据库（1911～1949）。

此外，1936 年杜彦耿还负责了《中国建筑展览会会刊》的编辑出版。1934 年 4 月 1 日《美术生活》创刊，杜彦耿是编辑之一。杜彦耿有一定的美术功底，上海市建筑协会成立时大会会场布置、《建筑月刊》的封面风格和具体设计就出自他之手，他兼职《美术生活》编辑有基础。

2）杜彦耿的编辑工作思路

一是在旧有刊物基础上推陈出新。

"敝会诸人，均系建筑界同志"，"既不避艰阻，有建筑协会之设"，"成立之初，爰有发行会刊之举，国难荐临，停刊已久，非亟行恢复，实无以赓读（*原文如此，应为"续"*）未来。除于原有各门详加改善，并力谋充实内容、刷新面目外，学术方面，关于研究讨论建筑文字，尽量供给，事实方面，关于国内外建筑重要设施，尽量刊布"[1]。

《建筑月刊》创刊号上的这段发刊词内容，出自杜彦耿之手。这段话表明了两点：一是《建筑月刊》是接续此前协会筹备期间出版的《上海建筑协会筹备会报》和改名的《上海建筑协会会报》（协会 1931 年 2 月正式成立后，到 6 月继续出版了 4 期后中断出版），恢复会刊并正式出版；二是在原有基础上加以改善充实，"刷新面目"，并增设学术、重要建筑信息等内容。

---

[1] 发刊词 [J]. 建筑月刊，1932，1（创刊号）：4.

二是极其重视刊物的实用性。

杜彦耿非常重视实用性。

杜彦耿著有《英华·华英合解建筑辞典》，原本协会有计划编词典，并成立了起草委员会分头负责，但各人业务繁忙，无暇顾及，杜彦耿"遂不揣冒昧，单独膺此艰巨之工作"，他知道这样做"失之轻率，但因事实上此种建筑名词之确定，迫不及待"，他编撰建筑辞典，重在实用，"故名词之雅训，初非顾及"，许多术语，尚无适当之字，但施工中又十分重要，施工现场"只要一开口，即知此人是否内行"①。由于工程施工急需，于是杜彦耿就"浑忘藏拙之议"，自己毅然独自编撰。

一切从实用出发。杜彦耿编撰辞典如此，编辑《建筑月刊》同样如此。

如，从《建筑月刊》创刊第 1 期开始，每期开设"建筑材料价目表"（后改为"建筑材料价目"），刊载了 43 期。根据建筑工程材料类别和从不同厂商、洋行采集得来的详细信息，分为砖瓦（并细分为空心砖、八角式楼板空心砖、深浅毛缝空心砖、实心砖、轻硬空心砖、硬砖、瓦等）、钢条、泥灰石子（水泥、洋灰、石灰、砂石）、木材、五金（细分为钉、防水粉及牛毛毡）、油漆、纸类等，并按各种详细规格刊登其价格，以及水、木作工价。

杜彦耿设置这一栏目长期刊发，是建筑期刊的首创。刊登的价格信息，因为行情变化快不一定都能一一对应使用，但无疑具有非常高的参考价值。这跟他编建筑辞典的思路和出发点是一致的，就是为了满足来自于工程建设实践的需要，属于读者导向型的编辑办刊思路。而该实用栏目一直持续到停刊为止，说明是受到读者欢迎的，是读者所需要的。

杜彦耿这个思路，跟 20 年前阚铎任《铁路协会会报》总编辑时设置"新编全国铁路指南（旅客用）"专栏有异曲同工之妙，有利于吸引相关企业投放广告。据本书统计，在《建筑月刊》上投放广告总次数在 10 次以上的广告主中，建筑材料设备厂商达 30 家，加上一些外国洋行（16 家）也以材料设备广告为主，占了绝对多数，而建筑营造行业企业才 5 家。"建筑材料价目"栏目存在和产生的价值显而易见。

杜彦耿注重实用性还表现在，针对建筑施工行业才从个体施工进入营造厂专业施工不久，各方面都缺乏规范和先例的现实情况，刊登已施工项目的建筑章程（类似施工说明书）、营造厂与业主的承包合同及法律纠纷案例等。

---

① 渐 . 编者琐话 一、关于英华华英合解建筑辞典 [J]. 建筑月刊，1936，4（8）：3.

《建筑月刊》刊发的建筑材料、工程估价和营造法院版面
原载《建筑月刊》1932 年创刊号、第 2 期

　　如对于图片的使用，他认为，"研究建筑这门学术，不能仅藉文字的抽象理论，须凭图样与摄影的具体指示"，适用与美观终非文字所能做到，因此要刊发具体的图样照片以供读者观摩参考，以后还当"尽力搜罗"；"居住问题"栏目，就是针对当时建筑界比较重视商业价值高的大厦、工厂等建筑，不太重视住房而特别开设的，杜彦耿指出，"住屋对于精神与身体都有密切的关系，亟宜注意"，开设该栏目，"选载可作参考之中西住屋图样摄影，俾营屋者有所依据"；"营造与法院"专栏，"除发表建筑上之法律的实例外，并酌登有关建筑的法律文字，以便建筑界的随时参考"[1]。

　　杜彦耿撰写发表实用性极强的论著《工程估价》，从《建筑月刊》1932 年 11 月创刊号到 1935 年 4 月，连载了三年半之久。该论著以文、图、表结合的形式，把建筑工程细分为开掘土方、水泥三合土工程、砖墙工程、木作工程、石作工程、五金工厂、屋面工程、油漆工程等，分门别类进行论述，并按照成套住房设计附全部建筑估价表单。杜彦耿撰著此作，"专欲供建筑商、营造厂、建筑材料商及其他职业学校等作一臂之助"，内容方面或秉诸经验，或采访所得，"务求实际，不尚虚构"，他"夙夜此志，亦不敢稍懈"，一边撰写一边刊载，"藉此作自鞭之策"[2]。

　　三是对专业性和实用性较强的长篇稿件偏重于使用连载的编辑手法。

　　杜彦耿对自己撰写的几部长篇专业论著，都采用连载的形式在《建筑月刊》上刊登，比如《开辟东方大港的重要及其实施步骤》连载了 6 期、《工程估价》连载了 23 期、《建筑辞典》连载了 16 期、《营造学》连载了 22 期、《建筑史》连载了 17 期、《北

① 编余 [J]. 建筑月刊，1932，1（2）：78.
② 杜彦耿. 工程估价 绪言 [J]. 建筑月刊，1932，1（创刊号）：21.

行报告》连载了 7 期。

其他作者如朗琴《中国之变迁》、萨本栋《度量衡标准单位及名称》、扬灵《胡佛水闸之隧道内部水泥工程》、王成熹《计算钢骨水泥用度量衡新制法》、侯书田《批评"连梁算式"意见书汇辑》等，也都进行了连载。

土木工程专家、预应力理论专家林同棪在美国获得硕士学位归国后，撰写了十几篇专业论著在《建筑月刊》上刊登，虽然没有以总题连载，但这些论著的内容其实也都具有较强连贯性和系统性，如《克劳氏连架计算法》《克劳氏法间接应用法》《用克劳氏法计算楼架》《用克劳氏计算法计算次应力》《连拱计算法》《拱架系数计算法》《计算特种连架》《高等构造学定理数则》《直接动率分配法》《近代桥梁工程之演进》《硬架式混凝土桥梁》《杆件各性质 C.K.F 之计算法》等。

四是注重与读者互动和为读者提供相应服务。

《建筑月刊》曾经刊发了 16 期"编余"、7 期"编者琐话"，向读者介绍当期稿件的基本情况、当期重点，有时也说明稿件来源、提示稿件的价值和实用性等。此外，《建筑月刊》开设了 20 期"问答栏"，对涉及建筑方方面面问题的读者来信进行答复；配合协会设立的服务部，刊登服务部为建筑设计师和营造厂、业主提供的图纸绘制、合同草拟、建筑章程、中英文翻译等服务成果。

大上海蓬勃发展的建筑市场淬炼出来的杜彦耿，依靠自学成才练就了办刊和写作才能。在文化领域和建筑市场都领时代之先的大上海，他作为《建筑月刊》的主编，同时又是该刊最主要的作者，依靠面向建筑营造市场、满足读者实际需求，打造出盛极一时的《建筑月刊》，备受赞誉，引后来者折腰：1948 年 11 月上海营造业同业公会创刊《营造半月刊》时称，"本刊前身，亦可谓战前之《建筑月刊》……定户遍国内外，欧美及日本各国之营建刊物，竞相交换，声誉鹊起，备受各界之赞许"，《营造半月刊》将来能与《建筑月刊》"并驾齐驱，先后媲美，则尤所厚望焉"[①]！

4.1.3 作者

国内教育背景的作者，主要代表有上述期刊出版发行人，如叶恭绰、朱启钤，编辑方面表现突出的陆丹林和杜彦耿，以及杨哲明、杨得任、顾世楫等论著撰述者。

叶恭绰　叶恭绰在《铁路协会会报》发表过 9 篇论著及序词，如《交通与教育》

---

① 贺敬第 . 本刊之诞生及期望 [J]. 营造半月刊，1948（创刊号）：2.

《交通大学之回顾》；在《道路月刊》发表过《道路与铁路》《我国公路应注意的几点》《偶然想起的一件事：前清的驿站》及一些函件和序文 13 篇；在《铁路公报·胶济线》刊登了《国宪应规定交通事权及专设会计意见书》。叶恭绰在其个人爱好和擅长的诗文方面作品比较多，在工程建筑领域的作品相对较少。

朱启钤 朱启钤在中华全国铁路协会成立时曾经被选为评议员，后因公务繁忙辞去职务，又被推为名誉会长。1926 年，朱启钤研究重刊《营造法式》后，在《铁路协会会报》上刊发了一篇《重刊〈营造法式〉后序》；1930 年创办《中国营造学社汇刊》后在该刊发表过 14 篇次（含连载）论著，如《李明仲先生传略》等。

这里要着重提及朱启钤搜集、整理、汇编、撰著的中国建筑史上第一部建筑工程营造人物群体传记著作《哲匠录》。

在创办中国营造学社、担任社长期间，朱启钤主要为学社的运转而殚精竭虑。工作之余，他抽时间将多年潜心从古代文献里搜集的有关营造人物的片言只语或长篇传记，编辑汇录为《哲匠录》，"所录诸匠，肇自唐虞，迄于近代；不论其人为圣为凡，为创为述，上而王侯将相，降而梓匠轮舆，凡于工艺上曾著一事、传一艺、显一技、立一言若（原文如此，疑为"者"），以其于人类文化有所贡献，悉数裒取，而以'哲'字嘉其称，题曰《哲匠录》，实本表彰前贤、策励后生之旨也。"朱启钤着力此事多年，"蓄意搜集哲匠事实亦既有年，秉烛读书，随付扎扑"，在平时博览群书时，凡是与此有关的，"多至千百言之传记，少至只词片语，靡不甄录"[①]。

《哲匠录》的可贵之处在于海纳百川，不论人物高低贵贱，只要有一言一行一事一技"于人类文化有所贡献"，就都收入其中。这体现了朱启钤的胸怀和眼光。为慎重起见，朱启钤专门邀请梁启超之弟、古文功底深厚的梁启雄为《哲匠录》进行校补，梁启雄离职后朱启钤又邀请刘敦桢校补，一边校补一边陆续在《中国营造学社汇刊》连载。

此外，朱启钤还校注了元代的《元大都宫苑图考》（阚铎校核、宋麟征制图）和《梓人遗制》（刘敦桢图释），刊登在《中国营造学社汇刊》上。

陆丹林 陆丹林"倚马可待"的快枪手写作风格，一方面决定了他的著述文章较

---

① 朱启钤. 哲匠录序 [J]. 中国营造学社汇刊，1932，3（1）：123.

多，有关方面通过搜集资料，"发现陆丹林写了近千篇文章"[①]，另一方面，他的这些文章多数都不长，属于短平快类型，文艺掌故、书画鉴赏等比较多。有的文章既有文坛艺坛、革命人物的掌故价值，也有相当史料价值，如陆丹林在香港主编《大风》半月刊时于 1940 年 6 月 5 日第 68 期《大风》上发表的《林语堂与鲁迅》，1949 年在做《新希望》周刊专栏主编时在该刊第 2 期、第 3 期上发表的《辛亥革命人与事的检讨》（上、下）。

陆丹林跟掌故大家郑逸梅一样精于文史掌故，又多与国民革命时期的许多革命人物相与往还，收集、掌握了诸多一手资料，写就《革命史谭》《革命史话》《当代人物志》《从兴中会组织到国共合作史料》（此书未得出版文稿就已散失），及《新文化运动与基督教》《孙中山在香港》《美术史话》《红树室笔记》《枫园琐谈》等诸多著作。

2021 年，广东佛山市禅城区博物馆研究人员韩健花了 5 年时间搜集陆丹林的资料和文章，经过 3 年时间整理和校对，汇成文集以其书斋名"红树室"命名为《红树室随笔》，2022 年 11 月由华南理工大学出版社出版，内容颇可一观。

本书检索陆丹林在《道路月刊》以陆丹林、陆杰夫、杰夫、丹林等名字发表的各类文章。有综合论述性的，如《二十五年来之中国交通》；有马路修筑的，如《建设新中国先筑新道路》《民众应负建设之大任》《建设国道狂飙时期之基础》《女工筑路之新进展》《兵工征工筑路与御敌救国》《兵工筑路为革命完成后之最大建设》《罪犯筑路之实行》；有市政建设的，如《训政时期之市政建设》《市政发展概要》；有都市建设的，如《都市之公园建设》；有写汽车业的，如《汽车多寡与国家之强弱》《汽车专用道之研究》《"通用"发展及雪佛兰车内容》《酒精代汽油问题》；有介绍分析国外道路建设的，如《美人投资筑路述评》；有关于图书出版的，如《道路全书编纂之动机及经过》《市政全书出版的动机与意义》；有凭吊游记抒怀的，如《由杭州到仙霞岭》《杭徽印象》《到三门湾去》《黄花岗凭吊记》。

此外，陆丹林还在其他建筑期刊上发表过文章，如在《公路月报》上发表《宗禄对于修筑公路的遗教》《从道路协会说到吴山》等 9 篇。

相比较而言，陆丹林在书画文史方面的作品更多。

---

① 黎红玲.柳亚子、张大千、蔡元培、冯玉祥等都曾赠他书画！这位佛山人有何过人之处？[J/OL].
（2022-11-04）[2023-11-10].http：//www.fsxcb.gov.cn/whwy/whcy/content/post_739462.html.

杜彦耿 杜彦耿在办刊和撰写文章方面，可以说对《建筑月刊》用情十分专一。他以杜彦耿、渐、杜渐等名字为《道路月刊》撰写刊发文章 157 篇（次），有一半的篇（次）为前述诸多连载作品，另有《营造厂之自觉》《营造业改良刍议》《建筑说明书之重要》《看台上之钢筋水泥悬挑屋顶》《苏俄造桥实况》《轻量钢桥面之控制》《国难当前营造人应负之责任》《都市住宅问题及其设计》《建筑工业之兴革》等。此外，身为中国建筑展览会宣传组副主任的杜彦耿还为《中国建筑展览会会刊》撰写了《对于改进中国式建筑的商榷》《中国建筑展览会的使命》两篇文章。

杨哲明 生卒年未能确考，字意禅，安徽宣城人，1925 年毕业于复旦大学理科。毕业后在复旦实验中学任教，1927 年 12 月，该校学生会《复旦实中季刊》创刊，杨明哲与刘大白、陈望道等为编辑部顾问之一，创刊号上杨哲明发表了一篇《现代青年的分析》。

杨哲明像
原载《复旦年刊》
1923 年第 5 期

杨哲明 1924 年尚在复旦大学上学时就发表了《混合土建筑路略谈》《桥梁概论》《石块路建筑法》《庚款筑路之商榷》。后来在《道路月刊》《建筑月刊》《市政月刊》《复旦土木工程学会会刊》《中国建筑》《江苏建设》《安徽建设》等建筑期刊上发表论著颇多。

杨哲明在《道路月刊》上刊发的专业论著尤其多，本书统计有 34 篇次。主要的如《市政概论》（连载）、《工程契约》（连载）、《设立道路大学建议书》《筹办道路大学计划书》《拟道路大学组织草案及说明书》《土路修改法》《粘土和砂路建筑法》《炼砖路建筑法》《碎石路建筑法》《芜湖市政计划书》《都市的经纬观》《木块筑路法》《新都市》《都市的紧要设施》《道路弯线》《实用工程契约说明书》

等。另外，杨哲明在《复旦土木工程学会会刊》上发表了《中国现代建筑的鸟瞰》《近代的建筑》《飞机场之设计与建筑》《公园概论》《公路施工问题之研究》，在《中国建筑》发表了《中国古代都市建筑工程的鸟瞰》《洛阳都市建筑之沿革》《长安都市之建筑工程》《明堂建筑略考》。杨哲明另有专著《现代市政通论》《道路学 ABC》，《道路月刊》社还专门将其专著《桥梁工程学》作为协会编印系列丛书之一向全国道路建设工程界推广。

杨得任 生卒年和求学经历尚未能确考，四川西昌人。据本书稽考，杨得任早年曾供职于吉长铁路职业学校[①]，后"任职吉长铁路及历任赣豫陕川各省公路车务"[②]。此后任全国经济委员会公路处技士，抗战时任四川公路局车务处处长、交通部西南公路运输管理局兼代营业组主任，抗战后先后到江西驿运管理处、江苏公路局任职[③]。

杨得任像

原载《道路月刊》
1925 年第 14 卷第 1 期

杨得任是民国时期建筑领域比较活跃的作者之一。他在《铁路协会会报》上发表了 3 部连载论著《赣省铁路概论》《云南铁路概说》《都市道路交通保安策》；在《道路月刊》上发表得最多，共计 103 篇（次）各类文章（含连载），如《公路管理法》（连载 27 期）《道路交通史》（连载 7 期）、《道路幅员论》（连载 4 期）及《道路常识》《城市道路交通之保安研究》《利用庚子赔款筑路之利益》《论我国筑路之先决问题》《修筑佳路与道路风致问题》《田园都市与道路》《筑路殖边为我国目前最急最要之工作》《筑路与养路》《最新实用筑路法序》，甚至发表了小说《养鸡大王》。杨得任还在《西南公路》发表以短小评论文章为主或工作总结性质的各类文章 40 篇，在《江苏公路》发表文章 15 篇，在《交通公报》发表《都市道路交通之保安策》（连载 19 期）、《福特汽车大王之事业观》（连载 17 期），等等。

比较而言，杨哲明的论著更偏向于公路施工和市政方面的技术，杨得任的文章则偏重于道路建设的宏观分析、总结和公路铁路交通管理方面的内容。

顾世楫　字济之，生卒年未能确考，江苏苏州人。1917 年毕业于南京河海工程专门学校特科班，以第一名成绩和汪胡桢等三人一起进入北京全国水利局，后去了顺直水利委员会，从事水利工程勘察、测绘等工作。1921 年 12 月任全国水利局技士，后任北方大港筹备处气象工程师，1930 年为太湖流域水利委员会测绘课长，1931 年任导淮委员会秘书处科长，同年任太湖水利委员会工程师兼课长，1933 年为导淮委员会工程处技正，1934 年为江苏省建设厅技正，创办江苏省测候所并任所长，1937 年任全国经济委员会水利处科长。抗战全面爆发后，1937 年 11 月到上海，1938 年到

① 杨得任 . 吉长铁路职业学校业务科同学录序 [J]. 交通丛报，1925（115/116）：艺林 5.

② 朝语摘录：编者按语 [J]. 西南公路，1938（4）：4.

③ 参见《交通丛报》《道路月刊》《国民政府公报（南京 1927）》《四川公路月刊》《江西驿运》《江苏公路》等民国时期期刊。

之江大学任教，与汪胡桢等一起合译《实用土木工程学》(并任编校)、《水利工程学》，"对于著述事，深感兴味"，计划撰著气象观测、雨量研究和水文测量等书 [①]。

顾世楫是《河海月刊》得以创刊的首倡者和推动者。他没有和同窗须恺 (字君悌，1920 年受派去美国一灌区工作，1922 年进入美国加州大学学习)、宋希上 (字达庵，后改为宋希尚，因毕业后在南通水利工程一线表现卓越，1921 年张謇私人出资助其赴美国麻省理工学院学习) 等那样出国留学。顾世楫勤于钻研和总结，1917 年毕业后不久就写作了一部专著《袖珍积分式》，石印刊行后 "国内各大学如东南、河海等校师生均采用" [②]，出版售罄多年后于 1931 年修订后由中国科学社出版。顾世楫还关注、倡导和推动学科前沿建设，如创立江苏省测候所和设立中央水文研究所等。顾世楫也勤于动笔撰述，和他的恩师李仪祉、同窗汪胡桢等一道，撰写了大量科技论文、教材专著，并通过工程和教学、科研实践，为构建我国水工建筑物、水利规划、水土保持、工程力学和岩石力学、水文与水资源、河流动力学、水利史等学科体系奠定了坚实的基础 [③]。

顾世楫是中国科学社社员，曾出任中国水利工程学会出版委员会委员。先后在《河海月刊》刊发各类文章 19 篇、《河海周报》发表文章 9 篇 (其中 3 篇为连载)、《河海季刊》发表论著 5 篇、《水利》月刊发表论著 17 篇，《太湖流域水利季刊》发表论著 6 篇、《华北水利月刊》《江苏建设》等期刊分别发表论著 4 篇、《之江学报》发表译著 2 篇。顾世楫还在《道路月刊》《之江土木工程学会会刊》各发表 1 篇论著。

顾世楫的论著前期侧重于水利工程勘测研究，后期偏重于与水利工程事业密切相关的水文气候研究。

4.2 国外教育背景

相比较而言，民国时期的建筑期刊人中，具有国外教育背景的更为普遍。

清末民初，"单从出国留学教育来讲，和国内的一般学科相比，建筑学科出国留学晚了三十多年"，1905 年才出现赴欧洲英国利兹大学学习建筑的徐鸿遇；像中国留

---

① 会员简讯 顾世楫 [J]. 水利特刊，1940，2 (5)：10.

② 袖珍积分式 [J]. 社友，1931 (14)：1.

③ 季山 . 老 "河海" 师生对我国水利事业做贡献史料补遗 [J]. 水利科技与经济，2015，21 (9)：121.

学生去得比较多的日本，1906 年才有韦仲良毕业于岩仓铁道学校建设科；1910 年第二批庚子赔款留美学生中只有庄俊一人学建筑学，成为赴美留学建筑第一人。"一直到 20 世纪 20 年代，出国学习建筑专业的留学生才形成一小高潮。"[1]

由建筑学扩大到铁道、水利工程等大建筑范围的土木工程学科，由于清末民初铁路建设的需要，铁道专业留学生相对出现早一些，数量也更多一些。这也是民国时期建筑期刊在铁路领域最早诞生的社会经济和人才资源背景。

清末民初中国建筑工程类留学生有 3 大留学方向，即日本、德国和美国，表现在建筑期刊办刊人及作者的专业教育背景方面，由此也可以分为 3 个方面。留日的代表有张大义、阚铎（1902 年，去国外留学时间，下同）和刘敦桢（1913 年）。留德的代表有李仪祉（1909 年、1913 年）和沈怡（1921 年）。留美的代表最多，时间跨度也最长，从 1910 年到 1931 年，其中到康奈尔大学留学的最多，如茅以升（1916 年）、杜镇远（1920 年）、汪胡桢（1922 年）、李书田（1923 年）、赵祖康（1930 年），宾夕法尼亚大学有两位（梁思成和林徽因，1924 年），哥伦比亚大学 1 位（凌鸿勋，1915 年），加利福尼亚大学伯克利分校 1 位（林同棪，1931 年）。清末留学美国的前辈级代表人物詹天佑（耶鲁大学，1878 年），归国后精力都在铁路建设上，在民国期刊出版方面并没有多少表现，值得一提的是 1912 年中华工程师会成立，詹天佑当选为正会长。1913 年学会创办《中华工程师会报告》，詹天佑发表了一些演说词，此外很少在建筑期刊上发表论著。

以下研究按他们从不同国家留学归国分为留日、留德和留美归国代表。

4.2.1　留日归国代表

清末民初中国留日学生修习广义范围的建筑学，主要是铁道和建筑专业，归国的留日学生在建筑期刊方面有比较突出表现的，最早的是学铁道建设的张大义，其后是先学铁道后转入警察学校的阚铎和学建筑的刘敦桢二人。阚铎从事建筑期刊编辑、撰述时间最长，早期负责办《铁路学会会报》4 年多，是其专业使然，后期参与办《中国营造学社汇刊》1 年多，更多的是学术兴趣使然。而刘敦桢写稿最多、质量最高，他离开中央大学的讲台选择《中国营造学社汇刊》文献部主任一职，并为之撰写诸多文献考证和古建筑实地考察研究的学术成果论著，则是其专业与兴趣高度融

---

[1] 卫莉，张培富 . 近代留日学生与中国建筑学教育的发轫 [J]. 江西财经大学学报，2006（1）：68.

合的结果。

1. 张大义

张大义（1880—1941），原名张近义，号质卿，云南大理人，近代民主革命先驱之一。

张大义参与创办的《路政之研究》（1920 年）

早年加入同盟会，后入日本东京岩仓铁道学校，《云南杂志》文牍干事，再其后入日本法政大学，被举为留日同盟会分会长。张大义积极从事革命活动，差点成为黄花岗烈士之一，后在克复上海、南京中奋勇争先。孙中山在南京任临时大总统，张大义为总统府秘书长兼内务部秘书长，1912 年与魏武英等 40 余人在南京发起成立中华民国铁道协会，张大义当选为副会长；后被派回云南设立同盟会云南支部，创办《天南日报》任社长兼总编辑。孙中山在广州被推为大元帅，张大义为元帅府秘书、军政府秘书，1918 年 10 月军政府任命其为交通部路政司司长、次长代理部务。后任众议院议员。不久回云南从事公路事业。[①]

张大义在辛亥革命前留学日本时，1910 年与留日学生一起参与创立中国铁路研究会，筹办创刊该会会刊、中国第一份铁路工程专业期刊《铁路界》，并出任首任总编辑。张大义为《铁路界》创刊号撰写了 6 篇文章。

张大义在民国建筑期刊上的贡献主要是，1919 年与俞凤韶等人在广州发起成立中国路政研究会，张大义为总务主任、沈钧儒为编辑主任，1920 年 1 月创刊出版《路政之研究》。此外，张大义 1912 年在《铁道》、1919 年在《粤路丛报》、1920 年在《路政之研究》、1922 年和 1926 年在《铁路协会会报》、1937 年在《道路月刊》等建筑期刊都发表过文章。

2. 阚铎

阚铎（1874—1934），字霍初，安徽合肥人。

1902 年，28 岁的阚铎受湖广总督张之洞所派前往日本东亚铁道学校留学，后入

---

① 张大义生平，参见《铁路界》1910 年（清宣统二年）第 1 期，《铁道》1912 年第 1 期，《军政府公报》，《参议院公报》1922 年第 2 期第 54 册，《众议院公报》1922 年 11 月第三期常会第 6 号；《云南省政府公报》1942 年第 14 卷第 18 期。

日本高等警察学校学习，但他回国后并没有从事铁道方面的工作。民国成立后他进京谋职不得赏识，发表文章被叶恭绰看重从而进入交通部，成为交通系一员。1913 年 6 月任《铁路协会会报》总编辑。1913 年 8 月，时任交通总长朱启钤任其为交通部主事，后任交通部署秘书，1914 年 1 月荐补为交通部秘书，1914 年 7 月为交通部金事。后外放为京绥铁路局副局长，1917 年迁升为吉长铁路局局长，继而在齐齐哈尔、四洮铁路、胶济铁路等多个地方铁路局任局长，1926 年任汉粤川铁路督办、临时参政院参政、内务部秘书，1927 年任内务部参事、司法部秘书、司法部总务

阚铎像

原载《铁路协会会报》
1921 年百期纪念号

厅长（1928 年辞去该职）等职。参与《营造法式》校勘和中国营造学社创建等，并任法式部主任。"九一八"事变后，1931 年 10 月，阚铎前往日本军国主义占领下的东北就职，出任伪东北交通委员会委员，后任伪满洲国奉山铁路局局长兼四洮铁路局局长，帮助满铁强占了四洮铁路，在日军侵占冀东地区的活动中也没少出力，成为民族罪人 [1]。

阚铎与日本人交好，时有唱和，"九一八"之后自愿投入日本人怀抱，干出损害国家民族利益的事情，导致当时世人就斥之为汉奸，"阚之为人，亦有小才，自'九一八'以至于今，亦不过二三年之光阴，未必能安富尊荣，而徒以汉奸之名，为天下后人笑傻，亦何苦哉"，"语云：小有才，未闻君子之大道。阚铎之谓欤。"[2] 后人因其这段经历，对其研究比较欠缺。本书不涉及其他，只对其两段编辑工作经历进行深入研究分析，毕竟，阚铎在民国时期建筑期刊史上的存在是无法抹去的。

1）阚铎的编辑工作经历

阚铎其人，早年接受传统教育，精于考据与金石学，打下的基础对他后来从事编辑工作具有重要影响。

阚铎有两段从事期刊编辑工作的经历。

一是 1913—1917 年出任中华全国铁路协会编辑主任和会刊《铁路协会会报》总

---

① 阚铎生平，参见当时的民国政府公报《铁路协会会报》《中华全国铁路协会第二次报告》，及《中国园林》2016 年第 1 期刊登的傅凡文章《阚铎传统建筑与园林研究探析》。

② 芳菲 . 阚铎小史 [N]. 晶报，1934-04-01（2）.

编辑。这段时间的经历，一定程度上促成了他在交通部的升迁，他的第一次编辑工作后来也因为工作调动和职务升迁而中断。

二是1930—1931先后任《中国营造学社汇刊》编纂兼日文译述、文献部主任。从政十多年后，阚铎1930年再次做编辑工作，多少跟其编辑情怀和个人兴趣有关。1925年《营造法式》重刊，在朱启钤建议下，阚铎开始对该书进行校勘，此事直到1930年4月方告一段落，阚铎为此撰写《仿宋重刊〈营造法式〉校记》发表于《国立北平图书馆馆刊》1930年第4卷第6号，1928年阚铎辞去司法部总务厅厅长一职，或多或少跟他的这一志趣有关。由此，他也就自然而然地参与和介入了中国营造学社的创建过程，并负责《中国营造学社汇刊》编辑出版工作。这一次编辑工作最终因他主动投日而中断。

因为阚铎投日，中华全国铁路协会取消了他的会员资格，对他予以除名。他本是朱启钤创办中国营造学社的协助者，也是最早的社员之一，但后来中国营造学社社员名录中也除去了他的名字。

2）阚铎的编辑工作思路

（1）任职《铁路协会会报》总编辑时期

1913年，阚铎加入中华全国铁路协会成为其会员，当时的会员登记表上显示其尚没有工作单位。从1913年7月起，此前并不是协会编辑部成员的阚铎出任协会编辑部总编辑、主任，负责改名后的《铁路协会会报》编辑出版工作。1913年6月时总编辑还是刘志成，7月就换成了没有任何资历和根基的阚铎，这事一般人做不到，只有主持协会日常事务的副会长叶恭绰能做到这一点——《中华全国铁路协会分部办事细则》规定，"编辑员由会长于会员或他项职员中指定专员充任"，"编辑部设总编辑一员，为本部主任"——1913年6月29日铁路协会第一次定期大会上，由副会长叶恭绰按照新订会章指定干事各职员，确定"编辑主任阚君铎"[①]。

阚铎任总编辑后，一方面要办出与此前杂志不同的特色来，另一方面又得遵照协会的安排，不可能另起炉灶。此前并没有编辑出版经历的阚铎，比较好地做到了二者兼顾。

阚铎接手的是接续编号为第10期、改名后的第1期《铁路协会会报》。

该期刊物上，阚铎把协会事务安排在最前面，打开刊物第1页面便是协会的"广

---

① 第一次定期大会纪事[J].铁路协会会报，1913，2（7）：6.

告"：向会员征集协会会务议题、杂志专门开设栏目记载会员消息。这体现了他遵照协会要求办刊的"政治正确"。

编辑部刊发了《本会会报新改良之特色》，体现了阚铎的编辑思路，主要是增加期刊的行业新闻性，体现协会刊物联络感情的特点，突出实用性（列车时刻价格表）和可读性（趣味性内容）。他把改良后的办刊思路、刊物内容、栏目设置等公之于众，如：刊发国内国外最新铁路动态，"'路事纪闻'栏内分内国外国（注：原文如此）两部，凡关于路事要闻，择其最新最确者靡不登载"；增设会员动向内容，"'会员消息'专纪会员之异动，内而联络感情，外则使阅者周知路界重要人物最近之状况"；登载实用的列车时刻表和价目表，"新编全国铁路指南，系采用各路最新最确之行车时刻价目各表，而以意匠编作总表，能使旅客一目瞭然……不独完备且极新鲜正确"，"分期附送，以便阅者按期订购，抽出汇装"；增加消遣性质的内容，"后附外编，分'艺苑''说林''杂俎'，趣味深长，舟车消遣尤为适用"，后两个专栏"多译外国最新名著，以促进国人工商事业为宗"[①]。

改刊后的《铁路协会会报》，第一个栏目是"图画"，主要刊登政府要人、交通部要员、本会名誉会长及铁路工程建设的实景照片。这一期其后的"本会纪事"，是文字方面的第一个栏目，放在最前面，突出了刊物的协会属性，体现了围绕协会、突出协会的办刊重点；然后才是主要栏目"论说报告"，发表有关铁路建设的各种论文、著述等；"专件"，刊登各种专门函件或论说；"路事纪闻"，选载国内国外最新铁路动态消息；"译丛"刊载有关外国铁路行业资料、报道、分析、论述等方面的翻译文稿；"会员消息"刊载会员最新动态，包括职务调动、出席重要活动、获得荣誉、受到表彰等情形；"法制章程"编发有关铁路的法规制度原文；"外编"分三类，"艺苑""说林""杂俎"；最后是"新编全国铁路指南（旅客用）"，分别刊登各个铁路局的列车时刻表、运价等。

开设"新编全国铁路指南（旅客用）"栏目是阚铎的创举，并成为《铁路协会会报》广告业务和协会收入的绝对支柱。在阚铎离开《铁路协会会报》去地方铁路局任职之前，《铁路协会会报》的广告收入已发展成为协会的经济支柱，其中地方铁路局刊登时刻表是其最主要的广告收入来源。

1914 年，阚铎主持将《铁路协会会报》主要文章按类别汇总编辑出版了《铁路协

---

① 本会会报新改良之特色 [J]. 铁路协会会报，1913，2（7）：卷前页．

会会报拔萃》，相当于《会报》前 3 年内容的精华版。这在民国时期建筑期刊中是开先河之举。

阚铎主持《铁路协会会报》编辑工作期间，做到了每年刊期不脱期出版，跟几年后《铁路协会会报》时常出现减少刊期、经常合刊等形成鲜明对比。

阚铎主持会报编辑工作总计 4 年左右的时间，奠定了《铁路协会会报》编辑出版的基础并创造了该刊的小高峰。

（2）任中国营造学社编纂兼日文译述、文献部主任时期

在朱启钤研究《营造法式》和成立中国营造学社过程中，阚铎遵照朱启钤要求，对《营造法式》"以仿宋刊本与'四库'校本及丁本重校一过"①。考据、校勘古代文献是阚铎强项，这正好可以发挥其所学所长。

中国营造学社前期的工作重点是汇集、校勘、整理古建筑文献，阚铎在《中国营造学社汇刊》前期编辑出版中，充分发挥了自己的考据、校勘和日语专长。1930年 7 月创刊出版的《中国营造学社汇刊》第 1 期第 1 册，主要围绕学社成立和《营造法式》作者李诫（李明仲）展开，学社成立方面的稿件由社长朱启钤来完成，一共两篇。阚铎校勘了《李明仲先生墓志铭》，撰写了《李明仲先生补传》，称赞李明仲的《营造法式》，"类列相从，条章具在，官司用为科律，匠作奉为准绳。其事其人，皆有裨于考镜。故刺取群书所纪事迹，汇而书之，论世知人，固不止怀铅握椠者，心向往之也"②。这一期还刊登了阚铎 1930 年 4 月校注完成的《仿宋重刊营造法式校记》。

阚铎校勘古代文献的成果，另有《中国营造学社汇刊》第 2 卷第 1 册发表的《任启运宫室考校记》，以及第 2 卷第 3 期刊发清代李斗所著《工段营造录》，阚铎特为该著作撰写《识语》，介绍该书的基本情况及版本状况，讲述自己校勘的过程及在与诸多文献对比中的发现。中国古典园林建筑理论代表作、明代计成所著《园冶》三卷，"有清三百年来，除李笠翁《闲情偶寄》有一语道及外，未见著录"③，1931 年 9 月，阚铎对得到的该书各种版本展开考证和校勘研究后，写成《园冶识语》，连同校勘后的《园冶》一起，刊载于他任学社文献部主任最后参与编辑出版的一期《中国营造学社

---

① 阚铎.仿宋重刊《营造法式》校记 [J].国立北平图书馆馆刊，1930，4（6）：53.

② 诸文载《中国营造学社汇刊》1930 年第 1 卷第 1 期，李仲明先生墓志铭、传略第 1-6 页。

③ 阚铎.园冶识语 [J].中国营造学社汇刊，1931，2（3）：园冶识语 1.

汇刊》，即 1931 年 11 月第 2 卷第 3 期。阚铎对《园冶》的考据研究和校勘出版，对于中国古典园林理论建设和工程实践具有重要价值。

阚铎的校勘能力，还体现在对朱启钤的《元大都宫苑图考》所作考证完善上。朱启钤研究元大都营造遗物及其文献，根据元代陶宗仪《辍耕录》所述元代宫阙制度及明代萧洵的《故宫遗录》两书，著成《元大都宫苑图考》，托付阚铎一一比对校勘，并由绘图编辑宋麟征绘制相关图样，在《中国营造学社汇刊》第 1 卷第 2 册以 117 页的篇幅刊登。这是朱启钤的一部力作，阚铎的校勘使之臻于完善。

这些都体现了阚铎的深厚考据校勘功力，对于中国营造学社前期沿袭清乾嘉学派重考据重文献研究的学术追求而言不可或缺。

此外，阚铎的日语能力在学社研究和汇刊编辑过程中也发挥了作用。《中国营造学社汇刊》第 1 卷第 2 册刊发伊东忠太有关中国建筑的演讲实录，是日本东京帝国大学建筑学博士伊东忠太于 1930 年 6 月 18 日在中国营造学社的演讲内容，此文的翻译润色，就非阚铎莫属了。中国的营造学对于统一建筑营造词汇方面的研究尚处于起步阶段，阚铎为此特撰写一篇文章，称"中国营造学社以纂辑营造辞汇为重要使命"，"于审定名辞（名词）一切事务，进行极为慎重，此种专门词典，纯系科学性质"，"兹事体大，尤于不易于程功"，"至于伐柯取则，欧美虽属先河，而同用汉字，不能不先假道于东邻"，于此，阚铎认为日本编纂建筑词典的各种成例和经验，可以供中国借鉴。[①]1931 年 4 月，阚铎赴日本，参观考察了日本现代常用建筑术语词典编纂委员会，回国后写了一篇记事《参观日本现代常用建筑术语辞典编纂委员会纪事（附表）》，刊登在《中国营造学社汇刊》1931 年 9 月第 2 卷第 2 册，详细介绍参观考察经过和日本在建筑词汇术语编纂中的做法和经验。

阚铎为早期的中国营造学社学术研究和汇刊出版，打下了深深的文献考证和校勘研究的烙印。

阚铎任职《铁路协会会报》总编辑期间，还撰写发表了《经营西南两边宜建同成铁路之计画》《铁路机关统一之今昔》《小汤山考略》《暗黑之伦敦》（连载译作）、《欧美行路难》（连载译作）、《津浦统捐与胶济路利》《读西报中国铁路政策悲观之悲观》等文章。

---

① 阚铎 . 营造辞汇纂辑方式之先例 [J]. 中国营造学社汇刊，1931，2（1）：1-20.

3. 刘敦桢

刘敦桢（1897—1968），字士能，号大壮室主人，湖南新宁人。

刘敦桢于 1913 年去日本东京高等工业学校建筑科留学，1922 年回国后与留日校友柳士英在上海创办华海建筑师事务所，1925 年回湖南执教湖南大学土木系，1926 年应柳士英之邀到江苏省立苏州工业专门学校建筑科执教，1927 年苏州工业专门学校并入国立第四中山大学（即后来的中央大学），刘敦桢随之到该校工学院建筑科任教。1930 年成为中国营造学社社员，任学社校理，1932 年 6 月正式加入中国营造学社任文献部主任。抗战全面爆发后，刘敦桢和学社其他社员辗转到了四川李庄。1943 年，刘敦桢重回搬迁到重庆沙坪坝办学的中央大学建筑系任教，后任系主任、工学院院长。该校抗战后迁回南京，刘敦桢一直在该校执教。

1966 年 9 月，刘敦桢陪同日本建筑师访华代表团参观，在南京中山陵前留影。摄影／福山敏男

图源：中国新闻周刊"搜狐号" https://www.sohu.com/a/457009991_220095

刘敦桢出任中国营造学社文献部主任，和阚铎不一样：一是他涉及《中国营造学社汇刊》的具体编辑事务不多，他更注重撰写论著、输出学术成果交给《汇刊》发表；二是重视文献校勘整理，更注重田野建筑调查，并和梁思成、林徽因等分别率队或联合进行了多项古建筑实地考察研究，和梁思成的学术著作一起构成《中国营造学社汇刊》的主要支撑内容。

刘敦桢第一次公开发表建筑专业方面的学术论著，是 1928 年在《科学》杂志上发表《佛教对于中国建筑之影响》。在《中国营造学社汇刊》，单论篇次，刘敦桢是发表文章篇次最多的作者，其论著 1934 年之前有《大壮室笔记》《北平智化寺如来殿调查记》《"玉虫厨子"之建筑价值并补注》《万年桥志述略》《明长陵》《同治重修圆明园史料》《东西堂史料》《定兴县北齐石柱》及《故宫文渊阁楼面修理计划》（与蔡方荫、梁思成合著）、《云冈石窟中所表现的北魏建筑》（与梁思成、林徽因合著）、《法隆寺与汉六朝建筑式样之关系并补注》（译作，连载 5 期）等；1935 年后有《清皇城宫殿衙署图年代考》《清文渊阁实测图说》《北平护国寺残迹》《易县清西陵》《河北西部古建筑调查纪略》《苏州古建筑调查记》《河南省北部古建筑调查记》《明鲁般营造正式抄本校读记》《云南之塔幢》等。

此外，刘敦桢1930年时在《工学（南京）》发表《北平清宫三殿参观记》，1934年在《中国建设（上海1930）》发表《明长城游记》，抗战时期返回中央大学建筑系执教时为该系在读学生手写油印刊物《建筑》撰写了3篇稿件——《中国之廊桥》《龙氏瓦砚题记》《营造法原序》，1947年在中国建筑师学会的讲演稿《中国的塔》发表于《台湾营造界》，另有《都市的建筑美》1948年发表于《南京市政府公报》。

4. 吴山

吴山（1876—1935），原名平之，四川江津白沙村（今重庆市江津区白沙镇）人。

吴山像
原载《道路月刊》
1923年3月第5卷第1号

吴山本人没有撰写过自己的生平。本书多方深入挖掘其他史料，从吴山自己文章的只言片语、中华全国道路建设协会会长王正廷的介绍文章、吴山多年的下属和同事陆丹林的有关记叙，以及广州《军政府公报》公告文件等文献中，厘清了吴山人生的基本脉络。

吴山的一生，大致可以分为以下几个阶段：求学阶段、革命阶段、倒袁阶段、护法军政府阶段、全国道路建设协会阶段。他从事道路协会事业的时间最长、付出精力和心血最多，对全国道路建设事业的倡导和推进、《道路月刊》的创办和发展，发挥了极大作用。

吴山"少有大志，在乡中读书，不满足他的求知欲望，顺江东下，投入张之洞办的两湖书院读书"，后转到上海，选购广学会及制造局所出新书回乡潜心研究，并联络志士从事反清，曾被清政府"抄家悬捕"，星夜逃脱到了甘肃，"暗中活动革命工作"。民国成立，吴山到北京从事新闻事业，眼见袁世凯独裁专制，排斥民党，就在报上撰文攻击袁世凯倒行逆施，被袁氏爪牙视作眼中钉，不得不出走东三省，办理税务。1914年前后吴山秘密回到天津从事倒袁运动，又被发现，被数十名军警围捕，他从容得脱，胞弟吴承之同住一室替他当了阶下囚，吴承之被监禁了两年，得了精神恍惚的神经错乱症。吴山逃到东京，一边参加工作，一边入明治大学法科读书，借此机会求深造，准备返国时服务国家。袁世凯帝制倾覆，吴山回北京，和吴稚晖等办理勤工俭学会和留法预备学校等，同时也办理出版事业[①]。

---

① 陆丹林. 四川党人吴山的生平 [J]. 三民主义半月刊，1943，3（11）：31-32.

护法之役，吴山南下广州，据《军政府公报》，1917年10月29日，大元帅令"任命吴山为大元帅府秘书"，后转任司法部司长，1919年11月，军政府任命吴山署理司法部次长 ①。1920年5月11日，吴山请辞，"山以部务牵累，不能专心奉行基督博爱平等自由与人道正义诸教旨，追随群公护法三载，不但无补时艰，愈滋个人罪恶，若久迷权利，甚恐有陷入人格"，请求"免去司法部次长及代理部务兼职"，"各总裁各部长慰留缓议，奈山研究边防垦植与服务社会、从事布道之心甚切，辞陈既已提出，决不稍事游移"。5月14日，吴山移交印信和文书卷宗，离开政坛。

吴山辞去广州军政府司法部次长一职后，先到滇黔考察，再到上海居住，同时注释写作《俄宪说略》和撰写《大同人约》初稿。

1921年，王正廷创办中华全国道路建设协会。王正廷听说吴山从广东来到了上海，住在青年会，就"往晤吴君"，详述协会事业，请其担任总干事，晤谈之后，吴山答应出任。从此，吴山投身致力于中华全国道路建设协会事务，长达14年。王正廷对吴山给予了高度评价，"主干吴君，始则文牍、司书、庶务、交际均兼任之，在青年会筹备第一届征求时，两月余不拆阅家信，常通宵孤坐办公，积劳病卧，亦核文件，且常出演说。""十年以来，除修路外，任何党政学各重要等职，均力辞坚拒，专办会务，粤港家室及商业等，均不暇回顾，因而亏折破产，家败人亡，儿女无依，旧有余存已告罄" ②。吴山为了道路协会的事业可谓付出了全部心血。

在道路协会期间，吴山任总干事，同时任《道路月刊》主笔。

"北伐军未克复江浙之前，他（注：指吴山）曾参加秘密机要工作"，等到南京克复，钮永建任江苏省政府主席，吴山以党员资格前去帮忙了一个多月工作，此后又回到上海继续道路协会的工作。后来有人劝他出来从政，他婉言推辞，却推荐陆丹林去做涟水县县长 ③。

吴山在道路协会任职期间，身体力行从事筑路工程，于1928年兼任河南省道办事处及豫陕甘长途汽车总事务所总干事之职，督率民工8 000余人、兵工万余人，修成河南汽车路3 000余里。

吴山在道路协会工作了14年，除了职务上跟北方的官僚军阀（注：主要指冯玉

---

① 司法部通告明字第三号 [J]. 军政府公报·通告，1919（修字第137号）.

② 王正廷. 本会十周年纪念之回顾 [J]. 道路月刊，1929，29（3）：5.

③ 陆丹林. 从道路协会说到吴山 [J]. 公路月报，1943（2）：69-71.

祥）有公事往来之外，私人交际是没有的，更没有找些兼职谋津贴之类的事。公余"帮助韩国旅沪的革命同志，若多方营救被日本逮捕的韩国人等等，很得韩国人的钦敬"。"九一八"事变后联合朱庆澜、殷汝骊、郑洪年、陆丹林、薛笃弼、黄琬等十多人组建华侨经济委员会，募集款项被服，接济师生和各路义勇军，办事处就设在道路协会，几个月间向美洲南洋等地侨胞募集到 30 多万元。"晚年，他因为受刺激太多，加以家庭琐事牵累，不接近青年与专家，不阅读新出版图书，因之，思想与时代环境不能协调，精力锐减，处理事务便多凌乱"，如举办市路展览雇佣外籍干事，没仔细审定合同，后来官司败诉，协会赔偿 4 000 多元；他贪图高利息把协会的会款存到小银行去，结果银行倒闭，协会损失 6 000 多元。这两件事导致协会董事会对他不满意，他自己也感觉精力日衰，难以继续工作，于是在 1934 年春提出辞职，去朋友的农场里养病，同时著述从前在日本见到的倭寇阴谋暴行，与 17 年前在广州出版的《救国的根本问题》《朝鲜亡国惨史》构成姊妹著述，但只发表了一部分，就染病于1936 年秋去世 [1]。

吴山去世后，陆丹林曾撰一挽联悼念："往事记从前东沙路上（指二人在广州东沙路军政府供职时相交）黄浦滩边（指在道路协会共事十多年）廿载相知承奖掖 / 思公行自念茅麓场中（病逝于茅麓农场）吴家巷畔（安葬在上海市南郊吴家巷上海公墓）一朝永诀总欷歔。"

协会会长王正廷长期从政，主要从事外交工作，协会的日常事务主要由总干事吴山负责。吴山没有直接参与《道路月刊》多少编辑事务，他的主要精力放在协会工作和会员征集活动方面，全力以赴推动协会全面发展，尽可能多地筹集会费维持协会和《道路月刊》的正常出版。

吴山除了上述有关专著以外，另有专著《中国委员制政府组织大纲》。此外，吴山 1924 年和陆丹林合著《摩托车与道路》，由中华书局出版，到 1929 年 11 月再版第四版；1928 年 8 月任《冯总司令（注：指冯玉祥）演说词摘要汇录》总编辑，该书由陆丹林校阅，道路月刊社发行；1931 年 7 月出版的《路市丛书》总计 1 400 多页，由吴山任总纂，陆丹林、刘郁樱总校对。

吴山作为主笔，在《道路月刊》上发表了各类文章 37 篇。

吴山还出任了上海蜀评社主办的《蜀评》社长，该刊于 1924 年 12 月 1 日创刊。

---

① 陆丹林 . 从道路协会说到吴山 [J]. 公路月报，1943（2）：69-71.

吴山对事业的执着、纯粹和奉献精神，值得后人记取和学习。

4.2.2 留德归国代表

留欧学生中，在民国时期建筑期刊方面表现突出的是到德国留学学习水利工程的学生，代表是李仪祉和沈怡。

李仪祉（1915年初回国）和沈怡（1926年回国）二人归国后事业走向不同。李仪祉一生都献于水利工程及其教育事业；沈怡则从事了上海市政规划建设和工务管理及水利事业，担任过南京市市长等，其办刊和撰写发表文章不限于水利专业，显得更加多样化。

1. 李仪祉

李仪祉（1882—1938），原名李协，字宜之，陕西省蒲城县人。

李仪祉像
原载《陕西水利季报》
1938年第3卷第1期

李仪祉1909年毕业于京师大学堂，曾于德国柏林皇家工程大学土木工程科、丹泽工程大学水利专业留学。1915年自德国留学归来，他成为创办和执教河海工程专门学校的元老之一；1922年9月，在执教河海近8年后，他离开高等学府，投身水利工程事业的伟大实践。此后的十多年中，他历任或兼任陕西省水利局局长、陕西渭北水利工程局总工程师、陕西省建设厅厅长、陕西省教育厅厅长、黄河水利委员会委员长、华北水利委员会委员长、北方大港储备处主任、导淮委员会总工程师、中国水利工程学会会长等职，常年奔走在大江南北水利工程第一线，克服经济、政治、人事、资金等方面的种种困难与掣肘，筚路蓝缕，亲力亲为，将自己平生所学和全部精力投入到水利事业中去，组织实施了关中水利工程泾惠渠等新型水利灌溉工程惠及关中人民，组织谋划了黄河治理、江淮及海河流域治理等重大水利工程方略。除这些水利事业之外，还曾继续从事水利工程方面的教育事业，在河海工程专门学校改为河海工科大学后重返河海执教两年，到北京大学、第四中山大学（中央大学前身）担任教授，倡办水利道路工程学校，后改隶西北大学，兼任校长，倡办陕西水利专修班，后发展成为西北农林科技大学水利与建筑工程学院。1938年3月8日，为旧中国的水利事业殚精竭虑积劳成疾、鞠躬尽瘁死而后已的李仪祉因病逝世于西安。

李仪祉的学生、著名水利工程专家汪胡桢认为"人少有不朽的，只有立德、立功、立言，才可以不朽"，他说："立德就是对我国的精神文明有贡献；立功就是对我国物质文明有贡献；立言就是有促进我国文明的言论。李仪祉先生毕生从事水利事业，既有对于我国水利方面精神文明的贡献，又有对我国水利物质文明的贡献，他有丰富的关于促进我国水利建设的言论，故可以说李先生是永垂不朽的。"[①]

1948 年 3 月，李仪祉去世十周年，他的生前好友、曾与他一起执教河海工程专门学校的刘梦锡发文纪念、称颂他："大禹之后，中国一人，唯陕西李仪祉先生。""以仁者之心，行仁者之术，先生诚近代水圣也！"[②]

李仪祉在水利学术研究、水利工程建设和水利教育事业等方面成就卓著，堪称中国现代水利第一人。他还是一位卓有成就的期刊出版人，这方面还没有引起研究者的足够重视，目前国内有学者关注到了李仪祉创办多种期刊的经历，但还没有研究者深入研究分析李仪祉的办刊思想、期刊管理举措等。

1）李仪祉的办刊经历

李仪祉是民国时期主办、创办建筑期刊最多的人之一。

1917 年 11 月手写油印版《河海月刊》创刊，李仪祉作为河海专门工程学校校方职员负责指导出版发行。出版 8 期（含 1 期临时增刊号）之后，《河海月刊》从 1918 年 10 月第 2 卷第 1 期起改为铅印，李仪祉作为学校出版部主任出任总编辑，正式开始负责期刊编辑出版工作。李仪祉后来把该刊由一个校友之间、校友与学校之间联谊性质为主、学术切磋为辅的学生主办刊物，转变成了中国水利工程领域最早的纯学术刊物。

1922 年，李仪祉离开南京河海工程专门学校，回到故乡陕西任陕西省水利局局长，开始利用生平所学投身中国的水利工程实践。北伐胜利后，国民政府指派李仪祉前往天津，将顺直水利委员会整顿改组为华北水利委员会。李仪祉从此开启了他的期刊创办之路，此后他辗转多地，频繁调动职务，先后任职多处水利部门要职，随之而创办多种期刊。

1928 年，李仪祉任职华北水利委员会委员长，该委创办了《华北水利月刊》。

1931 年，李仪祉被选为中国水利工程学会会长，学会创办会刊《水利》月刊。

---

① 本刊编辑部 . 李仪祉先生唁电评论摘录 [J]. 陕西水利，1992（2）：7.
② 刘梦锡 . 李仪祉先生逝世十周年献辞 [J]. 水利月刊，1948，15（2）：1.

1932 年，李仪祉在陕西水利局局长任上创办《陕西水利月刊》。

1934 年，李仪祉在任职黄河委员会委员长时创办《黄河水利月刊》。

2）李仪祉的办刊思想

李仪祉在办刊方面没有撰写专门的论说。

从担任《河海月刊》总编辑以后该刊的办刊思路来看，李仪祉在重视学术研究的同时，十分重视水利工程的实地调研。他自己也是这方面的倡导者、力行者。早在 1918 年夏天，李仪祉就花了两个多月从南京出发，前往前一年出现大水灾的南北运河、潮白河、榆河、滏阳河、子牙河、永定河等流域进行详细考察，他还将自己撰写的考察报告《戊午夏季直隶旅行报告》，在自己担任总编辑后出版的第一期《河海月刊》上开始分篇进行连载。此后《河海月刊》每期都有"调查"专栏，该专栏除了发表李仪祉自己的调研文章，主要刊登学校特科毕业生、实习生、练习员等在全国各地从事水利工作中的各种实地调查报告和研究文章，同时也涉及对国外如俄罗斯水利、密西西比河河堤、美国钢筋三合土等的调查介绍文章。

李仪祉在从事水利工程管理和实践以后创办的几种期刊，具有机关刊或学会会刊的性质。李仪祉 1932 年为《陕西水利月刊》撰写过一篇"序言"，简要叙述了自己的办刊理念。下面以《陕西水利月刊》为例来分析李仪祉的办刊思想。

李仪祉在该刊"序言"中说，"本局初告成立，工作创始，本其志愿，奋力前驱，于新事业则求研考之有素、计划之精确；于旧事业则求管理之得宜、革新之有术，划一法制，修明水政，兼以磨练人才，工余则学，学理有所新得，事业有所新展，法令有所新颁，考察有所新获，皆笔而载之，以求正时彦，以昭示于来人，是则本刊之旨也。"[①] 这段话是李仪祉所阐发的《陕西水利月刊》办刊宗旨，简而言之，"笔而载之"于《陕西水利月刊》上的内容，一方面是局里的各项工作、计划，另一方面是管理、革新、制度建设等有关事项和内容，再者就是人才培养及其所学所研所获等。

这属于典型的机关刊物的办刊思想，当然，对于机关刊而言无可厚非。

从《陕西水利月刊》创刊号的栏目设置来看，重点是以宣传机关的相关工作内容为主，对学术研究和调查研究的关注放在次要位置。"论著"置于刊首，显示了李仪祉对于学术研究的重视。设置"法令""公牍""公函""报告""特载"这样的栏目，则

---

① 李协. 序言 [J]. 陕西水利月刊，1932（创刊号）：2.

是机关刊的"规定动作"。"法令"栏目刊登的都是陕西省政府的各项训令、命令等；"公牍"栏目下还设置了几个二级栏目，"呈文"刊登的是局里向中央部委、省政府等的各项请示文件，"咨文"则是刊登水利局向建设厅等相关部门和单位所发的函件，"训令"刊登的是局里下发各县各地的命令等，"指令"刊发下发给各县有关水利工作的指令等；"报告栏目"刊发的是本局的月度工作总报告、经费总报告、工程处近两周工作报告；"特载"栏目刊登的内容都是局里的各种规章制度。这几部分所占篇幅非常大，达到了 58 页，占全部正文页码的 46.8%。从后续的期次来看，这些内容成为该刊的主干。至于"论著""调查报告"一类的栏目，此后的《陕西水利月刊》陆续刊登过一些文章，前者每期都有，后者时有中断，与李仪祉任总编辑主持《河海月刊》的编辑出版时期相比，这两者的篇目数量都少了很多。

从《陕西水利局发行月刊暂行规则》明确的编辑出版管理制度，可以看出李仪祉作为出版发行人对于期刊出版业务方面的管理思路，即非常重视编辑机构建设、责任划分、终审制度及印刷出版物资保障等实务。

一是编辑出版架构上，明确刊物的责任部门和管理责任人，"本刊物隶属于总务科编审股，其编辑、审查、校对各事，由该股主任负责办理"；二是明确月刊刊发内容的来源及不符合要求的情形下的送审程序，"凡应行刊登文件，应由本局各科科长、主任、技正、技士等，就原件分别注明，送编审股编辑，编毕仍将原件缴存归属，但核与本刊内容不符者，得由编审股签呈局长核定之"；三是亲自把关每一期的内容，以局

《陕西水利局发行月刊暂行规则》

原载《陕西水利月刊》创刊号

长身份履行刊物的终审职责，"本刊物每期稿件，编就后，按照先后次序交送由秘书转呈局长核定"；四是从制度上保障《陕西水利月刊》正常印刷出版，"本刊物印刷事务，由编审股随时与庶务股会同办理"。为加强对刊物的全面集中管理，还明文规定"未尽事宜，得随时呈明局长修正之"①。

李仪祉创办《陕西水利月刊》是 1932 年的事，以上的办刊思路和期刊管理办法，既是对此前的办刊思路和办法的延续，也是对其进一步深化发展。

---

① 陕西省水利局发行月刊暂行规则 [J]. 陕西水利月刊，1932（创刊号）：封 4.

如李仪祉在 1928 年担任华北水利委员会委员长期间创办《华北水利月刊》时，也曾对该刊的编辑出版制定了相关规则，但既没有强调编辑机构的职责，也没有强化他自己作为最高负责人的终审把关责任，只是规定了"本规则如有未尽事宜得随时修改之""本规则经本会常务委员会议决后施行"[①]，并不曾像后来的《陕西水利月刊》那样规定"每期稿件编就后……由局长核定"，"未尽事宜……呈局长修正之"。显然，李仪祉在后来创办《陕西水利月刊》时对办刊的认识有了提升，由此强化了自己作为期刊的出版发行责任者对期刊的应尽职责、终审责任和管理权力。

李仪祉是一个知行合一的人，他把一生都献给了中国的现代水利工程事业，在水利工程的学术研究、工程实践、宏观规划以及学术撰述、高等教育、期刊出版等诸多方面都取得了突出成就。1938 年，积劳成疾的李仪祉因病去世，陕西人民万人自发为之送灵，民国政府也给予了高度评价，称赞其"德器深纯，精研水利，早岁倡办河海工程学校，成材甚众；近来开渠、浚河、导运等工事，绩效懋著"。后来者对他的卓越贡献的认识和研究，主要集中在其水利学术研究和水利事功上，对其办刊方面则论及不多，或不够深入，本书稍微对此进行了展开分析，以期抛砖引玉，引发学界深入研究。

3）李仪祉发表的论著

李仪祉不仅是一位水利工程专家、官员、实践者、期刊出版人，还是一位学术型与实践型高度结合的高产作者，一生发表了 200 多篇高质量的论文或著述。

据本书初步汇总，其各类著作除了主要发表在自己担任总编或创办的水利工程行业专业期刊外，还散见于其他总计 50 余种期刊上。李仪祉的学术成就主要体现在他所撰写和发表于上述期刊的论文中。比如：理论性学术著作《水工学》《水功学》)、《森林与水工之关系》《最小二程式》《黄壤论：黄壤之性质形状及其于工事之关系》《巩固堤防策》《蓄水》《水理学之大革命》《关于变迁河床河流治导之模型试验》《推算流量之新法及其应用之经验》《弯曲河道挟沙之大模型试验》《探水样器》《修楗计划之讨论》《工程学之面面观》；水利工程理论与实施的研究性著作《五十年来中国之水利》《中国水利前途之事业》《我国的水利问题》《黄运交会之问题》《戊午夏直隶旅行报告》《治理黄河工作纲要》《黄河治本的探讨》《黄河上游视察报告》《黄河之根本治法商榷》《北五省旱灾之主因及其根救治之法》《陕西水利工程十年计画纲要》

---

① 本刊编辑规则 [J]. 华北水利月刊，1928，1（1）：封 2.

《陕西泾惠渠工程报告》《泾惠渠管理管见》《陕西渭北水利工程局第二期报告书》《对于改良航海段塘工之我见》《汉江上游之概况及希望》《海河及河北水患问题》《整理洞庭湖之意见》《西北水利之展望》《视察四川灌县水利及川江航运报告》，等等。

2. 沈怡

沈怡（1901—1980），原名沈景清，字君怡，浙江嘉兴人。德国德兰诗顿工业大学毕业，中国第一个水利工程"洋博士"。

沈怡1914年秋入同济德文医工学堂（后改名同济医工专门学校，为今日同济大学前身）学习土木工程，1919年参加五四运动，加入少年中国学会。1921年，沈怡赴德国留学学习水利工程，到德兰诗顿工业大学师从德国水利界泰斗恩格斯教授，完成博士论文《中国的河工》，1925年获得博士学位，后去美国考察参观水利工程。

沈怡像

原载《卫生月刊》
1928年第1卷第5期
图源：中国国家数字图书馆

沈怡1926年回国，加入中国工程师学会、中国科学社，同年10—12月，任汉口市工务局工程师兼设计科长。国民革命军北伐期间，沈怡公事无多，遂潜心研究中国古籍中的黄河治理史料，为此后的治水思想和编著黄河系列丛书奠定基础。国民革命成功后，民国政府雄心勃勃开发建设大上海，把上海从江苏分立出来成立上海特别市，1927年7月，26岁的沈怡被任命为上海特别市（后改为上海市）工务局局长，开始执掌上海市政规划建设，"主持上海市区的改造和新市区的兴建"长达十年之久，直到抗战后的上海"八一三"事变爆发。此后，沈怡"改就资源委员会主任委员、工业处长、技术室主任，行政院水利委员会技监，中央设计委员，参加上海工业界的内迁运动"。抗战时期，甘肃兴办水利事业，省建设厅成立水利林牧公司，沈怡受邀出任总经理，"正可以藉此机会施展所学"，回国十多年后首次从事他的本行水利事业，此后3年多，沈怡扎根甘肃埋头水利事业，开始实施第一期施工计划，从他手中签字付出的水工经费"不下五万万元，分配在是（注：原文如此）三个渠道工程上，可以灌溉田土二十六万多市亩"[①]。后沈怡被任命为大连市市长但未赴任。1946年，沈怡因"对于上海市区的贡献极多，新市区全部设计，都出于沈氏拟定"，且"对甘肃省的水

① 徐盈. 当代中国实业人物志：沈怡 [J]. 新中华，1945，3（10）：94-99.

利工程成绩卓著，深得中枢借重，为国内有数的水利工程专家"，进而获任南京特别市市长 [①]，1948 年 12 月辞任获批。1949 年，担任中国工程师学会会长的沈怡，应联合国聘请，担任远东防洪局局长 [②]。沈怡后来去了台湾。

1）沈怡的办刊经历

沈怡是民国时期水利工程行业第一位"海归派"博士，却于 1927 年 26 岁时任职新成立的上海特别市工务局局长。

1928 年，沈怡创办《上海特别市工务局业务报告》，把前一年局里的工作情况全部汇集成册出版。此后，该报告类似年刊每年都出版，1930 年后，因上海更名而改为《上海市工务局业务报告》。

1930 年，沈怡独树一帜，创办全部内容为翻译国外建筑科技稿件的季刊《工程译报》，在我国建筑工程领域首开创办纯粹译文期刊的先河。

1931 年 8 月，1912 年合组、詹天佑曾任会长的中华工程师学会与 1917 年成立的中国工程学会举行联合年会，决议两会进一步合并组成中国工程师学会，并以最早组成工程师团体的中华工程师会、工学会、铁路同人共济会等的 1911 年为该会创始之年。原中国工程学会会刊《工程》季刊作为合并后的中国工程师学会会刊继续出版，1932 年 3 月出版的第 7 卷第 1 号是该年会论文专号，是两会合并后发行的第 1 期，从本期起，沈怡出任《工程》季刊总编辑，编辑包括黄炎（土木）、董大酉（建筑）、胡树楫（市政）、郑肇经（水利），另有电气、化工、无线电、机械、飞机、矿冶、纺织等专业编辑。

沈怡创办及任总编辑的部分期刊封面

① 落花 . 南京新市长沈怡 [J]. 快活林，1946（38）：2.

② 沈怡应联合国聘赴泰出任远东防洪局局长 [J]. 技协，1949，4（3）：1.

自此之后，沈怡在任职上海市工务局局长一职的同时，于 1932 年 3 月到 1935 年 2 月、1936 年 8 月到 1937 年 8 月，两度兼任《工程》总编辑，1940 年第三度出任该刊总编辑。

1936 年 5 月 23 日，在中国土木工程师学会召开的学会成立大会上，沈怡被选为两位副会长之一，并兼任总编辑[①]。

1937 年 3 月 14 日，中国土木工程师学会董事会第三次会议决议，4 月份起先出版《会务月刊》，《工程月刊》因为经费原因，定于 7 月 1 日出版，由总编辑沈怡负责办理，从《会务月刊》第二期起暂时合并二者。不过，时运不济，到了 7 月，日本全面侵华，一切都中断了。1946 年，出任中国市政工程学会第二届理事长的沈怡，续办首任理事长凌鸿勋于 1942 年创办的《市政工程年刊》。

2）沈怡的办刊思路

沈怡的办刊思路，按其创办的期刊或担任不同期刊总编辑分而言之如下：

一是创办《上海特别市工务局业务报告》（年刊性质），公开工务局所有事务，"力避铺张，亦不讳言过失"，拒绝"旧日机关刊物布告批示累牍连篇之积习"，"取材务求精审，立言必期忠实"。

《上海特别市工务局业务报告》第 1 期刊登的"绪言"没有署名，但从第 2 期"绪言"有沈怡署名情况看，这份简短的"绪言"应该出自局长沈怡手笔："工程设施有三要：一曰能应现在事实之需要；二曰能为将来发展之基础；三曰能与科学上之原理不相背。本局同人朝夕所惕励而不敢或懈者，亦惟此三事而已。是帙之辑，志在以最平淡简明之文字图表，报告本局六月来之工作经过，俾市民得审察其所赋与本局之财力、权力与所做之事业是否相称，后来者得考核同人之所设施孰利孰弊，而知所以改良扩充之道。"[②] 这段话表明沈怡创办《上海特别市工务局业务报告》，目的是要向市民报告工务局的工作，以供市民审查得失、品头论足，供后来者鉴往知今，从中

---

① 1992 年 3 月 19 日，中国土木工程学会第五届七次常务理事会议关于学会创始年的决议，确认 1912 年为中国土木工程学会的创始年，以示对詹天佑任第一任会长的中国工程师学会的赓续，并便于与我国台、港、澳地区的交流。于此，沈怡曾任副会长（1935—1939 年）、会长（1949 年）的中国工程师学会和沈怡担任副会长的中国土木工程师学会，都是今日中国土木工程学会的前身之一。参见《中国土木工程学会史》，上海交通大学出版社，2013 年，第 135 页、326 页、393—394 页。

② 绪言 [J]. 上海特别市工务局十六年度业务报告，1927：1.

有所教益。

当期刊载了工务局的组织机构、办事程序、职员分类及人数，历次局务会议摘要、技术会议摘要，各种分类图文文书档案、文牍选载，收支概要，道路新建与翻修、沟渠、桥梁、菜场、码头等各类工程及其图样和施工细则，相关测绘报告，各种新建、维修房屋工程面积、估价统计，工程执照申领与违章统计、违章房屋和危房详细统计及取缔情况、建筑师工程师登记报告、局务纪要、现任职员一览表。确实如沈怡在"绪言"中所说，把工务局主要工作情况都详细报告出来了，可谓事无巨细的工务局事务大全。

对于该《业务报告》的出版，沈怡还提出了具体的编辑方针："以图照为主，表副之，必要者附以说明，以便阅读"[①]"在藉此数百余页（注：当期400余页）之文字、图表，将一年来之工作扼要披露于全市市民暨全国人士之前"，内容上"力避铺张，亦不讳言过失，而于旧日机关刊物布告批示累牍连篇之积习，尤所深戒，取材务求精审，立言必期忠实"[②]。

以上可以视作沈怡创办局机关刊的办刊思想和编辑方针。

该《业务报告》内容可谓上海市刚成立初期十年官方权威的市政规划和建设情况实录，对了解、分析、研究民国时期大上海起步时的城市规划和市政建设而言具有很高史料价值。

二是创办《工程译报》，以"偷巧的方法"，向国外学习先进建筑科技。

所办的《工程译报》，"内容完全（是）从欧美工程杂志中翻译出来的文章，专以介绍世界各国重要工程论著为宗旨"，范围"暂以市政工程、土木工程、建筑工程三项为限"[③]。从后续期次内容看，《工程译报》取材广泛，领域也突破上述三项，地域不限于欧美范围，少量还涉及土耳其、澳大利亚、日本。此外也介绍了苏联的工程建设情况，如1931年第2卷第1期刊登《苏俄建筑公路计划》《苏俄之"水玻璃道路"》，1931年第2卷第4期刊登《苏俄之城市设计》。

三是出任中国工程师学会会刊《工程》总编辑，力主革除学者喜用西文著述文章的陋习，并着力提高刊物学术地位，"对于文字内容，格外注意，宁缺毋滥"。

① 沈怡. 弁言 [M]// 上海市工务局之十年. 上海：中国科学公司承印，1937：1.

② 沈怡. 绪言 [J]. 上海特别市工务局业务报告，1928（2/3）：绪言1.

③ 沈怡. 发刊词 [J]. 工程译报，1930，1（1）：发刊词页.

1932 年，31 岁的沈怡初任《工程》总编辑。沈怡本是德国博士学位获得者，照理说对西文应有亲近之感，但他却深感国内学者喜欢用西文著述文章，已成积重难返之势，“固因我国科学名词尚不完全，但不可谓非学术界之奇耻”，当时国内外一般大学及专门学校所用的课本，仍为西文原版，他为之忧虑，“长此以往，我国学术何日始得独立，诚令人不能无疑”。沈怡表示，“本刊力薄，于此未必有匡正之方”，他决定从自身做起，对于以后在本刊登载的稿件，规定只以中文为限，为此，当期《工程》原本要刊发此前一年决定两会合并的年会上的论文，因为此次年会论文中有英文稿件多篇，他决定不在本期刊发，而是另行刊印单行本①。

沈怡对办刊有自己的主张。1931 年召开的学会 20 年年会上有人建议将《工程》改为月刊，但沈怡认为，当下出版季刊都感觉到稿件缺乏，改成月刊，更有困难，欧美各种专门杂志，从没有稿件匮乏之忧，也从不见编辑东揖西求，而在我国，则无不以征求稿件为任编辑者的一大苦事。对此，沈怡认为，要除掉此弊，就要先从提高刊物学术地位着手，对于文字内容，格外注意，宁缺毋滥，等本刊地位得到提高后，“预料会内外同志自动投稿者，必将日益加多”，因为投稿人的心理，“乐于在有声誉及有价值之刊物上，登载其文字”。只有这样，季刊改为月刊才有望实现②。经过一段时间的努力后，“本刊文字水准，确已有相当之提高，投稿者均以能在本刊发表其文字为荣，毋需编辑者之东揖西求”，于是，一年多之后，从 1933 年 2 月起，《工程》季刊改为双月刊。沈怡 1940 年写文章回忆这段办刊经历，称这让编者“无时不引以为无上之愉快者也”③。

1937 年 8 月 1 日，《工程》出版了第 12 卷第 4 号，因为日本发动“八一三”事变，上海沦陷，民国政府西迁，《工程》停刊，后于 1939 年在重庆复刊。1940 年抗战最艰苦的时候，日军飞机对重庆实施大轰炸，印刷困难，1940 年 8 月 1 日第 13 卷第 4 期《工程》改由在香港出版，39 岁的沈怡再任总编辑。该期为学会 1939 年在昆明召开的年会特辑，刊登有蒋介石《中国工程师学会年会训词》。这一期沈怡特撰写了一篇“编辑者言”发表在卷首，称本刊“居然能于此时此地，以崭新之姿态与读者相见，足以象征抗战前途之日益有望”，他说，战后复兴建设，工程师的职责极为繁

① 沈怡 . 编辑者言 [J]. 工程，1932，7(1)：5.

② 同①。

③ 沈怡 . 编辑者言 [J]. 工程，1940，13(4)：1.

重，今后该刊将对战后复兴建设方案多作具体设想和建议，以助成战后建国大业，为此，该刊打算"介绍本国实际建设，使人人手此一编，即可了然于我国工程事业进步之概况，同时将宝贵经验介绍于工程界同人，尤其青年工程师"①。

四是 1936 年担任中国土木工程师学会总编辑，提出办刊为了联谊、公开会务，"砥砺奋发，趋于一致，更期于声应气求之中，收事半功倍之效"。

1937 年 5 月的《中国土木工程师学会会务月刊》创刊号上，会长和两位副会长各写了一篇"发刊词"。沈怡为副会长之一，并任总编辑，他在"发刊词"中写道："各同人以职务关系，多散处各地，使无记事述言之作，何以彰公仞之达意？昭同求之鹄的？同人等有鉴于此，爰有会报之刊行，举凡一切应兴应革，与夫会务之演进，胥予翔实记载。在使一般同人暸然于本会之动向，砥砺奋发，趋于一致，更期于声应气求之中，收事半功倍之效，然则是刊之辑，又不仅通消息泯隔阂已也。"②

五是担任中国市政工程学会第二任理事长，接续出版《市政工程年刊》，注重调查。

《市政工程年刊》由凌鸿勋担任第一届中国市政工程学会理事长时创办，于 1944 年出版了 1943 年第 1 期。沈怡担任第二任理事长后，1946 年出版了第 2 期。沈怡对年刊没有进行大的调整，"体例编纂，大都遵循前规"，但增加了栏目，"惟于原有各栏外，增多《调查报告》一栏"③。

沈怡不仅长期执掌上海市政规划建设，还是创办、担任总编辑或主持民国建筑期刊出版数量最多（5 种）、跨门类最多（政府机关刊、翻译类期刊、工程师学会会刊、土木工程学会会刊和市政工程年刊）的期刊出版人之一。对沈怡的期刊出版活动，还没有人关注和研究过，本书亦属抛砖引玉。

3）沈怡发表的著述

沈怡在同济大学读书时就开始在校刊上发表文章，如 1918 年在《同济》第 2 期发表《中国治国考略》，1921 年 7 月在《同济杂志》创刊号上发表《爱恩斯坦相对论浅说》（译作，连载）。在德国留学期间撰稿寄回来陆续在《同济杂志》刊登了《欧游随记》（连载）、《改革城市观》《战后德国的铁路事业》《伊斯兰整理中国地租计画》《德兰诗顿工大之河工实验室及其价值》《恩格司氏治理黄河之谈话》等文章。

---

① 沈怡. 编辑者言 [J]. 工程，1940，13（4）：1.

② 沈怡. 创刊词（三）[J]. 中国土木工程学会会务月刊，1937，1（1）：6.

③ 沈怡. 弁言 [J]. 市政工程年刊，1946（2）：1.

沈怡从 26 岁起担任上海市工务局局长达十年，此后也多数时间从政，抗战期间在甘肃任职时得以施展水利专业学问。沈怡的撰述著述，也正因为其不同角色的转换而丰富多彩。这表现在，他发表的文章涉及诸多领域，刊发其文章的期刊多种多样。

沈怡发表的文章，涉及其所学专业水利工程方面的内容，有《德兰诗顿工大之河工实验室及其价值》《黄河问题》《治理黄河之先决问题》《治理黄河之讨论》（系列）、《治理潜江县水患之商榷》《水灾与今后中国之水利问题》《防河与治河》《导淮与治黄》《科学与水灾》《黄河史料研究》《治河辨惑》《黄河与治乱关系》《与恩格思（斯）教授论治河书》《参加黄河试验之经过》《历代治河方法之研究》《全国水利建设纲领草案》《水利建设之方针》《一年来之甘肃水利建设》《西北水利问题》《透过了地方性的河西水利建设》等。

沈怡的其他著述，涉及范围较广，如：《铁筋土与近代建筑世界》《天然石的种类与功用》《恩司坦的新世界观》《理想的美术趋势》《气压造础法》《道路》《改革城市观》《战后德国之真相》《战后德国的铁路事业》《读书录》《欧游随纪》《欧游杂记》《飞机摄影测量术》《留学生应有的觉悟》《国际宣传之效力》《对于国内提倡共产主义之感想》《德美智大学及其学校生活》《东西民族之迁移与变化》《中国青年之责任》《儿童与公园》《妇女的缠胸》《欧游感想》《解惑与做人》《市中心区域建设计划》《美国道路事业观察谈》《德国之汽车路》《都市与防空》《警士对于工业方面应有的常识和责任》《都市分区之原则》《士农工商新说》《上海市政府之精神》《中国工业化之几个基本问题》《会哭的鱼》《工程师与地方古迹》《开发西北应有的认识》《中国工业化的捷径》《推行国民体育的方向》《动员物力与厉行节约》《现阶段之建设方针》《开辟政治区辨惑》《促进首都建设之基本条件》《由体育节想到学生健康》等。

沈怡在 40 余种期刊发表过文章、演讲词等，与李仪祉差不了多少。

4.2.3 留美归国代表

民国时期到美国留学的建筑工程专业留学生人数不少，以房屋建筑和铁路、土木工程专业为主。前者学成归来后大多开办或合伙开办或加入建筑师事务所，以建筑设计为职业。这些建筑师作为一个群体，大多把精力投入到了各种类型建筑工程的设计事务中，专注于建筑期刊出版的很少，这个群体在建筑期刊方面最大的贡献是创立中国建筑师学会、创办了《中国建筑》杂志，他们中的大多数人对建筑期刊的支持主要体现为提供建筑设计作品说明和设计图样、照片方面，著述并不多。毕业于宾夕法尼亚大学的梁思成、林徽因夫妇则是专门从事建筑特别是中国古建筑学术研究并撰写学术论文发表于期刊的代表性人物。

留美学习铁路、土木工程并对民国时期建筑期刊方面有所贡献的建筑期刊人比较多一些，其中康奈尔大学毕业生最多，包括茅以升、杜镇远、张含英、汪胡桢、李书田、赵祖康等。此外，哥伦比亚大学的有凌鸿勋；加利福尼亚大学伯克利分校的有林同棪。耶鲁大学毕业的王正廷博士赴美时间比他们都早，所学并非土木工程类专业，却创办了一份公路工程期刊《道路月刊》，并任社长时间长达近 15 年之久。

1. 王正廷

王正廷（1882—1961），字儒堂，浙江奉化人。

王正廷像

原载《市民公报》
1921 年第 1 期

1896 年，王正廷考入天津北洋西学堂二等（预科），后升入头等（本科）。1907 年赴美国留学，先入密执安大学，次年转入耶鲁大学文科研究院，获耶鲁大学博士学位。王正廷是中国近现代史上的外交家、社会活动家，两次率中国代表团参加奥运会，有"中国奥运之父"美誉。曾短暂代理过北洋政府国务总理，并历任副议长、代理议长及北洋政府的鲁案善后事宜督办、关税特别会议筹备处处长、外交总长、财政总长兼盐务督办，南京民国政府的外交部长、驻美大使等职。

1）王正廷的办刊经历

王正廷曾经担任协会、保险公司、大学等多个社会组织的会长、董事长、校长等职，这些组织分别创办了各自的期刊。

王正廷曾先后为多种期刊撰写序言、弁言或题写刊名。如：王正廷和蔡元培为 1917 年《菲律宾华侨教育丛刊》第一集撰写序言；王正廷为 1929 年 6 月创刊的《体育杂志》题写刊名。

1922 年 3 月，王正廷被任命为鲁案善后督办，1922 年 6 月，督办鲁案善后事宜公署刊行出版了《鲁案善后月报》，创刊号卷首刊登了王正廷撰写的《鲁案善后月报宣言》。

1921 年，王正廷倡议成立中华全国道路建设协会并任会长，1922 年 3 月，会刊

王正廷创办撰写发刊词（序言）的部分期刊

《道路月刊》正式创办，王正廷担任社长，并为之题写刊名、撰写"发刊词"。王正廷除了因为督办鲁案及此后出任外交总长分身乏术、短时间内任名誉会长之外，其余时间他都作为正会长兼任《道路月刊》社长。

1933 年，王正廷担任金星人寿保险有限公司董事长，公司创办了《甲子年刊》，王正廷为之撰写了"发刊词"。

1935 年 1 月，张伯苓任会长、王正廷任主席董事，朱家骅、吴铁城分别任副会长的中华全国体育协进会创办《体育季刊》，王正廷题写刊名并撰写"发刊词"。

1941 年 1 月 1 日，王正廷任会长、杜月笙为副会长的中国红十字会创办出版了《中国红十字会会务通讯》月刊，王正廷题写刊名并撰写"发刊词"。

1948 年 11 月 1 日，中国大学《中大半月刊》创刊，从 20 来年前就挂名该校校长的王正廷为之撰写了"弁言"。

王正廷热心期刊出版事业。但王正廷对于其他期刊都没有亲自担任期刊责任人，这么多期刊中，他只选择了担任《道路月刊》这一种期刊的社长一职，且时间长达近 15 年，是民国时期建筑期刊中任职社长时间最长的期刊出版发行人。

下面主要研究王正廷出版发行《道路月刊》方面的思路和做法。

2）王正廷的办刊思路

王正廷活跃于外交和体育、人寿保险、教育、慈善、红十字会等各界，写过的文章或者发表的演说也大都围绕他的这些工作或相关社会活动展开。他没有系统地阐述过其办刊思想，即便是为各刊撰写"发刊词"或者"序""弁言"，也较少谈及具体的办刊和编辑事务。如《道路月刊》创刊时，王正廷为之题写刊名，并撰写了《中华全国道路建设协会月刊发刊词》，涉及办刊方面的，一是强调宣传的重要性，"言论者，事实之母。西人云，一纸新闻胜十万毛瑟"；二是讲到《道路月刊》的内容，"凡关于

王正廷为《道路月刊》撰写的
"发刊词"

治路论说、地图、工程、测量、调查、记事、章程等，均汇而编之"。

王正廷并不实际参与《道路月刊》具体办刊事务。他主要依靠比较健全的办刊组织架构和得力的专业办刊人员来完成《道路月刊》的编辑出版事务。

一是搭建了对于保证《道路月刊》正常出版颇为实用且效率很高的组织架构。

王正廷搭建了一套由名誉职务人员和实际运作人员构成的编辑出版组织架构。早期在名誉职务方面设有名誉总编撰、名誉编撰、名誉撰述等，实际运作层面设有社长、主笔、编辑、校对、发行等各个岗位，这就形成了能够保障月刊正常出版的比较健全的组织体系。后来，增加了译著人员，增设了名誉社长、名誉副社长等。由刊物的主要作者构成的名誉撰述人员名单也越来越长。此外还增设了校阅，以提高刊物编辑出版质量。这就更加健全了编辑出版组织机构，充实了主要作者和编校力量，保证了出版质量。

二是慧眼识才，用人不疑，保持了十分稳定的办刊主干力量。

王正廷物色了此前在广州护法军政府的同事吴山出任协会总干事，并委其为《道路月刊》主笔。这是王正廷慧眼识英才的重要举措，此后无论是协会的运作、发展、壮大，还是《道路月刊》的正常运行、蒸蒸日上，吴山都发挥了重要作用。此外，从1922年6月第2卷第1期开始，《道路月刊》就拥有了一个长期的编辑骨干陆杰夫，即陆丹林。吴山、陆丹林对于《道路月刊》的贡献前文已论述，此处不再重复。

正是因为有了这样长期稳定、专业素养很高的办刊骨干力量，才保证了《道路月刊》持续稳定出版了15年。这是王正廷作为《道路月刊》社长用人不疑、用人得当、用人放手的最好印证和所取得的最佳结果。

三是充分利用自身活动能力扩大《道路月刊》社会影响。

王正廷结合协会每年开展的集中征集会员大会和由此设立的每届协会名誉会长、名誉副会长、名誉董事及名誉征集总队长等名誉职务，为协会和《道路月刊》大造声势、扩大社会影响。当时的政界军界和社会名流，如曾担任过北洋政府时期国务总理一职的熊希龄、许世英、黄郛、唐绍仪等，军界如冯玉祥、阎锡山、吴佩孚、孙传芳、唐继尧、卢永祥、张学良、齐燮元、刘湘、杨森等，社会名流如张謇、蔡元培、于右任等，南京民国政府时期的政府和军界高层如蒋介石、谭延闿、孔祥熙、宋子文、张继、孙科、李宗仁、李烈钧、张人杰等都担任了协会的各种名誉职务，蒋介石还担任过 4 届名誉会长和 1 届名誉征求会员总队长。

能运作这么多政界军界高层出任协会名誉职务，体现了王正廷超强的社会活动能力。此外，《道路月刊》的封面刊名从创刊时就采取了由名人题写的形式，王正廷题写的刊名沿用几期之后，便由这些担任了协会名誉职务，以及虽未担任名誉职务但热心支持月刊的政界、军界、文化界、书画界、教育界共计 110 余位要人、名人为《道路月刊》题写刊名，这也是只有王正廷首肯、支持和运作才能促成的事情。

图为黄宾虹题写的刊名

四是大力组织开展征集会员活动和收取会费活动，保障《道路月刊》的正常出版。

据统计，《道路月刊》1921 年到 1929 年的发行和广告收入合计为 18 147 元，同期印刷费用则为 22 389 元，处于入不敷出的状态，若加上办刊人员薪金和办公费用，亏空就更大了。

对此，协会主要通过每年定期召开征集会员大会，广泛发动征集会员竞赛，通过收取会员会费解决经费问题。每当活动开展时，王正廷都会率领副会长等具名发动，他自己也曾经在征集会员竞赛中成绩名列前茅。在上述统计时间里，协会总计征集会费收入为 114 604 元，加上月刊收入、出版丛刊和全书等衍生出版物的收入，协会的总收入为 148 591 元，同期协会总支出为 118 018 元，收支相抵，结余 30 573 元，不但完全保证了《道路月刊》的正常出版，也保障了道路建设协会的正常运转。

作为《道路月刊》社长，王正廷不是道路建设方面的专家，不像李仪祉属于专家办刊，学术水平高、著述颇丰。王正廷对于《道路月刊》的作用体现在以其较强的社会活动能力，为《道路月刊》出版发行建架构、揽人才、造声势、扩影响、聚财力、保稳定、促发展。

3）王正廷发表的文章

王正廷从事外交和社会活动多年，发表的各类文章、演讲，大多涉及外交事务和社会活动，发表的刊物和数量大致有《新纪元周报》15 篇、《鲁案善后月报》3 篇、《民国周报》3篇、《中央周报》11篇、《禁烟公报》2篇、《青年进步》4篇、《上海青年（上海1902）》4篇、《时事月报》4篇、《勤奋体育月报》3篇等，文章篇目如《总理奉安与外交》《废除不平等条约之真义与今后之努力》《外交胜利全靠国民的实力》《鸦片外交的关系》《取消领事裁判权之要旨》《撤废领事裁判权之过去及未来》《中国在国际上应有之地位》《体育救国》《第二次世界大战与中国外交》。

王正廷发表有关道路建设的文章，数量不多，主要集中在自己当社长的《道路月刊》上，计有7篇，如《建设道路之必要》《工程：最新道路建筑法》《菲律宾群岛之道路：王正廷游菲之调查》《中国公路建筑之进步》《道路与工业之关系》《民廿四年我们应做的几件事》等。

2. 凌鸿勋

凌鸿勋（1894—1981），字竹铭，生于广州。

凌鸿勋像

原载《铁展》1934年第2期

凌鸿勋1915年毕业于上海工业专门学校（1910年入学时该校名为上海高等实业学堂）。他1910年去该校上学时基础不佳，先在中学补读了一年，再进校，先选铁路科，没见过铁路火车是啥样，很快又改为土木科。他立志学习，"志气之坚毅，已如泰山之不可移，居校读书，常三阅月不到城市，计在校五年中，未尝请一小时假"，在校10个学期里成绩优异，学费只收一半、购书享受半价优惠，省里每年支付的200元官费，除了学校费用外，"连每年返里一次之旅费，尚绰有余裕也"①。

凌鸿勋毕业后赴美，在美国桥梁公司实习并在哥伦比亚大学进修。在美期间，凌鸿勋是留美南洋公学同学会书记，会中有留学生如哈佛大学赵元任、哥伦比亚大学张光圻和蒋梦麟、麻省理工学院薛次莘及在美国公司实习的陈体诚等。凌鸿勋1918年回国，在大学执教并任交通大学校长。后任京奉铁路工务员、交通部路政司考工科技士、京汉路黄河新大桥筹备会工程师、交通部技正，1922年任交通部南洋大学工科教授、1924年任校长，1927年赴广西梧州市任工务局长，1929年铁道部邀请其担任粤滇线测量队总工程司，后中断，被铁道部派往陇海铁路，任工程局局长，1931年任潼西段工程局局长，1932年

① 铁路专家凌鸿勋自述 [J]. 教育与职业，1934（155）：285-287.

奉调广州任粤汉铁路株韶段工程局局长。后任交通部次长、代理部长等职。抗战前和抗战中，他长期主持诸多重要铁路干线的修建工作及西北西南各省筑路工程，为詹天佑之后国人自己修建重要铁路的又一代表性人物。1948 年后凌鸿勋去了台湾。

1）凌鸿勋的办刊经历

凌鸿勋一生从事土木工程，主要是铁路工程教学和铁路工程修筑。凌鸿勋任过多个铁路工程局局长。和李仪祉一样，凌鸿勋差不多每到一处任职就创办一份建筑期刊，如《陇海铁路西潼工程月刊》（1931 年）、《粤汉铁路株韶段工程月刊》（1933 年）、《粤汉月刊》（1936）、《宝天路刊》（1942 年），1944 年任中国市政工程学会第一任理事长时创办《市政工程年刊》，与李仪祉、沈怡同为民国时期创办、主办建筑期刊最多的人之一。凌鸿勋另有多部专著，如《铁路工程学》《桥梁学》等。

1931 年，凌鸿勋任陇海铁路潼西段工程局局长兼总工程司，创办了《陇海铁路西潼工程月刊》。目前国家图书馆藏有 1932 年第 2 卷第 1～10 期，上海图书馆只藏有第 2 卷第 9 期，1931 年的期刊无存，该刊准确创刊时间不详。

凌鸿勋 1932 年从陇海铁路西潼段（西安—潼关）工程管理局任上回到故乡广东，就任粤汉铁路株韶段工程局长兼总工程司，1933 年 1 月创刊出版《粤汉铁路株韶段工程月刊》，1936 年 1 月起到年底停刊之间改名《工程月刊》。

1936 年 5 月 29 日，凌鸿勋被任命为兼代粤汉铁路湘鄂段管理局局长。1937 年 2 月，该局创办的《粤汉半月刊》正式出版第 1 卷第 1、2 合期，凌鸿勋题写刊名，当期开篇刊发了凌鸿勋的《粤汉铁路通车后之情况及整理之步骤》。与此同时，1932 年创刊的《铁路旬刊·粤汉湘鄂线》停刊。

1942 年，凌鸿勋任交通部宝天铁路工程局局长，复工赶修宝鸡到天水的铁路。10 月 15 日，该局《宝天路刊》创刊，第一篇刊发了凌鸿勋的《宝天铁路赶工应有之认识》，论述赶修宝天铁路的意义，以此动员员工。

1943 年 9 月 21 日，中国市政工程学会在重庆两路口正式成立，凌鸿勋被选举为第一届理事长。当年 11 月 30 日，第四次理监事联席会议决定出版本会刊物，分为年刊和专刊两类，先着手编印年刊，编印方面江西条件比重庆好，决定由江西分会负责编纂印刷，几经两地沟通协调，1944 年 5 月，《市政工程年刊》正式面世 [①]。年刊标注了凌鸿勋为该刊发行人。凌鸿勋为该刊撰写了"发刊词"。

---

① 过守正. 编校后记 [J]. 市政工程年刊，1943（第一次）：156.

2）凌鸿勋的办刊思路

凌鸿勋也没有专门撰写过办刊方面的文章。他只在 1933 年为《粤汉铁路株韶段工程月刊》撰写过类似发刊词的"弁言"、1944 年为《市政工程年刊》撰写过"发刊词"。

综合分析凌鸿勋的办刊思路，主要是以工程实录为重，力避官样文章，同时任职不同机构时办刊侧重点各有不同。

一是任铁路工程局长时出版刊物侧重于工程项目的修建过程实录及工程实施中需要研讨的内容。

凌鸿勋在《粤汉铁路株韶段工程月刊》的"弁言"中说，粤汉路株韶段工程局自成立以来，一直没有出版过公报之类的出版物。过去员工多致全力于工事，对文字记载宣传无暇顾及。近来铁道部对于本路统筹经费限期告成，由此，国内人士的视线全都集中在本路的建设上，本局所负使命既重且大，而"所受各方之责望亦尤为殷切"，因此，本路所有工程建筑情形、经过以及以后的计划，"亟宜发为记述，以备关心路政者之参考"，"今后工事设施更宜公之于世，兹由二十二年（注：即 1933 年）一月份起特按月编印月刊一册。将此后工作状况以及关于技术上有待考量讨论之资料与各项插图，均择要刊入，尤其对实施方面更求详尽。较之专事登载政令法规、只作公报体例观者，其用意固不尽同也。"[①]

从这篇"弁言"看，凌鸿勋办刊，要求与一般的专门刊登政令法规的公报性质的刊物不同，内容上粤汉铁路株韶段的"所有工程建筑情形与其进行经过、以后计划"，都需要记录下来，将工作状况、技术上有待研究考量的资料、各种设计图、照片等，刊登在月刊上，尤其"对实施方面更求详尽"。

由此观之，虽然是自己局里的刊物，但凌鸿勋对期刊看重的不是局令下达、公文刊布，而是对业务核心即铁路工程建设本身进行记录、宣传、探讨。

从该刊第 1 期来看，凌鸿勋的"弁言"之后，是"图画"专栏，刊登的照片都是铁路工程一线，内容有粤汉铁路株韶分段路线略图、高廉村隧道、韶州大桥架桥工作、皇岗桥及大旗岭架桥、开山、铺轨等施工场景；其后的栏目为"工程纪要"，以《绍乐总段工程进行情形》为总题，下面分别记录土石方工程、桥梁工程、钢筋混凝土及涵洞管渠工程、铺轨工程等的工程施工详情（内文与目录标题稍有不同）。"行政纪要""法规""专载""附录"等栏目放在后面。"行政纪要"栏目里有关施工材料、

---

① 凌鸿勋. 弁言 [J]. 粤汉铁路株韶段工程月刊，1933（1）：卷首页.

设备、工程预算暨工程施工中的往来函件等占了多数。"专载"栏目以近两个月来局里和野外的工程计划进行状况、下辖各段工作状况、后续工程测量工作等为主。从栏目放置顺序和内容来看，确实体现了凌鸿勋办刊以工程实录为重的指导思想。

凌鸿勋之前担任陇海铁路西潼段工程局局长创办的《陇海铁路潼西段工程月刊》，其栏目也按照"图画""工程纪要""行政纪要""法规""专载"设置，各栏目内容同样以工程进行状况为主。可见，凌鸿勋的此种办刊理念是一脉相承的。

二是任铁路管理局局长时出版刊物以相关学术研究论文为重。

凌鸿勋任粤汉铁路管理局局长后，对局里原来的公务性质期刊《铁路旬刊·粤汉湘鄂线》进行了调整，"本路刊物，除株韶工程月刊继续刊行外，关于全路事务记载只有旬刊一种，出版既迟缓，取材亦欠精彩。半载以还，路务粗定，为应事实需要起见，爰于二十六年一月起，将原有之旬刊改为三日刊及月刊两种，以期一切路政，得以分别尽量宣传"。按照凌鸿勋之前办刊的思路，该局"三日刊发行以来，编者力避公报式之官样文章"，但篇幅较小，"仅能专载各种简短消息及普通转承文件"，因此，《粤汉半月刊》(后改为《粤汉月刊》)便主要刊登有关学术研究性质的文章，如本路内外各项建设计划及经过情形，与铁道交通有关的论文、著述等 [1]。

三是抗战中任职交通部宝天铁路工程局局长，在艰苦条件下创办《宝天路刊》，更加重视实用性。

抗战中，凌鸿勋受命复工赶修宝天铁路，各方面条件都比较艰苦。凌鸿勋认为，"国家在此财政万难之际，铁路建设，动需万万，在铁路之建筑，物质上固富于硬性面少能伸缩"，"良以节省一分之财力，即减少国家一分之负担，亦即增加国家一分之抗战力量"，"铁路建设费用，近年来已居国家支出预算之一重要地位，宝天预算尤为首屈一指，国家既不惜重大代价，以期此路之完成，则吾人对于一切款项之支出，应如何慎重从事" [2]。凌鸿勋这样的工程专家出身的局长，在各方面更是精打细算。

由此，1942 年出版的《宝天路刊》，页面减少了很多，每期只有 16 页，也不单独设置封面封底页了。内容上，《宝天路刊》没有再延续凌鸿勋以前的办刊思路，图片基本没有了，行政纪要、法规等内容基本不刊登了。该刊最后两期页面稍有增加，多的一期有 26 页。

① 杨裕芬.卷头语 [J].粤汉半月刊，1937(1/2)：目录前页.

② 凌鸿勋.宝天铁路赶工应有之认识 [J].宝天路刊，1942(1)：1.

四是 1943 年创办学会刊物时注重研究探讨，以供当局学习和研究参考。

1943 年，中国市政工程学会成立后决定出版《市政工程年刊》，栏目方面设立了"论著""计划""会务""转载""附录"等。

作为理事长、年刊发行人，凌鸿勋认为，我国新兴市政事业，正在萌芽茁长之时，"而敌人挟其暴力任意摧残，沿海各城市之沦陷者无论已，即腹地都市，亦历经敌人之空中蹂躏"，这些，"固市政之浩劫，然亦新市政勃兴之时机"。现抗战胜利在望，今后各地城市"应如何复兴改造除旧布新，并依据抗战之经验，建国之需要，以建设新时代之市政，配合国家之一切进步，任务之艰巨，实不可思议。同人既组市政工程学会，复征集各项资料，与同人研究所得，汇为年刊，以供于世，倘有助于市政建设之前途，与市政当局及学者研究之参考，则为幸甚矣。"①明确年刊刊登同人的研究所得，以供当局及学者研究参考。

凌鸿勋以铁路专家和铁路工程局局长身份创办多种铁路工程建设刊物，跟铁路管理局的刊物不同，他强调记录和研究探讨工程实务，强调刊物的实用价值和参考价值。

3）凌鸿勋发表的著述

凌鸿勋民国时期发表的专业著述，以其主管负责的铁路工程方面的情况综述等为主，如《粤汉铁路株韶段工程月刊》发表了 12 篇、《宝天路刊》发表 6 篇、《粤汉半月刊》发表 3 篇。此外，在《工程·中国工程学会会刊》发表了 20 篇论著，涉及的工程建设领域较广，有铁路、工程教育、电力厂、交通建设、孙中山陵墓图案、自来水供给计划、市政工程、砖头试验等，他还在该刊上发表《工程史料编纂委员会重要文献：李仪祉先生传略》（1942 年 15 卷 1 期）。其他的文章主要发表在《铁路杂志》（3 篇）、《道路月刊》（2 篇）、《旅行杂志》（5 篇）、《工程周刊》（5 篇）、《湘桂黔旬刊》（3 篇）上。其代表性著述有发表在中国工程学会会刊《工程》上的《雷峰塔砖头实验报告》《砖头墩子挤压试验》《孙中山先生陵墓图案评判报告》《工程教育调查统计之研究》《梧州市市政工程现在之概况》《梧州市自来水供给计划及预算》《陇海铁路建设概要及新工进行状况》；发表在《粤汉铁路株韶段工程月刊》的《粤汉铁路湘南粤北路线之研究》《粤汉铁路株韶段工程概要》《株乐段土石方工程统计及分析》等；发表于《铁路协会会报》的有《中国铁路之观察》《英伦海峡隧道计画之复活》《中国之铁路桥梁：美国华特尔博士在铁路协会讲演》等；在《宝天路刊》发表的有《宝天铁路赶工

---

① 凌鸿勋. 我国新兴市政事业 [J]. 市政工程年刊，1943（第一次）：1.

应有之认识》《由左宗棠平定新疆说到甘新铁路之兴筑》《宝天铁路征工之意义》《扩展天水市区之拟议》《八十年来之中国铁路》等。

3. 茅以升

茅以升（1896—1989），字唐臣，江苏镇江人。

1916 年毕业于交通部唐山工业专门学校，随即参加清华留美官费研究生考试，考入美国康奈尔大学攻读桥梁专业，1917 年获硕士学位，1919 年获卡耐基理工学院（今卡耐基梅隆大学）博士学位，成为该校第一位工科博士。

1946 年，徐盈撰写系列著作《当代中国实业人物志》，第二十五篇专门写茅以升，文中说："早在三十年前，茅以升工程师还在唐山交大工科读书，这位土木系三年级生的天才已在各种学科上洋溢着。他二十岁的一年，发现了一条计算结构次应力的重要定律，写成论文送到美国土木工程学会，国际上便在惊叹之中，承认了这是一条定律。茅以升留美在康奈尔及加利基两大学研究，得土木工程博士学位，民国九年（1920 年）返国。"[①]

茅以升像
原载《天津商报画刊》
1932 年第 6 卷第 8 期

茅以升回国后，到 1930 年，历任交通大学唐山学校教授、副主任，东南大学教授、工科主任，南京河海工科大学校长，交通部唐山大学校长，北洋工学院院长、北洋大学校长。1930 年至 1931 年任江苏水利局局长，1934 年至 1937 年任浙江省钱塘江桥工程处处长（挂此职到 1949 年），在自然条件比较复杂的钱塘江上主持设计、组织修建了双层公路铁路两用钱塘江大桥，大桥于 1937 年 9 月 26 日建成通车，这是中国人自己设计和施工的第一座现代钢铁大桥。1937 年 12 月 23 日，为了阻止日军攻打杭州，茅以升亲自参与了炸桥，抗日战争胜利以后，茅以升又受命组织修复大桥，1948 年 3 月，大桥修复通车。1937 年至 1942 年，茅以升任国立交通大学唐山工程学院代院长、院长，1942 年至 1943 年任交通部桥梁设计工程处处长，1943 年至 1949 年任中国桥梁公司总经理。1943 年当选中华民国教育部部聘教授，1947 年任粤汉铁路局副局长，1948 年当选中央研究院院士，1949 年任由母校唐山工学院（今西南交通大学）和北平铁道管理学院（今北京交通大学）组建的中国交通大学（1950 年改称北方交通大学）校长。

---

① 徐盈. 茅以升：当代中国实业人物志之二十五 [J]. 新中华，1946，复 4（24）：59-60.

茅以升 1954 年曾经在任职中国土木工程学会第一届理事会理事长时，创办《土木工程学报》并为之撰写发刊词。但民国时期他并未专门办刊。1949 年 3 月 6 日，中国科学期刊协会在中国科学社召开第二届年会，茅以升发表演讲。他说，科学期刊的最大困难，在于读者人数不多，科学期刊更需要深入民间。他认为，科学知识的灌输和普及，单靠科学期刊是不够的，一定要利用种种工具，如广播、电影、讲座等配合起来提高大家对科学的认识，然后期刊的需求就会增加，期刊的使命也就能达到了[①]。他对中国的科学期刊寄予了三点希望：一是主持科学刊物的人至少其中有一个是愿意终身从事该工作，并把该刊物当作自己的生命一样爱护；二是一门学科以出一种刊物为原则，每一种刊物必须有自己的特色；三是尽量采用统一的标准名词，便利读者[②]。茅以升的上述看法，代表了他的办刊理念，虽然是对广泛的科技期刊而言，对建筑期刊也切中肯綮。

茅以升民国时期在《东方杂志》《中国工程学会会报》《科学》《工程：中国工程学会会刊》《交大土木》《工程界》《土木》《科学画报》《浙江建设月刊》《港工》《交通杂志》《西南实业通讯》等期刊发表了一些专业论著，如《中国圆周率略史》《西洋圆周率略史》《螺旋铁路之新测》《铁骨凝土营造法式》《民国二十年运河防汛纪略》《土压新论》《工程教育之研究》《钱塘江桥一年来施工之经过》《钱塘江建桥筹备之经过》《钱塘江桥设计及筹备纪略》《钱塘江桥之兴建》《桥梁设计工程处之任务》《中国的都市桥梁》《三十年来之中国工程》《南京下关第三号码头视察报告书》《科技工作者的共同"纲领"》等。

4. 杜镇远

杜镇远（1889—1961），字建勋，湖北秭归人，13 岁时随父亲杜吉甫到四川江北（今重庆渝北），故当时交通部唐山学院的同学录上记录他是四川江北人。杜镇远先考入成都的四川铁路学校，后又考进唐山路矿学堂，专攻土木工程，1914 年毕业，派任陆军部修浚宜渝险滩任测量队长，没多久受聘大川轮船副船长，整理长江上游航道，待遇优厚，后辞去此职继续追求铁路事业，到京奉铁路实习。1919 年受叶恭绰遴选赴美国实习，入康奈尔大学土木工程科，1922 年获硕士学位，毕业后在美国铁路公司工作，1924 年，奉交通部令考察欧美各国铁路工程及材料，1926 年回国，任

① 茅以升勉科学期刊深入民间 [N]. 技协，1949-03-28（2）.
② 方柏容. 响应茅以升先生对科学刊物的主张 [J]. 纺织建设月刊，1949，2（4）：6.

京奉铁路京榆号志总段工程司，南京民国政府成立，任建设委员会土木专门委员。

杜镇远像
原载《浙赣路讯画刊》
1948 年第 14 期

杜镇远曾自述"自幼立志献身铁路事业，所学为铁路，致力亦在铁路"，"计筑铁路三，修复铁路，一共长三千六百余公里；新筑公路一，计长六百公里"。1929 年 6 月，杜镇远任杭江铁路工程局局长兼总工程师，克服杭江铁路建设财力不足的困难，"立定脚跟不屈不挫"，1933 年冬，杭江铁路通车。1934 年 5 月，杜镇远任浙赣铁路局局长，1937 年 9 月，全线长 1008 公里的浙赣铁路竣工。浙赣全线贯通，向前方输送了大批兵员物资，大大缓和了当时全国紧急垂危的形势。杜镇远为修建这些铁路前后"费时近十年"，"因积劳成疾，几致不起，经年余之修养，始告痊可"。

杜镇远在抗战时期多次临危受命赶修铁路公路，堪称"救火队长""拼命三郎"。

1937 年 7 月，抗日战争全面爆发，杜镇远临危受命，任湘桂铁路工程局局长，修建衡阳至桂林的湘桂铁路，限期完成。该铁路当年 9 月开工，1940 年 10 月全线通车，"平均每日筑一公里，打破铁路施工记录，从此树民工筑路之先声，并显示吾民族力量之伟大"。京沪杭沦陷前后，杜镇远受派回浙赣调度，昼夜强运军工器材、难民、物资等，"卒能全部运光，一无委弃"。后日寇沿铁路入侵，杜镇远受命对浙赣铁路"爆破拆毁"，"十年心血付诸东流，其凄怆惨淡之心情，至今不忍卒述"。1939 年，国民政府急调杜镇远任滇缅铁路局局长赶修滇缅铁路，"动员数万，费时三载，深入不毛，备尝艰苦"，"终因太平洋战争爆发，越南缅甸相继陷入敌手"，国外器材无法运进，"虽路基土石方已大致完成，而大桥未架，轨道未敷，功亏一篑，良深慨叹"。紧接着，杜镇远又奉命修中印公路，差点被日寇所房。1940 年 11 月，杜镇远受命赶修西祥公路，"移调滇缅铁路大半员工，并商请政府征用民夫，昼夜赶路"，不到半年就告通车，"为公路工程创一奇迹"。1942 年，杜镇远调任粤汉铁路局局长，当时抗战形势急如星火，杜镇远四方奔波，组织军运，"三战皆捷"，"军事首长每以运输得力奖勉全路员工"[①]。

"近五十年的中国工程师，算起来人数诚不为少，其间能独树一帜、创造环境，

① 杜镇远先生自传 [J]. 峡江涛，1947，1（1）：12-13.

识人之所不识，能人之所不能的，自詹天佑先生而后，杜镇远可算得一时的风云人物了。"[1]

杜镇远对民国时期建筑期刊的贡献，表现为：

1933 年创办《杭江铁路月刊》；1934 年，《杭江铁路月刊》更名为《浙赣铁路月刊》延续出版；1940 年，杜镇远在修筑滇缅铁路时创办了《滇缅铁路月刊》；任粤汉铁路局长时，于 1946 年 7 月 1 日复刊凌鸿勋时期的《粤汉半月刊》，复刊第 1 期为"复路通车纪念专号"。

杜镇远为抗战中承担特殊使命创办的《滇缅铁路月刊》创刊号和抗战胜利后复刊的《粤汉半月刊》"复路通车纪念专号"都撰写了发刊词。在前一篇发刊词中，杜镇远指出办刊目的是"检讨既往""策励将来""通内外之情""收联系之效"，强调借刊物之力，鼓励全体员工精诚努力，以打通国际路线，增加抗战力量，开发西南富源，奠定复兴基础[2]。在后一篇发刊词中因抗战胜利带来的喜悦溢于言表，他回忆1936 年粤汉铁路全线通车以后，粤汉铁路局就办了三日刊、周刊，办刊未曾中辍，日寇侵入后不得不停刊，但薪火未灭，在辗转贵阳汝城等地时曾发行临时刊物，但限于条件难免不复旧日之观。抗战胜利后，6 个月就将遭受严重破坏的 1000 多公里粤汉铁路修复，1946 年 7 月 1 日举行了全线通车典礼。借此时机，在不事铺张的原则下恢复刊物出版半月刊，发行该专号以纪念其事。杜镇远认为，"上情不能下通，谓之塞，下情不能上达，谓之壅"，该刊"绝而复续，终而复始，不独为本路复路通车志庆，且将以之沟通内外工作之情形，促进路务之发展，检讨过去策励将来，胥赖乎是"，他希望全体员工，"一本过去精神，对于本刊特加爱护，精益求精，勿使废坠"[3]。

沟通内外、促进发展、检讨过去、策励将来，展现出杜镇远的办刊思路是一以贯之的。

抗战中，中国工程师学会衡阳分会成立，衡阳沦陷后，分会会务中断，抗战胜利后于 1946 年 12 月恢复活动。1948 年元旦，分会举行年会，改选职员，杜镇远担任会长，于当年 6 月 1 日出版了年会论文专辑《中国工程师学会衡阳分会年会特刊·工

---

① 公诚.一位划时代的工程师：介绍铁路界闻人杜镇远校友 [J].唐院季刊，1948（1）：4.

② 杜镇远.发刊词 [J].滇缅铁路月刊，1940（1）：1-2.

③ 杜镇远.发刊词 [J].粤汉半月刊，1946（1 复路通车纪念专号）：1.

程》，杜镇远撰写了发刊词《自助天助——自进步中求安定，从建设里谋统一》，"自进步中求安定，从建设里谋统一"成为该特刊封面的宣传语。

杜镇远在建筑期刊发表的文章大多为铁路工程综述性质的内容或演讲词，主要发表在《铁路公报·京沪沪杭甬线》《时事新报·建设特刊》《铁路月刊·平汉线》《杭江铁路月刊》《土木工程》《浙江省建设月刊》《科学的中国》《浙赣铁路月刊》《铁道半月刊》《抗战与交通》《滇缅铁路月刊》《川康建设》《交通建设》《粤汉半月刊》《峡江涛》《工程》《工程：中国工程学会会刊》等期刊，代表性著作如《建设展览会在建设上居最重要地位之我见》《最近之将来：杭州市之发展希望》《杭江铁路之原起及经过工作之报告》《杭江铁路工程报告》《杭江铁路设施与国有铁路歧异之点》《杭江铁路》《杭江铁路之计划完成与其前途发展之希望》《今后之杭江铁路》《发展铁路业务与健全管理的几个问题》《浙赣铁路之完成》《浙赣铁路防止行车事变之回顾》《抗战中诞生之滇缅铁路》《抗战以来之浙赣铁路》《建筑成都乐山铁路缘起及计划》《在成长中的粤汉路》《报告：粤汉铁路修复之近状》《职教与路政》《自助天助》等。

5. 张含英

张含英（1900—2002），字华甫，山东菏泽人。1918年考入北洋大学土木工程系，1919年因参加五四运动被开除，转入北京大学物理系，1921年考取山东省官费留学备取生，赴美国伊利诺伊大学土木系半工半读，1924年入康奈尔大学研究院，1925年获土木工程硕士学位。

张含英1925年回国，先后在菏泽中学、青岛大学、山东省建设厅、葫芦岛港务局、山东省教育厅、华北水利委员会等单位任职。他配合李仪祉倡导科学治河，为传统经验与近代科学相结合开创了新路。抗日战争期间，张含英辗转于四川、广西、陕西之间。1941—1943年出任黄河水利委员会委员长。1945年率团赴美考察水利。1948—1949年，张含英出任北洋大学校长。1950—1979年，张含英任中华人民共和国水利部、水利电力部副部长并兼任部技术委员会主任30年，直接参与了当时中国水利建设的各项重大决策。

民国时期，张含英在期刊上发表的主要论著有《李生屯黄河决口调查记》《葫芦岛筑港之过去》《论治黄》《论治河》《论排水》《论水力》《论灌溉》《黄河泥沙免除之管见》《北方大港测量报告》《治理山东河道刍议》《黄河流域之土壤及其冲积》《水道横切面大小之讨论》《工程教育管见》《河海测量指导》《五十年黄河话沧桑》《河中泥沙之研究》《黄河改道之原因》《视察河北省黄河堤段工程报告》《黄河河口整理及其在工程上经济上之重要》《密西西比河试用之两种新式护岸工程》《视察河北省黄河堤段工程报告》《考察美国水利报告》《灵渠及湘漓之文献》《防洪方略》《黄河问题》《黄河治理纲要》《黄河上的曙光》《纪念大禹》《治水方略之新动向》《黄河水之利用》《我对治黄河之基本看法》《河患的成因》《论三峡工程研究之停顿》等。

6. 汪胡桢

汪胡桢（1897—1989），字干夫，号容盦，浙江嘉兴人。

汪胡桢是李仪祉的学生，跟李仪祉一样，他也把自己的一生都奉献给了我国水利工程事业，在水利工程勘察、水利工程规划设计和施工、水利工程教育等领域奋斗了一辈子，成就卓著。

汪胡桢1917年于南京河海工程专门学校第一届特科班毕业后，进入北京全国水利局工作，1920年回母校南京河海工程专门学校任教，并协助李协从事《河海月刊》编辑工作。1922年应考南洋兄弟烟草（简氏）公司赞助留美学生被录取，前往美国康奈尔大学研究院水力发电工程专业学习，获土木工程硕士学位，1924年回国再到已经升格为南京河海工科大学的母校任教。

汪胡桢1927年任太湖流域水利处总工程师，1929年被国民政府导淮委员会聘为工务处技正兼工程师，1930年任导淮委员会工程处设计主任工程师，完成《导淮工程计划》，设计邵伯、淮阴、刘老涧3个船闸。1931年中国水利工程学会成立，汪胡桢被选为理事兼出版委员会主席委员，主编《水利》月刊。1934年受聘整理运河总工程师，经一年半查勘后于1935年完成《整理运河工程计划》。1936年任全国经济委员会水利技正。抗战爆发后汪胡桢到了上海英租界，与其他学者一起翻译出版系列学术丛书如《实用土木工程学》丛书、《水利工程学》及编辑出版《中国工程师手册》。1945年任华东大学教授、中央大学水利工程学系教授，1946年任国民政府行政院善后救济总署赈务处长、浙江省钱塘江水利工程局副局长兼总工程师，1947年任水利部顾问。1949年任浙江大学教授。

1949年后，汪胡桢继续为新中国的水利事业而奋斗，先后任华东军政委员会水利部副部长、治淮委员会委员兼工程部部长、水利部北京勘测设计院总工程师、北京水利水电学院院长、水利部顾问、中国水利学会副会长、中国科学院学部委员等。主持修建了中国第一座大型连拱坝佛子岭水库、当时世界最高的连拱坝梅山水库、中国第一座大型控制性水利枢纽三门峡水库 [①]。

1）汪胡桢的编辑工作经历

汪胡桢的一生，从就读南京河海工程专门学校特科班开始，一直没有离开过水利工程事业。

《河海月刊》是汪胡桢的特科班同班同学、毕业后一起进入全国水利局工作的顾世楫向母校倡议后，由南京河海工程专门学校校友会办起来的。他们这一届特科毕业生是最早进入一线的水利工程专业毕业生，《河海月刊》的出版，是他们精神、情感以及工作交流、学术切磋的很大寄托。《河海月刊》前7期都是手写印刷的手抄刊，汪胡桢和顾世楫等特科毕业生都为《河海月刊》撰写了许多稿件，他们还都建议过将《河海月刊》改为铅印发行。到李协任总编辑后，他们的这个愿望实现了，但此后刊期却不能保证，到1920年

汪胡桢任中国水利工程学会出版委员会主席委员

来源:《水利月刊》第1卷第一届年会专载

时，"月刊久愆期……三四月始得出一册，如此而再名之曰月刊，实属不称"，这个时候汪胡桢回母校任教，顾世楫认为，汪胡桢"热心于月刊，当有一番振兴气象，愚近已去函请彼注意于月刊之按期出版矣"，今"干夫（即汪胡桢）发起每人月认若干稿件，作为中坚，是为良策" [②]。由此可知，汪胡桢回母校任教后，协助总编辑李协做《河海月刊》的编辑，是汪胡桢从事编辑工作之始。

此外，经本书统计，汪胡桢在《河海月刊》上发表了各类文章25篇。

1931年4月22日，中国水利工程学会成立，李仪祉当选为会长，34岁的汪胡桢当选为理事，并任学会出版委员会主席委员（后改称出版委员会委员长）。1931年7月，协会会刊《水利》月刊正式创刊，汪胡桢负责编辑出版工作，直到1936年12月出版的第11卷第5期，除少数期次外，各期次都由汪胡桢撰写"编辑者言"发表在当期卷首。1937年9月后《水利》月刊暂行停刊。1945年9月，学会恢复出版《水利》，刊期改为了两月刊，不过此时学会出版委员会主任委员改为了徐世大，汪胡桢从此不再参与《水利》编辑事务，但汪胡桢还有不少论著继续发表在《水利》上，如

① 汪胡桢 [Z/OL].（2015-07-16）[2023-11-11]. https：//www.jiaxing.gov.cn/art/2015/7/16/art_1536247_22023364.html.

② 毕业生通讯 顾世楫 [J]. 河海月刊，1920，3（5）：61.

《苏北滨海区域开发方案》《中国工程师手册编印之经过》《钱塘江丁坝之检讨》《海塘一年》。

日本全面侵华战争爆发后，直到南京沦陷前汪胡桢还在坚持做好下属的遣散善后工作，后来他自己辗转到了上海英租界与家人汇合，抗战末期汉奸威逼他出任整理京杭运河总工程师，他予以拒绝，后携家眷离沪躲到杭州，准备找机会去重庆，结果在安徽黄山滞留了一年多。日本投降后，汪胡桢才回到上海。

抗战时期在上海的汪胡桢虽然办不成《水利》月刊了，但他从事了其他几本专业图书的翻译和编辑出版工作。一是在中国科学社倡导下，跟在沪学者一道设立中国科学图书仪器公司出版图书，翻译出版了美国最新的 12 册《实用土木工程学》丛书，汪胡桢负责其中《铁路工程学》和《土工学》两本；二是与老同学顾世楫等联合翻译奥地利学者旭克列许涉及 13 个学科的 5 册专著《水利工程学》，此专著抗战胜利后才得以出版；三是担任《中国工程师手册》主编，计划分为基本、土木、水利、电力、电信、机械、原动力、航空、采矿、冶金、化学工程和纺织共 12 辑。

值得特别记叙的是汪胡桢售卖自己房子出版《中国工程师手册》一事。

汪胡桢主编的《中国工程师手册》

来源：中国国家数字图书馆

此事起因于汪胡桢在全国经济委员会任职时编印水利设计手册，1937 年他打算推广该做法，涵盖交通建筑等工程，工余着手编撰《土木工程手册》，抗战全面爆发，手书只剩下部分残稿。1941 年汪胡桢等拟定编撰中国土木工程师手册计划，"呈请教育部辅助经费以利进行"，教育部则提出由大学用书编辑委员会讨论，结果决定改为《中国工程师手册》，分为九辑，指定汪胡桢负责主编其中基本、土木、水利 3 分册。汪胡桢在编辑撰写过程中向编辑委员会提出"原动力电信纺织三种，析矿冶为二种，并将建筑并入土木"，获得批准通过，"于是成为十二种"。

后因战乱时局、邮路中断、各作者大多为生活所困等原因，汪胡桢决定将自己负责的 3 个分册分编出版。汪胡桢和友人组建厚生出版社，打算投入一部分资金印出若干编，此后依靠售书款循环出版后续各编，但未料到印刷工料价格飞涨，印得少且卖出少，难以为继，汪胡桢在著述校对之余，还得四处张罗资金，"难至不可言状"。朋友劝他停止印刷，卖掉纸张，换成股票，等战后再印刷出版。汪胡桢不同意，认为不能枉费分散在上海、西南数省及美国德国的作者们的心血，"不可不践出版之约言，不得已鬻南京故居以接济之"。幸好当初没有卖掉纸张，到了1944年，纸张价格飞涨，厚生出版社依靠卖纸张重获新生，"除还清积欠及垫款外，印刷所之账单随到随付，售出数令之白报纸即可清偿七八编之印费"，到1944年11月，3分册全书41编出齐，合订本也于12月出版完成。至此，汪胡桢负责的基本手册、土木手册、水利手册3分册在抗战的艰难时期，历时3年半最终全部面世，总共24人撰稿，十之八九为撰著，原稿字数250万字，排印字数总计460万字，印刷总页面3 833页（领先国外的同类型图书，如美国为2 263页、德国为2 283页、日本为3 642页），其中，汪胡桢完成最多，撰著33.6%、编辑2.92%。

其余9分册的编纂工作到1942年忽然停顿了。在汪胡桢主编的土木水利若干编先后问世后，1943年，有人力劝汪胡桢接过其余各分册，"以为我国战后产业建设之助，并筹集经费"为其后盾，这样，汪胡桢又于1943年9月接手其余9分册的主编工作，初稿完成字数多达560万字，1944年由世界书局慷慨承担全部印刷费3万元分编出版 [1]。

这之后，汪胡桢主要从事教育、水利工程管理和水利工程设计施工等，新中国成立后主编了大型水利水电工程工具书《水工设计手册》，还有一些其他著作出版，88岁时倡议、主编了《现代工程数学手册》。此外他还被《淮河志》编纂委员会、中国大百科全书出版社水利卷编辑委员会等聘为顾问。

2）汪胡桢的期刊编辑思路

汪胡桢连续6年作为中国水利工程学会出版委员会委员长主编《水利》月刊，共计65期（包含合刊期次在内）。分析其编辑思路如下：

一是编辑出版刊物的目标和宗旨为：切磋水利工程学问、促进水利工程事功。

汪胡桢曾在《水利》创刊号"编辑者言"中说，"出版月刊，使吾同志之所思所事所成就，皆得藉本刊以表见，学理因切磋而益显，事业因互助而益宏，行见中国水利学问与事功均因时而俱进，则此刊为不虚矣。" [2]

从《水利》每期内容来看，基本都是围绕这两大宗旨和目标组织刊发稿件。不同于一般协会学会的期刊，《水利》个别期次才刊发主办机构中国水利工程学会的会务

① 汪胡桢. 中国工程师手册编印之经过 [J]. 水利，1946，14（2）：22-25.
② 汪胡桢. 编辑者言 [J]. 水利，1931，1（1）：目录后1.

消息，刊发有关文件也以事功为主，且刊发期次和篇次数量都非常少。

二是出版刊物最大的追求为："几无一篇无充实之内容，绝非空言陈说可同日而语"[1]。

这既是 1934 年时汪胡桢作为主编在"编辑者言"中对该刊过去三年内容的总结，也是他办刊思路的具象化体现："重视实质"、内容充实、不尚空言陈说。这里随机抽取汪胡桢所主编的其中两卷略作分析。

前期的第 2 卷，实际出版 4 期，其中第 3、4 期及第 5、6 期各自均为合刊。第 2 卷共计刊登 34 篇文章，其中：理论文章 15 篇，探讨性质的文章 6 篇，调查勘测方面的文章 5 篇，水利工程测绘施工方面的文章 8 篇。

1937 年是汪胡桢主编《水利》月刊的最后一年，这一年总计出版了 8 期，编为两卷，抽样第 12 卷 6 期、第 13 卷 2 期两卷的文章来看，都是围绕水利工程展开的实打实的内容，包括了水利工程理论研究、水利测量、水利工程宏观规划、水利工程实际案例、国外水利工程介绍等，确实如汪胡桢所说，"几务一篇无充实之内容""绝非空言陈说"。

三是时常在"编辑者言"中言简意赅地点评当期文章，显示了相当深厚的水利工程学术素养和文章编辑功底，同时也为当期杂志画龙点睛，提纲挈领，起着导读的作用。

这里仅以汪胡桢撰写的创刊号"编辑者言"为例进行说明。

对张自立文章《统一水政之商榷》，汪胡桢的点评是："吾国行政系统，以水利最称紊乱，骈枝纷歧，叠床架屋，不一而足，人力财力因以消耗于无谓之地者，不可胜数"，张自立此文，"主张合理化之整个水利系统，诚为当务之急"。并进而指出，"于基于不平等条约而设侵损吾主权之水利机关，尤望我中央水利主管机关有以节制之也"。

对须恺《运河与文明》和孙辅忱《物质建设与农田水利》，汪胡桢称，"吾人知文明之造成，自有其真价存在，非可藉粉饰以自娱尝试以成功也"，"须君一文，论运河为促进文明之利器，援古证今说理至畅"；孙辅忱一文，"根据精确之调查以立其说"。两文"皆欲说明造成文明之合理方法。登高自卑，涉遐自迩，所望国人加之意耳"。

---

① 汪胡桢.编辑者言[J].水利，1934，7（1）：2 页.

对李仪祉《对于改良航海段塘工之意见》，汪胡桢不因李仪祉为自己恩师和学会会长而过誉，只是平实地道出该文的由来："浙江省海塘为吾国宏大工程，惜以昔时建筑之术未精，历年既久，弊病丛生。年来江道变迁，兼以萧山建筑大挑水坝，杭海江岸日形危亟。李仪祉先生曾应浙江省政府请，前往实地视察，事毕拟有意见书，颇为时人所传颂。兹特将原稿详加校核，刊布于此。"①

四是身体力行，在主编《水利》的同时，自己也在从事各种水利工程事功，并撰写论著发表，践行其切磋水利工程学问和促进水利工程事功的宗旨。

从 1931 年 7 月《水利》创刊到 1937 年停刊，汪胡桢一方面主编《水利》月刊，一方面还在多个水利工程机构任职。

1931 年 9 月起，汪胡桢先后任江北运河工程善后委员会委员、国民政府救济水灾委员会十二工赈局局长兼皖淮工程局主任工程师、在母校嘉兴省立第二中学增设高级土木班、担任整理运河讨论会总工程师，赴陕督促洛泾渠工程、受全国经济委员会委派赴鲁南勘察南运河，任职全国经济委员会水利处设计科长、选派人才出国留学学习水利，任职全国经济委员会水利处技正，南京沦陷前几天处理水利处人员善后事宜等。

这些繁忙的事功，以及总结其成效得失的论文撰述，汪胡桢一项都没有落下。这段时间他在自己主编的《水利》上撰写了"编辑者言"25 篇，刊发了相关论著和文章43 篇，如《导淮工程计划与本年洪水量》《一年来世界之水利工程》《导淮经废黄河入海之土方估计》《十二区工赈纪要》《整理霍邱县城西湖计划书》《统制全国水利方案》《导淮经射阳湖入海之研究》《泚浍区域水利工程计划草案》《沱浍区域下游堤图计划草案》《洪泽湖之操纵与防制淮洪》《贷款兴办皖淮水利工程之试行》《导淮经废黄河入海之土方估计》《导淮经高宝湖入江之研究》《皖淮工程局水利计划建议书》《临清至黄河间运河复航初步计划》《平津间通航计划初步报告》《镇苏段运河整理计划初步报告》《两部十六年隐而复见之钜着》《整理运河问题》《全国水利建设应取之方针》《济水考证》《津黄段通航初步计划》《抢险图谱》《民船之运输成本》《汉口扬子江洪水位与低水位趋势之推测》《闸坝下游河底冲蚀之避免》《护岸工程图谱》《运河渠身之设计》《运河之沿革》《温州小溪水力发电厂之研究》《黄淮段运河整理计划》《古代土工计价法》《太湖之构成与退化》《近五年来全国筑堤疏浚工程之统计》《玲珑坝今说》《古代

---

① 汪胡桢.编辑者言[J].水利，1931，1（1）：目录后 1.

土工计价法》《治河通论》《苏北滨海垦殖区域开发方案》《水利新闻：中国工程师手册编印之经过》《钱塘江丁坝设计之检讨》《海塘一年》。

此外，1917年走出校门后的汪胡桢陆续在母校的刊物《河海月刊》上发表了《新疆之水利》《太阳热力之直接利用》《中国煤矿业小史》《图纸尺寸之规定》《津埠积水宣洩计画意见书节要》《乘飞行机记》《雨量计》《北运河问题之根本解决》《横樑曲线新图》《北运河受病之近因》《海河之祸原》《直隶北运河问题之根本解决》《白纸上印图法》《永定河受病之近因》《碱性土壤之改良谈》《北京道路之建筑费》《倍情及克忒二公式之关系》《扬子江下游之地质调查》。

民国时期，汪胡桢还在《河海周报》《河海季刊》《太湖流域水利季刊》《建设（上海1946）》《中华工程师学会会报》《扬子江水道整理委员会月刊》《东方杂志》等近30种期刊发表文章60来篇。

7. 李书田

李书田（1900—1988），字耕砚，河北卢龙人。

李书田1923年毕业于北洋大学（今天津大学的前身），在校时学期、学年、毕业成绩都是第一名，毕业后考取清华大学官费赴美康奈尔大学研究生院攻读土木工程专业，3年修完博士课程，各科平均成绩99.5分以上，1926年获博士学位。

李书田获博士学位后在美国一事务所任桥梁设计师，后去欧洲进修。1927年应邀返回母校北洋大学任教。李仪祉任华北水利委员会委员长时，李书田任常务委员兼秘书长。1930年，李书田任交通大学唐山土木工程学院院长，并任北方大港筹备委员会委员。1931年力促中国水利工程学会成立，李仪祉当选会长，李书田为副会长、秘书长。1932年，李书田任由北洋大学改名的北洋工学院院长，1935年创办工科研究所，成为国内高校中最早招收研究生的大学之一。抗战期间，李书田带领师生到了西安，与北平大学、北平师范大学等组建"西北联大"，任该大学工学院院长。此后参加了多所高校的创建。抗战胜利后带领北洋工学院西京分院师生回到天津复校，1946年为北洋大学工学院院长。1949年天津解放前夕，李书田去了台湾，随即赴美做设计工程师、大学客座教授、总工程师等，后创办私立世界开明大学与李氏科研院，在17国设33个分院。

李书田像

原载1931年《交大年刊》

李书田创办的部分期刊封面图

1931 年《水利》月刊创刊，李书田撰写"创刊词"；1932 年 11 月，李书田任河北省工程师协会主席委员，协会创办了《河北省工程师协会月刊》，李书田为之撰稿《所望于本会及本刊者》；任职北方大港筹备委员会主任委员时，1933 年 6 月创刊并编辑《北方大港港址气象潮位年报》；1933 年李书田任北洋工学院院长时创办《北洋理工季刊》，为之撰写发刊词。1937 年，中国土木工程师学会创办《中国土木工程师学会会务月刊》，李书田和沈怡均为副会长，和会长夏光宇每人写了一篇发刊词，李书田所写最长，篇幅达 5 页，夏光宇和沈怡均只有半页左右。

李书田在《华北水利月刊》《交大唐院周刊》《北洋理工季刊》《水利》《水利特刊》《工程·中国工程学会会刊》《科学》等 30 余种民国期刊发表了专业论著，主要有《美国各大学土木工程科之概况》《水泥业与混凝土构造之由来及其发展》《"向研究路上去"书后》《北方大港之现状》《水给工事之自始迄今的概况》《黄河私议》《筑港要义》《北方大港之初步计划》《运河之往昔》(英文)《万国工业会议及日本工业之现状》《大连港湾之沿革及设备》《对于发展交大唐院之将来计划》《美松枕木之监验经过及余之管见》《朝鲜农田水利事业调查报告》《计划中之交通大学唐山土木工程学院研究所》《一年来之水利建设》《华北水利建设最近之进行状况》《铁路车务管理问题》《对数图解河水流量计算法》《北方大港测量报告》《混凝土重量坝裂隙成因之研究及其避免方法》《隧道之功用》《改进河北省县建设机关刍议》《军事工程问题》《国立北洋工学院矿冶工程学系之概述》《图解梯形重心之廿四原理及其画法》《关于为河北省农田水利开发自流井之调查研究》《河北省开发自流井灌田之调查研究》《矿展会的竟义及其与北洋工学院之关系》《北方大港之现状及初步计划》《一个工科的大学生应受的训练及应有的努力》《工程学者所应树志之标准》《中国工程教育之纵横观》《工程与世界和平》《四十年来之中国工程教育》《土木工程学术之领域及其研究方法》《水利人才训练方案》《中国工业服务社与中国工业之前途》《过去二十五年之中国工程教育》《土木工程学术之领域及其研究方法》《划一度量衡规订工业标准与工程教育》《学问道德和礼貌的教育》《中国水利问题概论》《国立北洋大学筹备缘起及贫苦完成计划》《国内工程学术研究机关之鸟瞰》《中国工程科学研究及试验机关概观》《"工程"几与人类同其原始》《中国土木工程教育之概况》《待人以至诚说》《卫生人才与国民经济建设运动》《公共卫生工程及卫生工程人才与国民经济建设运动》《西康宁属经济建设之水电动力问题》《安宁河干支流域之灌溉问题》《开发宁属要先征服三种基本困难》《安宁河及其重要支流之防洪与排水问题》《安宁河及其重要支流之防洪与排水问题》《西康宁属经济建设之水电动力问题》《豫东汜西水利问题》《潼关以上黄河水利与西北经济建设》《潼关以上黄河水利之展望》《北洋大学五十年之回顾与前瞻》《天津通海河港与大沽新港》《改进现行农田水利贷款办法之商榷》《秦晋交界黄河水力资源之经济价值》《现行农田水利贷款办法之商榷》《历代治河名人事迹述略》《五十二岁的北洋大学》等。

8. 梁思成、林徽因

梁林夫妇二人志同道合，事业上有着共同追求，彼此的生活和工作、事业融为一体，故于此一并论述。

梁思成（1901—1972），毕业于美国宾夕法尼亚大学建筑系，获得硕士学位后又去哈佛大学学习建筑史。

林徽因（1904—1955），毕业于美国宾夕法尼亚大学美术系，选修了该校建筑学课程，后到耶鲁大学进修舞台美术设计。

梁思成是梁启超在日本流亡时所生，出生于日本东京。梁思成1912年随父亲梁启超回国，1915年考入北平清华学校，1923年毕业于清华学校高等科。

林徽因原名林徽音，《中国营造学社汇刊》1935年3月第5卷第3期上发表论著署名改为林徽因（本研究统称"林徽因"），祖籍福建闽侯（今福州），出生于浙江杭州。8岁时在上海上小学，10岁时到北京和父亲一同生活，16岁随父欧游，在伦敦受到房东女建筑师影响，立志攻读建筑学，认识徐志摩，对新诗产生浓厚兴趣。1921年随父回国继续学业。徐志摩、胡适等1923年成立新月社，林徽因经常参加该社活动，1924年泰戈尔来中国访问，林徽因与徐志摩、梁思成等陪同泰戈尔游览北京城。

梁思成1923年考入美国宾夕法尼亚大学建筑系，因出车祸经学校同意后缓一年赴美上学。1924年，梁思成与林徽因一起赴宾夕法尼亚大学，因该校美术学院建筑系不招女生，林徽因只能入该校美术学院美术系，但她选修了建筑系的主要课程。

　　二人于 1927 年毕业，梁思成获得硕士学位后又去哈佛大学学习建筑史，研究中国古代建筑，林徽因入耶鲁大学戏剧学院学习舞台美术设计。1928 年，二人在温哥华成婚后游历欧洲考察建筑，回国后受聘于东北大学，创立了中国现代高等教育史最早的建筑系之一。二人与宾夕法尼亚大学的同学陈植等合伙成立营造事务所，设计了吉林大学等诸多建筑，林徽因还设计了东北大学校徽。梁林夫妇二人在沈阳期间对北陵等古建筑进行了测绘考察，梁思成完成了《中国雕塑史》讲稿。1930 年林徽因因肺病复发回北平休养，1931 年梁思成加入中国营造学社任法式部主任。此后，梁思成与林徽因多次赴陕西、山西、河北、山东等地进行古建筑实地考察、测绘和研究工作，林徽因也有部分研究成果发表，但她主要是辅助梁思成并帮助完善其成果，梁思成此后几年的考察和研究成果陆续在《中国营造学社汇刊》上发表，成就了他在中国古建筑学术研究史上的巨擘地位。二人在《中国营造学社汇刊》《中国建筑展览会会刊》《市政工程年刊》等发表的部分合著和独著作品见下图。

　　本书统计，梁思成在《中国营造学社汇刊》共发表各类署名文章 21 篇（含合著、译作，不含通信、序等），少量为文献考证研究类论文，如《建筑设计参考图集简说》《汉代的建筑式样与装饰》，多数为对古建筑的实地调查、测绘与研究，重要的有《蓟县独乐寺观音阁山门考》《蓟县观音寺白塔记》《宝坻县广济寺三大士殿》《我

梁思成林徽因部分文章首页图

们所知道的唐代佛寺与宫殿》《正定调查纪略》《大同古建筑调查报告》《杭州六和塔复原状计划》《晋汾古建筑预查纪略》《曲阜孔庙之建筑及其修葺计划》《记五台山佛光寺建筑》等。

1932年，《中国营造学社汇刊》刊发了林徽因的论著《论中国建筑之几个特征》，另外刊发了林徽因和梁思成合著的《平郊建筑杂录》(1932年、1935年连载)、《晋汾古建筑预查纪略》(1935年)以及二人与刘敦桢合著的《云冈石窟中所表现的北魏建筑》(1934年)。1944年，林徽因在手写石印复刊的《中国营造学社汇刊》上发表了一篇《现代住宅设计的参考》，这是该刊唯一一篇关注现代建筑特别是现代住宅设计方面的论著。1945年出版的《中国营造学社汇刊》最后一期署名由林徽因编辑。

梁思成还在其他一些建筑期刊发表过文章，不过不太多，如在《中国建筑》上发表《北平仁立公司增建铺面》(1934年)，在《市政评论》发表《北平文物必须整理与保持》(1948年)。林徽因是1936年举办的中国建筑展览会陈列组主任，她为《中国建筑展览会会刊》撰写了一篇论著《清代建筑略述》；她还在1946年《市政工程年刊》刊发了一篇论著《住宅供应与近代住宅之条件：市政设计的一个要素》。此外，林徽因喜欢文学，在几个诗歌和文艺期刊发表了不少作品，至今仍拥有不少的文学拥趸，或许是以文学闻名、社会知名度最高的建筑学家。

9. 赵祖康

赵祖康(1900—1995)，字静侯，江苏松江(今上海松江区)人。

赵祖康1918年考入交通部上海工业专门学校，叶恭绰任交通总长重组交通大学、调整各专业设置，赵祖康和前述的杨锡镠是同班同学，二人一同转入了交通大学唐山学校就读。赵祖康毕业后曾在南京河海工科大学、上海交通大学任教兼秘书，1927年任广东省建设厅公路处技士，1927—1929年任梧州工务局技正兼设计课课长、局长，1930年由铁道部派去美国康奈尔大学研究院研究道路与市政工程。回国后从事公路建设和管理，抗战期间任交通部公路总管理处处长、交通部公路总局副局长、交通部顾问和技术标准委员会委员，抗战后任上海市工务局局长、上海代理市长。上海解放后一直在上海工务、建设规划管理等部门任职，后任上海市副市长、上海市人大常委会副主任。

赵祖康像

原载《道路月刊》
1930年第30卷第2号

赵祖康其人，生平任事，"一以容忍待人，二以刻苦律己，三以切实做事"，"因'忍''刻''切'三字皆从刀"，被称为坚持"三刀主义"。赵祖康求学时"好文学，研习余暇，勤于阅览科学、地理、艺术等书，其书法好董其昌，诗好龚自珍，文好柳宗元，故在校中有土木才子之诨号，同学咸以此称呼之"[①]。赵祖康立志发展交通建设，曾写诗句"开边须筑路，救国仗书生"以明其志、"久愿风尘殉祖国，宁甘药饵送余生"以抒其怀。1948 年，赵祖康曾任中国土木工程学会会长，1949 年任中国工程师学会副会长。

赵祖康 1936 年曾创办、主编《交通杂志·公路运输专号》；1945 年成立行公编译社（社名源于"大道之行，天下为公"），创办《工程报导》，任社长，1947 年扩大为行公学社；1945 年就任上海市工务局局长，1947 年创办局机关刊《上海工务》。

赵祖康创办的部分期刊封面图

赵祖康勤于写作和在报刊上发表各类文章。抗战前在《道路月刊》上发表的主要著作有《道路模型略述》（连载）、《马克达路》（连载）、《从权利得失观划分中国近世交通史之时期》（连载）、《青岛之道路与沟渠》（连载）、《市政工程谈》《道路工程学命名草》《道路工程学上之岩土分类法》《拟译道路工程学名辞一览》《南北统一国道路线图》《本会建议修筑南北统一国道计画》《道路工程名词》《城市筑路征费法之研究》《城市筑路收用土地法之研究》《测设道路单曲线简法》《中国公路交通当前之几大问题》。在其他期刊发表了《工程学术与工程事业》《公路交通安全运动之意义》《道路工程名词》。抗战中在《西南公路》《公路月报》等发表《公路定线之研究》（连载）、《乐西公路试车观感》《中国公路之前途与我们应负的责任》《抗战以来之全国公路概况》

① 朱衣 . 土木才子赵祖康 [J]. 东南风，1946（4）：3.

《当前之公路建设问题》《公路制度漫谈》《公路建设与心理建设》《公路建设之前途》《战后十年公路建设政策》。抗战后在《工程导报》《上海工务》等发表《公路工程略述》（连载）、《大都市计划之若干主要问题》（连载）、《公共工程与技术》《都市计划总图及道路路线》《道路工程学名词译订法之研究》《我国今日之工程师》《消防安全与营建管理》《上海市与江苏省之海塘建设》《对于营建管理应有的认识》《青年技术员当前之使命》《上海建设计划概述》等。

10. 林同棪

林同棪（1912—2003），出生于福州。

林同棪 1931 年毕业于交通大学唐山土木工程学院，在校期间成绩优秀，大四时成绩年级第一，列在甲等，获免费就读[1]。毕业后考入美国加利福尼亚大学伯克利分校留学，"九一八"事变发生，"气得无心念书，更无心做课外的工作"，"在这种危急存亡之秋，我不能与同胞共患难，只好呐喊一声"[2]。1933 年获得硕士学位后回国，先后从事桥梁设计、铁路设计等，1946 年赴美在加利福尼亚大学伯克利分校任教，1976 年退休时被授予终身荣誉教授。1954 年合作创办林同棪工程事务所，1972 年发展成林同棪国际咨询公司，1986 年获得美国国家科学奖章，1996 年当选为中国科学院外籍院士。

抗战前，林同棪的专业理论和技术论著刊发最多的期刊是《建筑月刊》。抗战后去伯克利任教之前，林同棪的论著如《硬架式混凝土桥梁》《工程施工方式之探讨》《台湾糖业铁路概况》等，主要刊发于《工程报导》。

以上民国时期的建筑期刊人群体及其创办发行期刊、编辑和撰写刊发论著情况，学界很少有人关注。本部分所进行的归类分析，一是填补空白，二是抛砖引玉，期望能引发对他们在民国建筑期刊发展史上所做工作、所起作用及其办刊编辑思想等进行深入研究。

---

① 十八年度下学期免费各生揭晓 [J]. 交大唐院周刊，1930（2）：2.
② 林同棪. 校友通讯 [J]. 交大唐院周刊，1932（49）：4.

民国时期建筑期刊生存之道研究

一切社会活动都离不开经济活动。本部分研究民国时期的建筑期刊究竟依靠什么存活下来？经济支撑源自何处？各自有何生存之道？

由于涉及期刊幕后的经济活动，研究中搜集数据比较困难。幸好，《铁路协会会报》《中国营造学社汇刊》《道路月刊》等几种期刊刊登了所属协会或学社部分年度的收支报告，为本研究提供了原始数据，因此，本文的研究以这几种期刊为主，旁及其他期刊。由于数据搜集较难，挂一漏万之处必不在少，仅以此粗略勾勒出民国时期建筑期刊的收入来源、经营模式等概貌。

5.1 民国时期建筑期刊的主要收入来源

民国时期建筑期刊的收入来源，大体不出以下几种。

5.1.1 发行销售

一般而言，期刊发行销售收入，是近现代期刊基本的经营收入，大多数期刊都会开展这项业务。笔者抽样调查了43种民国时期建筑期刊，结果显示，32种都标注了期刊定价，占74%，说明大多数期刊都重视期刊的发行销售。只有《督办广东治河事宜处报告书》《督办江苏运河工程局季刊》《绍萧塘闸工程月刊》《太湖流域水利季刊》《杭江铁路工程局月刊》《湖北水利月刊》《公路月刊》《江苏省水利局月刊》《江北运河工程局年刊》《扬子江水利委员会季刊》《黄河堵口复堤工程局》11种无定价，不进行期刊售卖，且《江苏省水利局月刊》《江北运河工程局年刊》《扬子江水利委员会季刊》等几种期刊甚至直接标注了"非卖品"字样，说明这些期刊完全不依赖期刊销售，不需要考虑依靠发行收入维持期刊出版，它们的经费另有来源和保障。

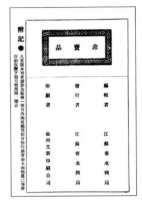

《江苏水利局月刊》标注
"非卖品"字样

5.1.2　广告经营

在近现代期刊业中，广告收入是一项重要收入，经营得好的期刊，广告收入甚至是期刊乃至主办单位的经济支柱。

抽样调查的 43 种期刊中，只有 19 种开展了商业广告经营，不到一半。11 种不销售杂志的期刊也不开展广告经营，从它们历年出版的刊物中，看不到一个商业广告。另外，虽然标注了广告价目，但仍然没有刊登过商业广告的有 10 种，如《河海月刊》《华北水利月刊》《陕西水利月刊》《黄河水利月刊》《山东省建设月刊》《四川公路月刊》等，说明这些刊物虽有心经营广告，但对广告商没有吸引力，难以产生广告收益。另有 3 种刊物，根据自己期刊的情况，干脆放弃广告经营，如《中国营造学社汇刊》《粤汉铁路株韶段工程月刊》《江苏建设》等，连广告价目也不刊登。

5.1.3　衍生出版物售卖

最早开展此类经营活动的是《铁路协会会报》，但最典型的是《中国营造学社汇刊》和《道路月刊》。

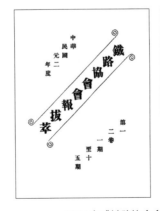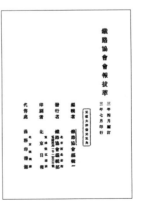

1914 年《铁路协会会报拔萃》出版售卖

来源：中国国家数字图书馆

中国营造学社陆续组织出版图书图集进行销售，到 1937 年时有 30 余种，许多是《中国营造学社汇刊》刊发过的论著的单行本。包括梁思成、刘敦桢、林徽因、鲍鼎、朱启钤、单士元、王璧文等的代表作，如梁思成《清式营造则例》《营造算例》《宝坻广济寺三大士殿》《正定古建筑调查纪略》《曲阜孔庙之建筑及其修葺计划》，刘敦桢《牌楼算例》《同治重修圆明园史料》《定兴县北齐石柱》《易县清西陵》《河北省西部古建筑调查纪略》《苏州古建筑调查记》，林徽因《天宁寺建筑年代之鉴别问题》，梁思成、刘致平《建筑设计参考图集》，梁思成、刘敦桢《清文渊阁实测图说》《大同古建筑调查报告》及二人与林徽因合著的《云冈石窟中所表现的北魏建筑》、与鲍鼎合著的《汉代的建筑式样与装饰》，梁思成、林徽因合著《晋汾古建筑预查纪略》等 ①。

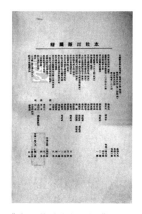 

《中国营造学社汇刊》1936　　《道路月刊》1937 年刊登售卖
年刊发出售本社书目　　　　协会图书书目

《道路月刊》（1936 年 10 月第 51 卷第 3 号起改为《道路》）以主办单位中华全国道路建设协会名义编印系列图书售卖，多数为集萃《道路月刊》精华编纂而成，如《道路全书》（陆丹林、蒋蓉生、刘郁樱合编），《路市丛书》（吴山、陆丹林、刘郁樱合编），《市政全书》（陆丹林编），《道路通论》（黄笃植著），《都市建设学》（顾在埏著），《桥梁工程学》（杨明哲编），《道路建筑学》（陈树棠著），《测设道路单曲线简法》（赵祖康著），《中华全国最新公路图》（本会出版）、《最新公园建筑法》（顾在埏著）等 ②。

① 本社出版图书 [J]. 中国营造学社汇刊，1937，6（4）：目录前页 .
② 建设路市两政唯一参考图书 [J]. 道路月刊，1936，51（2）：目录后 1 页 .

5.1.4 会员会费

中华全国道路建设协会是这方面的典型，该协会几乎每年都开展大规模的会员征集活动，历年征集"新旧十万会员"[①]，会费收入是该会的绝对经济支柱，也是《道路月刊》正常出版最根本的经济保障。而《河海月刊》则每年向毕业生和教师、在校生分别收取2元、1元刊费，不足部分由学校补贴。

5.1.5 社会资助捐赠

中国营造学社是这方面的典型，下文再详细分析。

5.1.6 主办单位全方位保障

前述11种不售卖杂志、不刊登广告的期刊，是这方面的典型。这类期刊大多由相关主管机关主办，纯粹为该机关的工作服务，该主办机关对期刊出版给予充足保障。如陕西省水利局对所属《陕西水利月刊》规定，刊物出版隶属局"总务科编审股，其编辑、审查、校对各事，由该股主任负责办理"，"凡应行刊登文件，应由本局各科科长、主任、技正、技士等，就原件分别注明，送编审股编辑"，内容方面存在疑问的，"由编审股签呈局长核定之"，每期稿件编好后，"交送由秘书转呈局长核定"，在印刷出版方面更是强力保证，"由编审股随时与庶务股会同办理"[②]。这样的刊物自然不需要考虑自身经营。

5.2 民国时期建筑期刊的生存模式

对民国时期某一种建筑期刊而言，其生存有的依赖前述几种收入来源中的一种，有的包括其中几种，不一而足。根据期刊生存和发展所倚重的程度，笔者将民国时期建筑期刊的生存模式分为以下几种。

① 王正廷.王序.路市丛书[M].上海：中华全国道路建设协会印行，1931.
② 陕西省水利局发行月刊暂行规定[J].陕西水利月刊，1932（创刊号）：封4.

5.2.1　社会资助型

这方面,《中国营造学社汇刊》是高度依赖社会资助的典型。

1. 中国营造学社开办费来自中华教育文化基金董事会资助

1924 年 5 月,美国国会授权美国总统宣告,美国所保留的庚款余额全数退还中国(即《辛丑条约》规定中国赔偿给美国的款项,美国后来核算多收了的余额部分。因为美国对华政策调整,意图在华“扩张精神上的影响”,以及面对中国沿海城市抵制美国货等,使得美国意欲收买中国民心,打算退还这部分款项消弭中国人民反美情绪)。为此,中美成立了“中华教育文化基金董事会”,该会第一次年会决议,该款要用于“发展科学知识及此项知识通于中国情形之应用”和“促进有永久性质之文化事业”[①]。

1929 年 6 月 3 日,朱启钤向中华教育文化基金董事会提出资助申请,6 月 30 日,该董事会在天津举行第五次年会,决议补助朱启钤研究中国营造学费用每年 15 000元,以 3 年为限[②]。因朱启钤有事耽误,董事会 10 月 31 日、11 月 19 日连番发函催促朱启钤办手续以便拨款,其后中国营造学社正式成立。1930 年 2 月 17 日、3 月 21 日,学社两次开会,“乃议发行不定期汇刊,名曰《中国营造学社汇刊》第一期”[③]。

2.《中国营造学社汇刊》自身经营收入在学社总收入中占比极低

虽然《中国营造学社汇刊》个别页经常出现书刊广告,但绝大多数属于学社自己的书刊或社员著作的售卖广告,或者是与其他期刊的交换广告,学社公布的年度收入汇总里并没有列入广告收入项,且该刊也不曾刊登过广告价目表,可见广告收入于该刊而言并不存在。因此,《中国营造学社汇刊》自身收入其实只有《汇刊》和有关出版物的发行销售收入。

期刊发行销售收入方面:由于出版《中国营造学社汇刊》是向资助方中华教育文化基金董事会提交研究成果的形式之一,初期的《中国营造学社汇刊》对期刊销售并没在意,1930 年 7 月出版的第 1 卷第 1 册及当年 12 月出版的第 1 卷第 2 册,都没有标注售价。到 1931 年 4 月第 2 卷第 1 册(总第 3 册)时才开始标注销售价格。

① 刘正祥. 美国退还庚款始末 [J]. 文史杂志,1996(6):46-47.
② 同年七月五日中华教育文化基金会董事会复函[J].中国营造学社汇刊,1930,1(1):社事纪要5.
③ 发行中国营造学社汇刊 [J]. 中国营造学社汇刊,1930,1(2):社事纪要5.

衍生出版物销售收入方面：销售学社自己编印的各种图书图籍，到 1937 年停刊前的最后一期，增加到了 30 余种。

《中国营造学社汇刊》的"本社纪事"栏目刊登的学社年度收支情况报告，并没有单列出期刊和图书图籍的分项销售收入明细，因此无法统计出二者的具体分项销售情况。表 1～表 5 为笔者在统计基础上参考崔勇的研究结果 [1] 整理而成。其中，中国营造学社 1931—1937 年期刊和图书销售收入情况，如表 1 所示（"元"为当时的货币单位，下同）：

中国营造学社 1931—1937 年书刊销售收入（单位 / 元）　　　　　表 1

年份	1931 年	1932 年	1933 年	1934 年	1935 年	1936 年	1937 年
收入	115.86	677.57	601.67	484.74	5 020.64	1 000	300

与表 1 对应同期中国营造学社的历年总收入，见表 2：

中国营造学社 1931—1937 年总收入（单位 / 元）　　　　　表 2

年份	1931 年	1932 年	1933 年	1934 年	1935 年	1936 年	1937 年
收入	32 923.4	26 827.75	26 145.41	40 833.41	51 214.29	47 013.55	34 537.99

两相对比，可以看出书刊销售收入在学社的总收入盘子里占比非常低，最高的年份为 1935 年，也不到 10%。

3. 补助费、捐助费是中国营造学社的主要收入来源和经济支柱

表 3 是中国营造学社 1931—1937 年收到的补助费和捐助费明细。

中国营造学社 1931—1937 年补助费、捐助费表（单位 / 元）　　　　　表 3

项目	1931 年	1932 年	1933 年	1934 年	1935 年	1936 年	1937 年
补助	15 000	15 000	15 000	25 000	25 000	33 000	33 000
捐助	13 401*	10 000	10 000	14 700	12 900	—	—
合计	28 401	25 000	25 000	39 700	37 900	33 000	33 000

＊注：此为 1929—1931 年的捐助总收入

1）补助费

如表 3 所示，补助费是中国营造学社最重要的收入来源，包括两部分。

---

[1] 崔勇 . 中国营造学社研究 [M]. 南京：东南大学出版社，2004：71-72.

（1）中美庚款补助

如前所述，朱启钤 1929 年争取到中美庚款管理机构中华教育文化基金董事会的补助费，每年 15 000 元，为期 3 年。3 年期满后，朱启钤还多次申请过此项经费。如 1934 年朱启钤向该基金董事会致函称，"敝社目前常年开支约三万元，除半数由贵会补助外，其余半数系由启钤个人筹募。惟启钤年事日增，际此国内实业万般萧索之际"，"每际年终即不知明年之能否继续工作，工作人员亦因前途不定而生疑虑之心"，"请求贵会按每年经常实用范围暂补助三万元"[①]。不过，中华教育文化基金董事会第十次董事会议决，补助中国营造学社金额仍然为 15 000 元，以一年为期。此后，这笔补助费每年都通过申请获得，直到庚款发放最终停止。

（2）中英庚款补助

美国退还中国庚款赔款后，英国也启动了退还部分庚款程序。1934 年，朱启钤争取到中英庚款管理机构的补助费，该笔款项 1934—1935 年每年资助"编制图籍费"为 10 000 元[②]；1936 年，朱启钤又争取到该笔款项 1936—1938 年 3 年间每年补助"编制图籍费" 18 000 元[③]。

2）社会各界捐助费

社会捐助是中国营造学社资金的第二重要来源。

1932 年度，中国营造学社干事周作民、钱新之、徐新六筹捐 10 000 元；1933 年度，朱启钤个人向中国营造学社捐助 10 000 元；1934 年度，张汉卿（即张学良）、张西卿、周作民、钱新之、张叔诚、胡笔江、黎重光、吴幼权等，每人捐助 1 500 元，叶揆初、徐新六合捐 1 500 元，庄达卿、钱馨如各捐助 500 元，中国建筑师学会捐助 200 元，共计 14 700 元[④]。

除上述可在《中国营造学社汇刊》查到的捐款外，据林洙统计，中国营造学社 1929—1935 年收到私人捐款总计 61 001 元，但具体明细无法查考[⑤]。

1945 年林徽因在编辑《中国营造学社汇刊》第 7 卷第 2 期时刊出了各界人士给《中国营造学社汇刊》的捐款，捐款的有中央大学建筑系主任鲍鼎（1 000 元）、营造

① 函请中华教育文化基金董事会继续补助本社经费 [J]. 中国营造学社汇刊, 1934, 5（2）: 127-128.

② 附管理中英庚款董事会复函 [J]. 中国营造学社汇刊, 1934, 5（2）: 132.

③ 管理中英庚款董事会复函 [J]. 中国营造学社汇刊, 1936, 6（3）: 200.

④ 本社经济状况报告 [J]. 中国营造学社汇刊, 1935, 5（4）: 170.

⑤ 林洙 . 中国营造学社史略 [M]. 天津：百花文艺出版社, 2008: 69-70.

界著名企业家陶桂林（5 000 元），及著名建筑师等各界人士，如关颂声和杨廷宝（共2 000 元）、龙非了（1 000 元）、钱新之（500 元）、马叔平（1 000 元）、黄家骅（500 元）、李惠伯（5 000 元）、李润章（1 000 元）、汪申伯（1 500 元）、陈伯齐（1 000 元）、刘福泰（500 元）、叶仲玑（1 500 元）、何遂甫（1 000 元），总计 22 500 元。

此外，据林洙介绍，1945 年在梁思成、林徽因好友费正清、费慰梅夫妇努力下，美国哈佛大学燕京学社向学社捐助了 5 000 美元①。此金额存疑，林徽因编辑的《中国营造学社汇刊》1945 年第 7 卷第 2 期只标注了"本刊本期印刷费由哈佛燕京学社赠予本社补助金内支付，谨此志谢"。1971 年，梁思成在接到费慰梅从美国写来的信函后，给清华大学建工系革委会写了一份材料，汇报他与费正清、费慰梅的关系，梁思成只是说了"抗日战争期间，他们（注：指费正清夫妇）都曾为中国营造学社筹募过一些经费，先后总计数千美元"②，并没汇报具体金额。

4. 书刊、捐助和捐助收入的占比

汇总计算，中国营造学社从 1929 年起获得补助费总计为 191 000.00 元，个人赞助费 61 001.10 元，书刊发行销售收入 8 084.62 元。三部分收入的占比如图 1 所示。

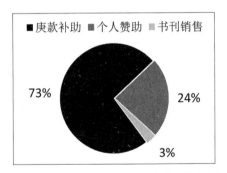

图 1　中国营造学社 1929—1937 年各项收入占比图

图 1 显示，中美、中英两笔庚款的补助，占了中国营造学社总收入 2/3 以上，接近 3/4，是中国营造学社绝对的主要收入来源。其次是个人赞助捐助费，占了差不多 1/4 的比例。汇刊和图书销售收入只占 3%，充分说明该项收入完全不能支撑起学社运行和《中国营造学社汇刊》的编辑出版。

---

① 林洙. 中国营造学社史略 [M]. 天津：百花文艺出版社，2008：69-70.

② 林洙，费慰梅. 他没有等到这一天：林洙与费正清、费慰梅 20 年书信往来 [M]. 北京：中国青年出版社，2016：046.

5. 学社收支艰难维持平衡且略有盈余

中国营造学社 1931—1937 年收支对比表（单位／元）　　　　表4

项目	1931 年	1932 年	1933 年	1934 年	1935 年	1936 年	1937 年
收入	32 923.40	26 827.75	26 145.41	40 833.44	51 214.29	47 013.55	34537.99
支出	32 935.34	26 549.56	25 784.63	32 952.55	38 339.19	46 161.22	—
结余	-11.94	278.20	360.78	7 870.89	12 875.10	852.33	—

注：1937 年抗日战争爆发，数据缺失

总起来看，表4 中总体上做到了盈亏平衡，个别年份略有亏损但金额可以忽略不计，1935 年结余额甚至超过了中英庚款的年度补助金额。真是难为了朱启钤这个不停化缘的大当家了。

另据朱海北《中国营造学社简史》一文数据，经汇总全部收支明细，学社从 1929 年到 1937 年总收入为 25.9 万元，总支出 23 万元，实现盈余 2.9 万元，殊为不易。

《中国营造学社汇刊》的编辑出版发行，一直从属和服务于学社的文献校勘、实地考察和研究活动，其自身不是一个盈利或需要考虑盈利生存的经济体，完全依靠中国营造学社申请和募集来的资金而生存。发布学术机构专业学术研究成果的刊物特点，决定了《中国营造学社汇刊》难以通过发行销售和广告收入的市场机制获得自我发展。这类期刊的生存之道，严重依赖于主办机构和社会资助捐助的资金支持，一旦时局变化，社会稳定运行的基础不复存在，或者相关主事人发生变化，或者补助和捐助渠道壅蔽，期刊就会失去收入来源，也就很难维持下去。

5.2.2　广告发行型

代表性的期刊有《铁路协会会报》《建筑月刊》和《中国建筑》。

1.《铁路协会会报》（1913—1920）：广告收入成为协会的经济支柱

表 5 为中华全国铁路协会从成立到 1918 年的收支明细，表 6 为其会刊《铁路协会会报》从 1913 年度到 1920 年度的收支明细及相关对比。

中华全国铁路协会 1913—1918 年收支明细表（单位／元）　　　　表5

协会收支细目		1913 年	1914 年	1915 年	1916 年	1917 年	1918 年
收入	广告	—	2 562	16 031	12 900	15 321	14 109
	刊物销售	473	998	990	378	362	600
	入会金	1 994	574	289	104	4	1 660

续表

协会收支细目		1913 年	1914 年	1915 年	1916 年	1917 年	1918 年
收入	常年捐	1 334	1 904	878	532	8	1 228
	常年协款	9 157	8 341	200	—	—	—
	特别捐款	2 770*	2 000	800	200	—	4 250
	存款利息	—	82	1 115	—	899	1 199
	杂项收入	50	—	1 116	—	—	11
	合计	15 778	16 461	21 419	14 114	16 594	23 057
支出	薪金	1 401	3 826	5 313	5768	8 930	9 142
	购置费	2 556	1 124	105	102	1 033	887
	文具费	541	711	406	216	83	949
	邮电费	138	202	228	80	94	153
	消耗费	261	610	538	527	401	985
	稿费	76	124	222	154	14	820
	印刷费	2 748	3 448	4 597	2 086	2 123	2 322
	发行支出	182	170	248	160	79	172
	杂项费	324	335	441	712	255	492
	特别费	970	896	1106	757	4	6 643
	合计	9 197	11 446	13 204	10 562	13 016	22 565

注:(1)表 5、表 6 为笔者根据各期《铁路协会会报》整理;年度为上年 6 月到当年 5 月;单位为银元,小数点后抹去,下同。(2)* 包含袁世凯特别捐款 1 000 银元。

《铁路协会会报》1913—1920 年广告收入与协会总收支对比表(单位 / 元)　　表 6

收支细目	1913 年	1914 年	1915 年	1916 年	1917 年	1918 年	1919 年	1920 年
广告收入	—	2 562	16 031	12 900	15 321	14 109	12 314	18 843
协会总收入	15 778	16 461	21 419	14 114	16 594	23 057	19 788	32 378
刊物支出	3 006	3 742	5 067	2 400	2 216	3 314	4 057	3 251
协会总支出	9 197	11 446	13 204	10 562	13 016	22 565	23 082	35 240

分析表 5、表 6 中《铁路协会会报》的广告收入与协会总收入、总支出情况:

1912 年到 1913 年度(以下按后一个年份表示跨年的财年),会报没有广告收入,协会总收入 15 778 元。从 1914 年度开始,会报有了广告收入,到 1920 年,每个年度的广告收入分别占当年协会总收入的 15.56%、74.84%、91.40%、92.33%、61.19%、62.23%、58.20%,除了广告起步阶段的 1914 年度占比很低之外,其余年度都占半壁江山以上，1916、1917 两个年度的占比更是达到了夸张的程度，分别为 91.40%、92.33%，也就是说这两个年度除了依靠会报的广告收入以外，整个协会几乎就没有别的进项了。即便在 1920 年度广告收入占比只有 58.20% 的历年倒数第二占比情形下，该年度的广告收入实际上依然创了会报年度广告收入新高，同比增长幅度高达 53%，比之前最高的 1915 年度仍然增长了 17.54%，只不过 1920 年度协会突然增加了一笔特别协款 10 000 元入账，从而降低了会报广告收入的占比，如果去掉这笔特别协款，该年度的会报广告收入在协会总收入中的占比依然高达 84.20%。没有纳入表 6 统计的 1921 年度，会报广告收入为 15 398 元，协会总收入只有 18 071 元，广告收入占比为 85.20%，维持了相当高的占比。

上述统计分析数据，足以说明《铁路协会会报》广告收入绝对是协会的经济支柱。

而相应地比较会刊直接成本（只计算稿费、印刷和发行支出费用），则其广告收入的费效比高得吓人。从 1915 年度到 1920 年度，广告收入分别是会刊直接成本的 3.16 倍、5.37 倍、6.91 倍、4.26 倍、3.04 倍、5.80 倍。

从广告收入与协会整个支出费用来看，从 1915 年度到 1920 年度，会刊广告收入占协会总支出的比例分别为 121.41%、122.14%、117.70%、62.53%、53.35%、53.47%。从中可以看出，早期的 1915—1917 年 3 个年度，会刊广告收入完全超出了协会的年度支出总额，不仅能覆盖总支出，还分别盈余 21.4%、22.14% 和 17.7%；1918—1920 年 3 个年度，会刊的广告收入虽然不能完全覆盖协会总支出，但仍然占了超过 50% 的比例。

协会会刊的广告收入成为整个协会的主要经济支柱，支撑起整个协会各项工作正常运转，这不能不说是一个奇迹。这在民国时期的建筑期刊中实属罕见。

不过，所谓花无百日红。《铁路协会会报》这种局面没能持续下去，此后不久就开始走下坡路，后来被迫再度改刊名，进而被合并进其他期刊，直到最后停刊。

2.《建筑月刊》：依靠广告和发行维持期刊正常运行

《建筑月刊》的主要收入来源为广告收入和发行收入。

《建筑月刊》没有定期发布年度收支明细，其真实的经济运行数据难以稽考，只能根据其期刊上的表现进行分析，有关数据则根据其公开信息进行折算汇总得出。

《建筑月刊》从 1932 年 11 月 1 日创刊号第 1 卷第 1 号出版，到 1937 年 4 月第 5 卷第 1 号止，在不到 4 年半的时间里总计出版了 45 期（其中 4 期为合刊），总体上基本保持了月刊的出版节奏。与《中国营造学社汇刊》简单进行页面比较，就可看出两者的区别。

《中国营造学社汇刊》《建筑月刊》总页面与广告页面数对比　　表 7

刊名	实际出版期数 / 期	内文页数 / 页	广告页数 / 页	免费广告页 / 页
中国营造学社汇刊	22	4 968	—	24
建筑月刊	45	3 842	1 140	42

注：内文页面数不含目录与版权页，免费广告指该刊及其主办单位自身或互换的宣传广告。

据表 7 统计数据，《建筑月刊》平均每期刊登广告 26.27 页，广告页数占总页数之比为 30.8%，即该刊接近 1/3 的页面内容是广告。《中国营造学社汇刊》平均每期 1 个广告页面，且其所刊登的广告属于中国营造学社自己的刊物或学社、社友所出版图书的宣传广告，没有广告收益可言。《建筑月刊》除了刊登宣传自己和协会所办补习学校的招生等免费广告总计有 42 页外，其余 1 140 页属于收费的有效广告。

1）广告收入

《建筑月刊》的广告定价一直没有变化，封底 75 元 / 页，封二、封三 60 元 / 页，封二、封三对面页为 50 元 / 页，普通内页均为 45 元 / 页。为简便计算《建筑月刊》的广告收入，这里把其所有广告的价格标准都定为价格最低的普通页广告 45 元 / 页，以此计算 1932—1936 年 45 期的广告收入为 51 300 元。

这里以《中国营造学社汇刊》的相关数据作为参考计算依据。

崔勇在研究中曾列出《中国营造学社汇刊》的印刷成本，1932 年 2 563.84 元、1933 年 3 565.15 元、1934 年 6 727.00 元、1935 年 8 916.40 元、1936 年 6 979.30 元[①]，5 年印刷费总计为 28 751.69 元。假设《建筑月刊》和《中国营造学社汇刊》1932 年到 1936 年的印刷成本相同，则《建筑月刊》的广告收入支付上述印刷费后还有余额 22 548.31 元，完全属于绰绰有余。

从广告客户投放广告期次数等方面分析，广告客户对《建筑月刊》的黏度很高，属于可持续性的广告客户资源。

《建筑月刊》广告客户投放次数表　　表 8

事项	营造厂		建筑材料设备厂商		外国洋行	
	2 次以上	10 次以上	6 次以上	10 次以上	2 次以上	10 次以上
企业数 / 家	42	5	48	30	44	16

---

① 崔勇 . 中国营造学社研究 [J]. 南京：东南大学出版社，2004：72.

表 8 为本书统计得出的各领域广告客户在《建筑月刊》投放广告的数量。营造厂、建筑材料设备厂商和外国洋行分别投放 2 次、6 次和 2 次以上的企业数量相差不大，但从在《建筑月刊》上投放 10 次以上的企业类型来看，营造厂只有 5 家，建筑材料设备厂商有 30 家，外国洋行有 16 家，说明建材设备企业和洋行企业对《建筑月刊》的黏度更高。

《建筑月刊》1937 年第 5 卷第 1 期，即停刊前最后一期广告索引，80 多家广告商投放 67 版广告

把表 8 中的营造厂、建筑材料设备厂商和外国洋行三类广告商，按各自领域在历年的广告投放总期次数进行统计排名，结果如下。

营造厂：馥记营造厂和新仁记营造厂，都投放了 43 期，接下来依次是久记营造厂（17 期）、安记营造厂（13 期）、协隆建筑公司（12 期）、昌升建筑公司（7 期）、余洪记营造厂（6 期）、新申营造厂（6 期），投放 5 期的有怡昌泰营造厂、新亨营造厂、潘荣记营造厂、久泰锦记营造厂、江裕记营造厂、达昌建筑公司、创新建筑厂。

建筑材料设备厂商：大中机制砖瓦公司（44 期）、公勤铁厂（42 期）、瑞昌铜铁五金厂（28 期）、新成钢管制造公司（26 期）、合作五金公司（25 期）、中国铜铁工厂（25 期）、中国制钉公司（25 期）、开滦矿务局（24 期）、荣泰铜铁翻砂厂（24 期）、启新磁厂（22 期）、大美地板公司（22 期）。

外国洋行：美商美和洋行（33 期）、美商大来洋行木部（24 期）、英商孔士洋行（23 期）、比利时钢业联合社（23 期）、商英吉星洋行（21 期）、美商茂和公司（21 期）、英祥泰木行（19 期）、英商中国造木（18 期）、英商茂隆公司（13 期）、法商雪铁龙（12 期）、英商开能达公司（12 期）。

营造厂榜单前四名，都与《建筑月刊》主办单位上海市建筑协会关系密切。并列榜首的馥记营造厂和新仁记营造厂，厂主分别是陶桂林和竺泉通，第四名安记营造厂厂主是陈松龄，3 人都是上海市建筑协会的发起创办人之一，且协会于 1934 年 12 月设立《建筑月刊》刊务委员会后，竺泉通、陈松龄是 3 位刊务委员会成员之一。3 人支持自己的刊物，实属分内事。排名第三的久记营造厂厂主张效良，是上海营造界的老资历、领头人，27 岁就被选为上海市水木公所董事长，1930 年水木公所改组为上海市营造厂同业公会，张效良被同行们推举为主席委员。当 1930 年陶桂林、杜彦耿、汤景贤等年轻一辈营造界企业家、建筑专家们发起组建上海市建筑协会时，上海市营

《建筑月刊》1936年第4卷第3期封面刊登开山砖瓦公司广告

造厂同业公会内部非议声很大，张效良以开放包容的胸襟做了很多内部说服工作，助力上海市建筑协会顺利成立①。他的企业支持《建筑月刊》属于正常的友情支持行为。

建筑材料设备商和外国洋行前十名投放广告的总期次数明显高于营造厂。如果只取排名前十的10家企业来看，营造厂总计投放广告157次，多数是整版广告；建筑材料设备商总计投放广告285次，小部分是半版广告；外国洋行投放广告207次，有一些是1/2版或1/4版。高频次投放广告为的是增加企业及产品的曝光率，由此观之，建筑材料设备商和外国洋行更为倚重《建筑月刊》，与其黏性更高，更期望通过在《建筑月刊》上进行更多次数和更高频次的广告投放来渗透和影响《建筑月刊》的主要读者即营造厂家，争取让这些营造厂家对自己所提供的产品和服务给予更多的关注，在施工中选用自己的产品。这符合广告营销的客观规律。

《建筑月刊》十分重视造势和发展广告业务。其前身《上海建筑协会会报》在1931年2月上海市建筑协会正式成立时曾出版过一期《上海市建筑协会成立大会特刊》，招揽刊登了31家企业的整页广告。《建筑月刊》1932年正式创办后，从第2卷开始每卷的第1期都被列为周年特刊大张旗鼓宣传，每一卷的这一期广告量都比较大，如第2卷第1期广告页47页、第3卷第1期26页、第4卷第1期33页。1937年停刊前最后一期第5卷第1期的广告页共67页，占当期全部页面180页的1/3以上。

《建筑月刊》还在1936年第4卷第3期的封面刊登了开山砖瓦股份有限公司的整版广告。笔者研究发现，民国时期的建筑工程期刊中只有《道路月刊》在1933年曾开封面刊登商业广告先河。

2）发行收入

《建筑月刊》没有刊登发行相关数据。这里参考、借用崔勇研究《中国营造学社汇刊》的数据来比较分析。《中国营造学社汇刊》1932年书刊销售收入为666.57元，定价为六角一册，以此为基准可以粗略计算当年其有效发行量大约为1100册。如果以此作为《建筑月刊》的发行量，《建筑月刊》每册定价为五角，则其全部45期发行

---

① 张效良所接到的信[J].上海建筑协会会报，1930（8）：2-3.

收入为 24 750.00 元。其中还没考虑《建筑月刊》发行量高出 1 100 册基数部分，由于上海市建筑协会曾经多次安排协会各要员带队发动征集会员竞赛活动，再加上该段时间是上海建筑市场蓬勃发展和最为活跃的时期，《建筑月刊》发行量基数应该比 1 100 册高出许多。

如此可以估算出 1932—1937 年间《建筑月刊》的广告发行总收入最少有 74 610 元。按前述印刷成本测算年均印刷费大约 5 600 元，5 年半总计印刷费大约 30 800 元，广告发行收入是其一倍以上。

此外，由于《建筑月刊》是上海市建筑协会所办，其会员根据协会章程每年需要缴纳会费 20 元，这也是一笔不菲的收入。上海市建筑协会自身业务不需要像中国营造学社设置文献部和法式部，人员方面会少许多，《建筑月刊》只是一个编辑部架构，无须去各地测绘、考察、调研等，与中国营造学社相比，薪酬支出、办公费用、差旅费用、科研设备等费用少得多。

由上述测算可以看出，《建筑月刊》通过广告和发行收入维持其存续和良性发展完全不成问题，甚至能实现一定的盈利。

3.《中国建筑》：广告发行"尚堪维持现状"

以建筑师为主要读者对象的《中国建筑》也没有刊登收支明细。但从《中国建筑》版面中可以看出其经营模式和《建筑月刊》高度类似。《中国建筑》自己说过："虽然印刷费是那样的高，可是以广告和发行两部的收入来相抵，尚堪维持现状。"[1] 可见该刊在一定时期内靠广告和发行收入能够维持期刊运转。至于此后社会不景气，物价上涨、广告商不守信用等因素造成该刊一定时间的出版脱期延期，是另一回事，此处不再详论。

5.2.3 会员保障型

《道路月刊》是这方面的典型。

1.《道路月刊》：会员会费收入占协会总收入比例超过四分之三

《道路月刊》在发行和广告经营方面有不少亮点。

《道路月刊》的发行工作实际上是与主办单位中华全国道路建设协会征集会员活动绑在一起的，在征集会员时就设置了回馈月刊份数的条款，协会会员征集活动与

---

① 卷头弁语．中国建筑 [J].1934，2（9/10）：目录后 1 页．

《道路月刊》的发行征订呈高度正相关关系。

《道路月刊》的广告内容主要是由道路延伸出去的交通运输工具等产品。如早期汽车公司广告较多；英商邓禄普橡皮公司比较早就在《道路月刊》上刊登其轮胎广告，一直持续到该刊停刊，可以说是《道路月刊》最忠实、黏性最强、投入最多的广告客户。到了中期以后，汽车广告品种增加，包括美国福特多款汽车及汽车修理系列，固特异汽车轮胎、古德立车胎等，美国通用汽车公司雪佛兰、新别克汽车等不同车型。此外还有不少普通生活消费品广告，种类较杂，包括药物、饭店、食品、酒店等，刊登期次最多的是韦廉士红色补丸，长达数年，并曾整年刊登近十种香烟广告，多期刊登柯达公司摄影比赛广告。

相比较而言，涉及《道路月刊》自己竭力宣传的道路建设方面的筑路与机械方面广告很少，仅有德商拖运机、美国开泰披拉厂制造的开筑马路机。建筑公司仅有馥记营造厂。国内相关产品很少，震旦机器铁工厂1933年在《道路月刊》上刊登了5期封面广告，比上海市建筑协会《建筑月刊》刊登封面广告早了3年，开创了民国建筑期刊刊登封面广告的先河，从中可以看出《道路月刊》敢于尝试的创新精神和灵活实用的经营思想。

美国通用公司长期在《道路月刊》投放汽车广告

英国邓禄普橡皮公司长期在《道路月刊》刊登车胎广告

《道路月刊》1933年第41卷第1号开建筑期刊刊登封面广告先河

不过，《道路月刊》的发行销售和广告经营总收入，还是无法实现对期刊印刷费这项硬性支出成本的盈亏平衡。

表9统计了1921年协会成立以后到1929年协会的收支情况。其中，《道路月刊》发行收入是月刊的第一大收入，远远超过广告收入：广告收入共计4 453元，发行收入13 694元，两项收入合计18 147元。但同期《道路月刊》的印刷费为22 389元，

中华全国道路建设协会 1921—1929 年收支明细表（单位 / 元）　　表 9

收入		支出			
项目	金额	项目	金额	项目	金额
会费	11 4604	房租捐税	7 878	员役薪津	46 657
补助费	4 960	器具	1 426	邮电什费	12 681
道路月刊销售	13 694	书报文具	2 442	月刊印费	22 389
道路丛刊销售	3 282	丛书印费	5 594	印刷费	4 590
市政全书销售	4 805	调查经费	1 025	征求经费	6 667
道路全书销售	763	开会费	1 381	付广告费	48
广告收入	4 453	交际费	3 551	干事旅费	1 689
利息	1 948	合计	23 297		94 721
实用筑路法销售	82	—	—	—	—
总计收入	148 591	总计支出		118 018	

数据来源：《道路月刊》1929 年第 29 卷第 3 号的 1921 年 5 月—1929 年 6 月收支总表

月刊总收入只够支付期刊印刷费的 81%，不足以覆盖月刊的印刷成本。若加上月刊工作人员薪金、办公费用等，就差得更多了。

《道路月刊》广告发行收入仅占协会总收入的 12.2%，当然谈不上经济支柱。实际上，协会的经济收入支柱是每年大张旗鼓开展会员征集活动得来的会员费，总计为 114 604 元，占协会全部收入的 77%，基本可以覆盖协会的总支出（118 018 元）。

与前面论述过的《铁路协会会报》早期仅靠广告收入就支撑起整个协会运转相比较，《道路月刊》恰恰相反，属于依靠协会会员会费支撑协会和期刊运行的典型例子。

2. 其他期刊情况

依靠会员会费生存的建筑期刊为数还不少，由学会、协会主办的期刊或者由校友会等主办的期刊，大多属于此类。像封面标注为河海专门工程学校发行、实为该校校友会所办的《河海月刊》，经费来源于本校教职员及毕业生已任职者刊费二元，在校学生每年一元，不足再由学校补贴。1920 年，该刊再次刊登编辑部启事："所有前卷刊费未缴诸君，务希即日汇寄，以资周转而清手续，本卷全年刊费亦希早为惠下，藉资接济，无任盼祈。"[1]对校友会会员的经费依赖程度如此之深，可以说离开他们每人一元、二元的刊费支持，该刊就难以周转了。类似的如杭州之江文理学院土木工程学

---

[1] 编辑部启事二 [J]. 河海月刊，1920，3（1）：封 4.

会《之江土木工程学会会刊》，由于经费困难，致使只能由学会决定由每位会员捐助出版费，依靠会员捐助、系里和已毕业同学捐助等，第 1 期才得以出版，但比原计划延期了两个月。

5.2.4　衣食无忧型

这一类型的期刊大多由建筑工程相关行政主管机关所办，依靠的是主办机关的人力物力财力全方位保障，完全不用到市场上去参与竞争和获利。

前述不售卖期刊、不刊登广告的十几种期刊都属于衣食无忧类型。但仔细研究这些期刊的内容，多数为官样文章，各种文告、公示、规定及机关事务等占了期刊内容的绝大部分，对主办机关推动工作能产生一定作用。因事而设的期刊则事毕刊终，如《黄河堵口复堤工程局月刊》，随着黄河堵口复堤工程合龙，记载该工程修建过程的该刊也就停刊了。

建设机关、公路机关、铁路机关及水利工程兴修部门等主办的期刊许多都属于衣食无忧模式。这一类建筑工程期刊的价值主要体现在宣传主办机关的各项工作部署和成果等方面，不同于社会化和市场化的期刊运作模式，留给后人的更多是该机构各项工作的史料学价值。

本书发现一个特例。《营造旬刊》的亏损由两家联合主办单位以补贴的方式补足，维持出版：该刊1948年1月、3月分别净亏国币 10 403 333 元[①]、3 603 000 元[②]（国民党统治区此时货币贬值异常严重），均由联合主办的中华民国营造业工业同业公会全国联合会和南京市营造工会平摊足额拨补；经过主办单位"输血"，到 7 月《营造旬刊》终于实现盈利，净盈利国币 15 069 000 元[③]。

民国时期建筑期刊各有生存之道，表现在期刊运作和面貌上各具特色。稳定的政治经济局势是其生存发展的前提，当日本帝国主义全面发动侵华战争，覆巢之下岂有完卵，这些建筑期刊便大多陷于风雨飘摇之中，绝大多数都停止了出版。讨论和分析他们的生存之道，有助于更为全面地认识这些期刊的具体运作情况和历史价值，对今天的建筑期刊出版也不无启迪和参考借鉴意义。

---

① 营造旬刊经费收支表：民国三十七年一月份 [J]. 营造旬刊，1948（36）：4.
② 营造旬刊经费收支表：民国三十七年三月份 [J]. 营造旬刊，1948（41）：7.
③ 营造旬刊经费收支表：民国三十七年七月份 [J]. 营造旬刊，1948（53）：5.

6

民国时期大学建筑期刊研究

　　1904 年清政府颁布《奏定学堂章程》，1905 年成立学部，总管全国教育，并下诏废除科举，这意味着中国上千年传统教育制度的彻底终结，新式教育在全国逐渐全面推行开来 ①。《奏定学堂章程》共有 20 种章程，其中的《大学堂章程》将工科大学分为 9 门，土木工程学门和建筑学门都包含在其中。这是建筑行业纳入近现代高等教育体系的开端。

　　中华民国成立后，北洋政府教育部在 1912 年、1913 年颁布了新的大学规程，对土木和建筑各科的课目也有明确的规定 ②。在时代大变化、中国面临现代化转型之际，土木工程科系率先于建筑科系登上我国高等教育的舞台。

6.1　我国近代建筑教育的兴起与大学建筑期刊的兴办

　　考察中国近现代史上土木建筑高等教育起源，可以发现 1895 年盛宣怀奏请设立中国最早的大学北洋大学，即设立了法科与工科，工科又分为土木工程、矿冶工程、机械工程三学门，第二年盛宣怀又奏请在上海设立南洋公学，后来发展为交通大学。由此盛宣怀被认为是我国工程教育的奠基人。后各大学陆续设立工科，土木、矿冶、机械诸专业最早设立，电机次之，"此实由于一国开发之始，建筑铁路、采矿冶金，

① 黄元炤.中国近代建筑纲要（1840—1949）[M]，北京：中国建筑工业出版社，2015：82-93.
② 赖德霖，伍江，徐苏斌.中国近代建筑史：第二卷 [M].北京：中国建筑工业出版社，2016：333.

恒为人所先注意者，而一切工业之基础，亦在于此。"①

在此要提及唐山路矿学堂，因为多位建筑期刊人与该校颇有渊源。该校的前身是 1896 年为"专授造桥、造路工程各事"而设立的山海关北洋铁路学堂。1912 年中华民国成立，唐山路矿学堂改归民国政府交通部，改名唐山铁路学校，第二年改为交通部唐山工业专门学校，铁路工程科更名为土木工程科。此后，土木工程类的专业在一些地方大学里陆续开办，比如交通部上海工业专门学校。1921 年，交通部总长叶恭绰整合上海工业专门学校、唐山工业专门学校、北京铁路管理学校和北京邮电学校四所交通部管理的学校，统称为"交通大学"，叶恭绰任校长。下设京、沪、唐三校，并进行学科重组，上海的土木专业转入唐山，唐山的机械专业转入上海。这番调整影响到了当时正在上海工业专门学校土木工程大三学习的杨锡镠、赵祖康（前已研究论述过二人），他们和同学们随之而转到唐山继续大四的学业，直到毕业。此外，本书前面论及的多位建筑期刊人也都出自上述交通系的大学，如杜镇远毕业于唐山路矿学堂，茅以升毕业于交通部唐山工业专门学校，林同棪毕业于交通大学唐山土木工程学院，凌鸿勋任交通大学校长、交通部南洋大学校长，李书田任交通大学唐山土木工程学院院长。

我国房屋建筑方面的高等教育则出现较晚，其肇始当首推苏州工业专门学校建筑科。

1923 年，江苏省立第二工业学校改为江苏省立苏州工业专门学校（简称"苏州工专"），正式创立建筑科，日本留学回来的柳士英任科主任②。从日本留学归国在湖南大学任教的刘敦桢于 1926 年也来到苏州工专建筑科执教。刘敦桢是本书前面已分析过的建筑期刊人之一。

国民党取得政权后进行教育改革，实行大学区制度，当年底，苏州工专与其他院校合并成立第四中山大学，后更名为中央大学，苏州工专建筑科并入工学院内，1928 年改为建筑工程科，并同时设有土木工程科③。

南京民国政府强调实用科学教育，1929 年 4 月 26 日公布《教育宗旨及其实施方针》明确"大学及专门教育必须注重实用科学，充实学科内容，养成专门知识技能，

① 李书田 . 中国工程教育之纵横观 [J]. 北洋理工季刊，1935，3（3）：1.

② 黄元炤 . 中国近代建筑纲要（1840—1949）[M]. 北京：中国建筑工业出版社，2015：142.

③ 国立中央大学本部组织大纲（1928）[Z/OL].（2018-03-23）[2023-11-11]. https：//history.seu.edu.cn/2018/0324/c18687a210599/page.htm.

并切实陶融为国家社会服务之健全品格"①，8月14日公布《大学规程》第一章第二条规定，"大学依《大学组织法》第五条之规定，至少须具备三学院，并遵照中华民国教育宗旨及其实施方针，大学教育注重实用科学之原则，必须包含理学院或农、工、商、医各学院之一。"②

由此，作为实用科学的土木建筑与房屋建筑高等教育在 20 世纪 20 年代末得到快速发展，北平、东北、广东、浙江等地都陆续有大学开设土木工程系或建筑系，以满足当时国家建设对专业人才的需求。

在这些大学兴办土木工程和建筑系的过程中，陆续出现一些建筑期刊，见表1：

民国时期大学出版的建筑期刊概览　　　　　　　　　　　表 1

刊 名	出版发行
河海月刊	南京河海工程专门学校校友会
土木工程	浙江大学土木工程学会
国立清华大学土木工程学会会刊	清华大学土木工程学会
南大工程	岭南大学工程学会
工程学报	广东国民大学工学院土木工程研究会
校风·土木工程（后改为"土木"）	中央大学土木工程研究会
复旦土木工程学会会刊	复旦大学土木工程学会
之江土木工程学会会刊	之江文理学院土木工程学会
建筑	中央大学建筑工程系三二级学生

6.2　民国时期大学建筑期刊概况

民国时期大学建筑期刊主要是由在校学生和毕业学生推动创办的，大多由学校相关学会社团组织负责编辑出版和发行，主要目的一是联络同学、师生之间的感情，二是交流切磋学术心得，推进土木工程和建筑学科技术水平提高。从实际出版情形来看，大多存在编辑人员不稳定、期刊经费比较紧张、出版刊期较长且不固定等问题。

---

① 中华民国教育宗旨及其实施方针 [J]. 教育部公报，1929，1（5）：政府命令 2-4.
② 大学规程 [J]. 教育部公报，1929，1（9）：84.

6.2.1 主要由大学里的学术团体主办，个别由校友会或学生主办

民国时期各大学的土木工程系，基本都成立了以学生为主体的学会、研究会等学术团体（如下图），并在学会成立过程中或成立后就决议要出版学会自己的期刊。表 1 汇总的 9 种大学建筑期刊，其中 7 种由各自学校的专业学会、研究会等学术团体主办。

原载浙江大学土木工程学会《土木工程》1930 年 3 月第 1 卷第 1 期

浙江大学土木工程科从 1927 年开办，1929 年成立土木工程学会。1929 年 9 月，浙江大学土木工程系三年级学生发起组织土木工程学会，经过 3 个月筹备，浙江大学土木工程学会于当年 12 月 10 日成立。此前的 11 月 25 日，第三次理事会上编辑股报告筹备刊物经过，经过大家决议，刊物名称定为《土木工程》。1930 年 1 月 8 日，第四次理事会研究筹措《土木工程》出版经费办法，决定本会会员常年会费，由开学时随入学各种费用一起，请学校会计处代收。1930 年 3 月，该学会正式出版发行《土木工程》第 1 卷第 1 期[①]。

1930 年，广东国民大学工学院土木工程科设立。1932 年，有同学"深感团结之必需，切磋之重要"，发起成立土木工程研究会，"积极筹备，草大纲，拟章程，先后呈请学校批准立案，基础既定，于是广发通告，征求会员，不数日间，整个工学院之同学，几已全数加入"[②]。11 月 26 日正式举行成立大会，此后研究会各种活动陆续开展，其会刊《工程学报》第 1 卷第 1 期于 1933 年 1 月 15 日正式刊行。

复旦大学 1925 年就有了土木工程系毕业生，到 1932 年毕业了 158 人。复旦大学的土木工程学会会员分为会员（该系在校生）、会友（该系毕业或肄业学生）、顾

---

① 吴锦安. 会务 [J]. 土木工程，1930，1（1）：88.

② 张建勋. 会务报告 [J]. 工程学报，1933，1（1）：91.

问（该系教授）。为加强联络、沟通，研究工程学术，该学会较早就筹划出版期刊，因为"九一八"事变和"一·二八"事件相继发生，致使一部分搜集到的稿子不知去向 ①，到 1933 年才出版了第 1 期会刊。

1929 年秋，杭州之江文理学院增设土木工程系，1930 年，之江土木工程学会成立，到 1934 年会员由最初的 20 余人发展到 120 多人。从一开始该会就注重研究、考察和出版诸事宜，但由于经费困难，直到 1934 年 5 月，《之江土木工程学会会刊》才正式创刊 ②。

这些期刊的出版发行单位，大多是各校土木工程系所成立的土木工程学会或研究会。其大背景是 1927 年到 1937 年，是所谓的国民政府时期的"黄金十年"。"黄金十年"势必会加大铁路、公路、水利等土木工程建设投入，反映在大学教育上便如上所述各大学纷纷增设土木工程系以满足社会对土木工程人才之需。各校各系科相关学会成立后，创办会刊成为学会的一项重要工作。

表 1 中有两个例外，一个是南京河海工程专门学校校友会所办的《河海月刊》，一个是抗战时期迁到重庆的中央大学建筑系学生所办的《建筑》。《河海月刊》前 8 期（含 1 期增刊）和《建筑》所有期次，都是手写油印。

1917 年 11 月，南京河海工程专门学校在中国大学里率先创办建筑专业期刊《河海月刊》。《河海月刊》有别于前述期刊的是，从创刊第 1 期开始，到目前图书馆能查到的馆藏最晚期次，一直都标注为学校出版发行，但实际上该刊最初是由其校友会编辑出版、学校出版部主任负责指导，到第 8 期铅印版才明确了总编辑为该校教授、著名水利专家李协（李仪祉）。

1937 年 12 月，南京沦陷，中央大学 11 月提前西迁到重庆沙坪坝。1943 年，该校建筑系三二级学生办起了一份刊物《建筑》。第 1 期"后记"的作者署名为"謄文公"，此名不是真名，大抵是谐音"誊抄文章的人"之意，实际上《建筑》是该班全体同学集资共办的手写油印刊物。与前述大学里的土木工程期刊不同，该刊是房屋建筑期刊，内容并不涉及铁路、公路和水利工程等方面。

① 王壮飞 . 编余谈话 [J]. 复旦土木工程学会会刊，1933，1（1）：141.

② 邢定氲 . 之江土木工程学会会史 [J]. 之江土木工程学会会刊，1934（创刊号）：136.

6.2.2 经费紧张，刊期大多以年刊或不定期为主，各期页码多少不等，随意性较强

据苏云峰《中国新教育的萌芽与成长（1860—1928）》（北京大学出版社，2007）统计的数据，20世纪20年代起，中国掀起兴办高校热潮，1917年只有22所大学，到1926年增加到50所。1929年全国高校有76所，在校学生29 000余人，到1937年抗战全面爆发前，计有高校91所，在校学生31 000多人。但教育经费不足问题一直存在。1914—1920年，教育经费仅占北洋政府总预算的1%，军费开支则占了40%以上。南京民国政府重蹈北洋政府覆辙，常将教育经费挪作军需开支，以致1928年引发南京第四中山大学学生发起免费运动，引起一连串学潮发生。直到全面抗战前夕，民国政府的中央文化教育预算仍然不到当年总预算的5%。不过高等教育尤其是民国政府管理的院校的经费基本能做到不拖欠，殊为不易。但也仅此而已了。所以表1所列高校出版期刊，大多只能以学会自筹资金的方式解决出版经费问题。

《河海月刊章程》第（四）条规定："经费暂由本校担任。"该刊前期以手写油印方式而不是铅印方式出版，经费不足问题是主因：该刊1918年6月第7期刊登启事，说"本月刊自出版以来因限于经费以故，历次均用油印"，一些已毕业学生会员提议改用铅印，经费拟由本校教职员及毕业生已任职者赞助大洋二元，不足再由学校补贴，考虑到毕业生的需要，且油印形式确实不美观，又难长久保存，就决定9月份起改出铅印版，除去上述赞助款项外，"在校学生则每年助洋一元"。这样，该刊才由手写油印变成了铅排印刷。1920年，该刊再次刊登编辑部启事："所有前卷刊费未缴诸君，务希即日汇寄，以资周转而清手续，本卷全年刊费亦希早为惠下，藉资接济，无任盼祈。"如果不是经费紧张，编辑部不至于发启事催缴刊费，更不至于说"以资周转""藉资接济"这样的话，其后更是呼吁校内外同学对"扩充本刊及筹费各项办法"给予赞成支持。

《之江土木工程学会会刊》由于经费困难，致使只能由学会决定由每位会员捐助出版费，依靠会员捐助、系里和已毕业同学捐助等，第1期才得以出版，但比原计划延期了两个月。此后，由于会费无剩余，原定每年出版1期的《之江土木工程学会会刊》在1934年出版了第1期之后停了1年多，到1936年经费筹措有改善和成效之后，才接续出版了第2期会刊。

其余各刊大多存在类似问题。

浙江大学土木工程学会的《土木工程》1935 年 3 月第 3 卷第 1 期编后语中，编辑吴沈钇感慨万分："创刊至今为期五载，前赖历届编辑负责之力，辗转于风雨飘摇之中，惨淡经营……"

1934 年 6 月 1 日《复旦土木工程学会会刊》第 3 期的编辑在"编后"中也十分感慨："经半载之筹备，惨淡经营，第三号会刊于今始与诸君相见。"

清华大学在日本全面侵华后被迫辗转迁徙，由北平到湖南再到云南。在昆明期间，其土木工程学会会刊"经费困难，本刊在昆明出版一期后，停顿已达四载"，直到 1944 年才再次出版 1 期[1]。

岭南大学工程学会《南大工程》是民国时期建筑期刊中在抗战胜利后少有的复刊期刊之一。其 1948 年复刊第 1 期的"编余语"中说，因为经济拮据，不得不减少了六分之一的篇幅。复刊第 2 期的"编后话"中，说到经费方面的问题，"因为目前币制的低跌，纸张……人工的飞涨，都在我们的预算外跳跃着"，幸好在征求广告上得到"各旧同学的帮忙与爱护"，更得到有关剧团演出曹禺名作《日出》为该刊出版基金筹款，这才促成该刊复刊第 2 期的出版，为此"万二分感激"。经费紧张的状况跃然纸上。

广东国民大学土木工程研究会《工程学报》创刊号，全靠学校补助印刷费 150 元，卢熙中院长捐助 20 元、黄森光教授捐助 10 元、李文邦教授捐助 10 元、温其潘教授捐助 5 元、罗清滨教授捐助 5 元，加上伟文印务局捐助 40 元[2]，这才得以印刷出版。

经费方面比较困难，还有另一个佐证。表 1 所列期刊，多数都刊登了征稿启事，没有任何一种期刊在启事中表示过要向作者支付稿酬。这一点和其他一些民国时期建筑期刊颇为不同，如《中国营造学社汇刊》《建筑月刊》《中国建筑》都在各自的征稿启事中标明了稿酬标准。表 1 中的期刊，其征稿启事大多只表示要给采用了稿件的作者酬寄当期刊物，大家都默契地绝口不提稿酬的事，经费方面的困难和压力显而易见。

由于经费困难，表 1 所列期刊大多为年刊或不定期，能坚持按期出版的不多，每期页码时多时少，显得比较随意。

---

① 陶葆楷. 前言 [J]. 国立清华大学土木工程学会会刊，1944（6）：2.
② 本报启事之一 [J]. 工程学报，1933，1（1）：92.

6.3 办刊目的与内容

6.3.1 办刊目的重在联谊与学术交流

民国时期的高校期刊，大致有四方面功能：促进教学；联谊、纪念，反映一种特别的群体精神；促进校际、学校与社会的学术交流，进而指导、推进社会进步；记载学校历史，光大学校荣誉[①]。

民国时期高校建筑期刊，特别突出校友联谊和学术交流。1936年12月出版的《之江土木工程学会会刊》第2期，刊登了署名为徐錄所写的《会刊序》，很能代表这些期刊的共同点。

序中说，学会会刊宗旨无非为联络校内外同学的感情，以达到相互切磋研究的目的，"在校同学大都注重于学理上之研究，而校外毕业诸君，则服务工程界，必更有经验上之心得"，要想会刊日臻完善，"必校内外同学通力合作，各举所知，以相探讨乃可"，就研究学术而言，并非"必有发明及深奥理论之著作，乃可当之，凡任何工程书籍或杂志之著述，其中苟有讨论之价值者，俱可著为文字而加以研究"，而实践经验"更不必将全部工程作有系统之叙述，仅择其困难或特殊情形者，述其解决之方法，亦颇为可贵"[②]。

这篇序，讲出了大学学会所办刊物的两个目的：一是情感上"联络校内外同学之感情"，二是学术上"相互切磋"交流。表1所列期刊基本上都突出了这两个意思。

如《河海月刊》，创刊号刊发《河海月刊章程》，第（一）条"本月刊以促进河海工程专门学校职员、毕业生及在校学生之联络砥砺为宗旨"，明确了刊物的办刊宗旨。此外，该刊创刊号上就刊载了《毕业学生现实职务及通信处表》，共计29人。此后数期刊物中，都开设了学校新闻和毕业生通讯之类的栏目，每期都有毕业生、实习生发来的数篇消息通讯稿刊登，促进联络感情的意图十分明显。

浙江大学土木工程学会《土木工程》创刊号上，有3篇序、1篇创刊词。李熙谋

① 姚远，颜帅. 中国高校科技期刊百年史：上册 [M]. 北京：清华大学出版社，2017：13.
② 徐錄. 之江土木工程学会会刊序 [J]. 之江土木工程学会会刊，1936（2）：1-2.

在序二文中说"浙江大学工学院土木工程科同学，为在课余探讨学问起见，有土木工程学会的组织"，"近复汇集稿件，付之梨枣，定名为《土木工程》"。该刊第 2 期刊登了调查所得的本校土木工程科部分毕业学生联系方式；1933 年第 2 卷第 1 期上，刊登了历任本科专门教授名单和第一届、第二届毕业学生会员的工作单位、通信地址等；1935 年第 1 期，还将第一届到第四届 89 位毕业生会员的姓、名、字、籍贯、现在通信处、永久通信处等，按毕业届别一一列成表格刊载。

《国立清华大学土木工程学会会刊》第 2 期出版于 1933 年，刊登了清华大学第一届土木工程系 19 位毕业同学的详细近况；1937 年 5 月 20 日出版的第 4 期刊登了清华大学土木工程系 23 位现任教师的姓名、籍贯、职务及履历，本校历届土木工程及建筑工程毕业学生，共计 200 多人的姓名、别号、籍贯、毕业班次、服务地点、通信处等全都刊登出来，王华彬、巫振英、哈雄文、茅以升、徐世大、梁思成、张光圻、陈植、庄俊、过元熙、过养默、童寯、杨廷宝、赵深、蔡方荫、薛次莘、关颂声、夏坚白等众多成名建筑师和土木工程界名人，以及后来全面抗战时期两次入缅对日作战的远征军师长、军长孙立人等，都在其中，同时还刊登了本届毕业会员 39 人的详细姓名、字、年岁、籍贯、通信处。1944 年 7 月在昆明出版的第 6 期（复刊号第 2 期）上，除刊登历届会员录、在校同学录、本届毕业会员名录之外，还刊登清华大学土木系历届级史，在各高校会刊中堪称独树一帜。

《南大工程》1948 年复刊第 2 期，刊登了岭南大学土木工程系历届毕业肄业 96 名同学姓名及通信处、在校学生 123 人的通信处。

《复旦土木工程学会会刊》从第 1 期开始就刊出历届毕业同学近况，包括姓名、字、籍贯、现任职务、通信地址，总计 168 人。此后的每一期，在继续刊登前述名单基础上，陆续增加新的名单，如第 2 期增加了 12 人，总计 180 人，第 3 期人数变为200 人，到 1936 年第 7 期时，这份名单上的名字有 236 个。该刊一期不落且逐期增加刊登土木工程系历届毕业生的详细联络方式，是民国时期大学建筑期刊中做得最到位、最详尽的。

从以上各刊基本情况分析，联络同学、老师，特别是同学之间的情谊，刊发学术研究成果、彼此交流切磋，是这些刊物共同的办刊目的。

6.3.2 内容以学术性文章为主，适当兼顾社会实践和国外业界动态、最新学术成果

民国时期大学建筑期刊，其主要内容是各种总结性、研究性文章，也有部分调查性质文章，还有一些对国外工程动态和学术成果的介绍性文章。这些文章构成期刊内容的主体，部分期刊还刊载学校和本系及毕业校友新闻，但总体上看这些不是主要内容。

《河海月刊》现有馆藏样刊最多，共 25 期，刊登学术性文章 191 篇次（含连载，下同）。以下依次是《工程学报》83 篇次，《清华大学土木工程学会会刊》66 篇次，《复旦土木工程学会会刊》65 篇次。最少的是《校风·土木工程》，只有 19 篇次，这是由于它的每期篇幅最少，只有 4 页，一般只刊登 1～2 篇文章，多数时候还进行连载，此后改名《土木》继续出版。

9 种期刊总计发表论文 594 篇，其中专业著述 488 篇，占了 82%，是绝大多数，国外译介译述和纯英文文章只占 18%，如图 1 所示。说明这些期刊发表的学术研究文章主要是立足于国内和行业实际展开。

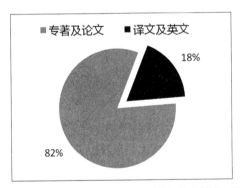

图 1　民国时期大学建筑类期刊论著与外文译述比例

各期刊对国外土木工程动态和学术研究重视程度由高到低依次为：《南大工程》，刊登译文 10 篇、纯英文 17 篇；《土木工程》，刊登译文 16 篇、纯英文 9 篇；《河海月刊》刊登译文 13 篇、纯英文 5 篇；《建筑》则刊登了 14 篇翻译文章；《清华大学土木工程学会会刊》不刊发译文，刊发纯英文 10 篇。《工程学报》声明不刊发英文稿件。《南大工程》对英文稿件最为偏爱，总共出版 6 期刊物就发了 17 篇英文稿，平均每期接近 3 篇；接下来是《清华大学土木工程学会会刊》（总计 10 篇）、《土木工程》（总计 9 篇）。

学生手写油印刊物《建筑》坚持出版了半年多，所刊发的文章介绍国外情况的内容比较多，6 期刊物 30 篇文章中，有关国外情况的翻译或译述文章 14 篇，占比为 46.7%，比译述数量最多的浙江大学《土木工程》的占比 33.3% 还要高许多。

各刊刊登的译述文章中另一个值得关注的点，是部分期刊对苏联建筑的介绍，如《河海月刊》发表的《俄罗斯水利田之将来》、《复旦土木工程学会会刊》发表的《苏俄最近采用之气压沉箱法》、《建筑》发表的《苏维埃宫》《重建史大林格勒》。

这些期刊也有一些将关注点投向了社会，表现出当时土木工程建筑从业者和准从业者的社会情怀。这些文章，针对的都是社会实际问题，从河防、水利、公路、铁路，到住房、公园、卫生工程、自来水、下水道以及旧城改造等，涉及面很广，提出各自不同的专业意见。其中《南大工程》的文章比较有前瞻性和及时性，如在 1948 年复刊出版的第 2 期中比较超前地刊出《原子炸弹与未来都市建设》一文，论述世界进入原子弹时代都市建设的发展方向，即应将"带形都市"改为"串珠式都市"；同期刊登《三峡水利工程建设》，介绍 1945 年 11 月以来民国政府与美国合作，分工木（原文如此，疑为"土木"）、机械、电机三组，开展三峡水利工程建设计算、制图和设计等情况。

《南大工程》刊发文章页面

相比较而言，民国时期大学建筑期刊对中国古代的土木工程和建筑技术、建筑艺术等，则关注得不多，刊发的文章数量比较少，主要有《河海月刊》连载味辛室主人遗稿《禹贡古今地名山川考》，《复旦土木工程学会会刊》发表李次珊的《我国清代之河防及其法规》、杨哲明的《中国历代建筑的鸟瞰》《近代的建筑》，《建筑》发表刘敦桢的《中国之廊桥》《龙氏瓦砚题记》、汪坦的《宋李明仲营造法式大木作制度内数图例试作》、吴良镛的《我国建筑装饰文样与图腾主义》《释阙》等。特别要加以说明的是，当时尚在中央大学上学、应征参加远征军的吴良镛的《释阙》一文在《建筑》1944 年第 6 期发表后，被梁思成看中，吴良镛因此成为梁思成得力助手，随后跟随梁思成一起创办清华大学建筑系，走上学术研究和从教之路，今天吴良镛已是年过百岁的两院院士、我国建筑学界泰斗级大师 [①]。不过，民国时期大学建筑期刊发表的这些与古建筑有关的文章在其总篇目中占比非常低，涉及较多的是房屋建筑，土木工程领域少得可怜。这从一个侧面反映了土木建筑领域这个时期追求的是现代科学技术，对中国古代传统土木领域中的水利河工技术重视不够，这与现代科技的发展导致现代测绘、材料、工艺及设计、施工采用大量的新理念、新科技有关。

总起来看，有两个刊物在出版内容方面比较有特点。

一个是《工程学报》。其申明"以工学之作品为主旨，诗词文艺不登"，并反复公开自己的编辑方针是"立论大众化、计算简易化、设计精确化、学术通俗化、图表显明化"。除了学术论著，该刊还开辟"工程常识"栏目，发表比较浅显易懂的专业文章以普及土木工程科技知识。另外，1936 年发表的部分著作，如广东国民大学土木工程研究会会长吴民康撰写的《战时土木工事之研究》及准备连载的《战时道路工事之研究》《战时铁道工程之研究》都非常具有前瞻性和实用性。

另一个是《建筑》。中央大学建筑系学生刊物得到系主任鲍鼎的大力支持，创刊号上鲍鼎亲自撰文《对〈建筑〉未来的希望》，后来他还将自己的学术研究成果《中国建筑与西方建筑》交给《建筑》的学生编辑以手写油印的方式出版，无疑是对这份学生刊物的莫大支持。不仅如此，该系其他教授、老师也都积极支持《建筑》的编辑出版，如曾任中国营造学社文献部主任、此时回到中央大学任教的刘敦桢教授的 3 篇论著《中国之廊桥》《龙氏瓦砚题记》《营造法原序》，汪坦的《宋李明仲营造法式大木作制度内数图例试作》，戴念慈译的《国际名建筑师（安彭）传》，都交给了这份手写字迹比较潦草、称不上工整美观的学生刊物发表。这无疑是中国建筑史和中国建筑期刊出版史上的一段佳话。

---

① 李俊. 两院院士、建筑大师吴良镛在重庆的时光 [J]. 红岩春秋，2023（9）：41-44.

6.4　期刊出版特点

6.4.1　期刊编辑方面人员变动大

编辑人员变动大、编辑专业化程度较低，导致刊物内容、栏目和风格变化大。

如《土木工程》及《清华大学土木工程学会会刊》《工程学报》，编辑负责人员先后变动了4次，《复旦土木工程学会会刊》变了5次。

《之江土木工程学会会刊》一共只出版了两期，两期上标注的编辑出版架构中，从学会出版委员会主席，到总编辑、编辑、校对、印刷、推销（发行）、广告，只保留了一个印刷人员吴志悠，其他的全部换了人：6位编辑全部更换，变为4人；校对3人全换，变为4人；印刷2人换了1个；推销2人换人，变为1个；广告3人全部更换。这意味着该刊两期刊物分别是由不同的编辑、校对完成的。这种大换班，在民国时期大学建筑期刊中较常见，这种变化带来的是期刊面貌、内容和风格变化较大。

6.4.2　绝大多数采用从左到右横排的现代排版方式

除《河海月刊》坚持采用从右到左竖排的中国图书传统排版形式外，其余的大学建筑期刊都采用了从左到右横排的西方现代书刊文字排版形式。

留美学生创立的科学社于1915年1月25日创办中文月刊《科学》，编辑部设在美国纽约绮色佳城，在上海静安寺路51号环球中国学生会设有总经理，另在国内多地设有经理员和书局销售代派处。该刊创刊号上的开篇"例言"中宣称，本杂志"专述科学，归以效实。玄谈虽佳不录，而科学原理之作必取，工械之小亦载，而社会政治之大不书，断以科学，不及其他"，标明了该刊只刊登科学文章、其他一概不刊登的编辑方针。"例言"写道："科学门类繁赜，本无轻重轩轾可言。本杂志文字由同人分门担任，今为编辑便利起见，略分次第……本杂志印法，旁行上左，兼用西文句读点乙，以便插写算术物理化学诸方程公式。非故好新奇，读者谅之。"[①]明确该刊印刷排版方面，

---

① 例言.科学 [J].1915, 1（1）：1-2.

一改中国传统出版物文字从右到左竖排的形式，变为从左开始横排文字，并采用西式标点符号，其中句号为圆点。

《科学》这种行文排版形式和标点符号的使用，开了中国科技类期刊出版的先河，对民国时期的科技期刊影响非常大。比《科学》杂志问世时间早的《中华工程师学会会报》于 1913 年在汉口创办，创刊后该刊的中文著作文字一直采用竖排，从 1916 年 8 月 31 日出版的第 3 卷第 8 期开始，该刊无论是照片的说明文字还是正文，都改为了从左到右横排的形式。这一改变，未始不是受到已经问世一年多的《科学》杂志的影响。

《科学》杂志的办刊思路和排版形式，对后起的民国时期大学建筑期刊的影响是显而易见的。民国时期大学的土木工程建筑工程类专业从 20 世纪 20 年代末开始快速发展起来，此时的《科学》已经问世 10 多年，这之后创办的大学建筑期刊，无一例外全部采用了左起横排文字的排版形式。

1917 年创刊的《河海月刊》则不然。其延续数年的栏目如"纪事""通讯""文艺"等，跟《科学》杂志只刊登科学类文章的理念相悖，可以看出其受《科学》影响甚微。《河海月刊》除英文内容外一直采用竖排文字的形式，即便后来由德国留学回来的李协任总编辑之后，尽管栏目上作了调整，甚至最后取消了与学术无关的"纪事""通讯""文艺" 3 个栏目，但该刊直到最后一期也没有改变竖排行文的传统排版形式。

民国时期大学建筑期刊在建筑工程的学科建设、学术开创性和同学校友联谊、学术交流方面起到了积极的作用，一系列学术研究成果和技术性文章对于起步期的中国建筑业来说，具有重要的推动作用。现实性、应用性和前瞻性较强的一些技术性文章，展现了建筑高校师生以科技报国的爱国情怀和关注、投身社会实践的实干精神。

民国时期铁路建筑期刊研究

——以《铁路协会会报》《粤汉铁路株韶段工程月刊》为重点

民国时期的铁路建筑期刊可以分为两类，一类是全国铁路主管机关和全国性铁路社团组织发行的期刊，另一类是各铁路干线支线建设管理局之类的机关发行的期刊。这些期刊突出的特点是，期刊的内容跟主办发行单位的政务和业务活动紧密相关。

7.1 铁路建筑期刊的兴起与发展

本书稽考分析，我国最早兴办的具有近现代期刊特征的铁路工程期刊，是清宣统二年（1910 年）由留日铁路学生社团组织"中国铁路研究会"在日本东京创办的会刊《铁路界》。

7.1.1 清末留日学生团体中国铁路研究会会刊《铁路界》

1910 年 1 月 16 日，留日铁路学生在东京集会，共商创设中国铁路研究会，决定出版"机关杂志一份，设总编辑一人"。1 月 30 日，70 余人再开全体大会选举张大义为总编辑。2 月 13 日，研究会召开职员会筹议杂志事宜，决定定名为《铁路界》，两月出版一期。7 月 10 日改选，选举陈策为正会长，居正为副会长，杨日新为总编辑①。

清宣统二年（1910 年）六月六日，《铁路界》第 1 号正式出版。设有"论说""时

---

① 本会成立始末略记 [J]. 铁路界，1910，（1）.

《铁路界》创刊号

评""历史""学科""专件""调查""谈丛""文苑""纪事"等栏目。研究会的高层和编辑骨干成为当期文章的主要提供者：第一任会长常春元发表 3 篇，第二任会长陈策 1 篇，第一任总编辑张大义发表了 6 篇，第二任总编辑杨日新发表 4 篇；其他作者中，吴树烈为建设科协编辑、刘彭年为业务科协编辑、钱启承为建设科协编辑。内容上，围绕铁路建设和管理，既有宏观的总结、论述、思考与探讨，也有具体管理方面的直抒己见，同时还有铁道建筑技术方面的论述和铁路路事方面的资讯。

中国的铁路期刊，一开始就伴随着对国内铁路事业的反思忧思而诞生。留日学生隔海回望祖国的铁路建设，提出了自己的观点和主张，张大义在长篇发刊词中指出："为中国计，则中国今日之问题有大于存亡者乎？而关系存亡之问题，有大于铁路乎？路存国存，路亡国亡。"

7.1.2　中华民国铁道协会会刊《铁道》

铁路事业对于当时及此后相当长一段时间内的中国，都具有特别意义。当时的业界人士认为，"我国铁路自发轫以来，大抵成于被动者多，成于自动者少。故借材借款，在在仰息于外人"，"夫外人何厌？牢笼侵占，权术兼施，蚕食鲸吞，缓急并用"，"假以借材之关系而侵及铁路管理权矣"，"假以借款之合同而牵及铁路所有权矣"，其"勃勃野心，迄今未少"，"长此不已，则卧榻之旁，他人酣睡，势不至举全国扼要之区尽入外人之势力圈不止，岂不大可忧哉？"[1]

"路存国存，路亡国亡"，一方面要争取铁路的主权，另一方面要大力发展铁路事业。这种对于铁路事业关乎国家存亡的认识，是当时我国有志之士的共识。

1912 年 10 月 10 日于上海创刊的中华民国铁道协会会刊《铁道》杂志，刊发了孙中山、黄兴等人的文章或演讲，无不对此予以强调。

1912 年 3 月 27 日，留学毕业归国的徐应庚、魏武英、廖德辉、李国骧等 40 余人发起，召开中华民国铁道协会成立大会。7 月 17 日在上海召开改选职员大会，选举孙中山为会长、黄兴为副会长。7 月 29 日，铁道协会召开第五次职员会议，黄兴

---

① 廖琇崑.读法文日报论中国路政有感 [J]. 铁路协会会报，1913，2（12）：47.

认为征集特别捐款和办机关报是两大必要事件。当天还议定机关报为月刊一册，其经费先由孙中山、黄兴二人承担 5 期，两人捐助了 2 500 元。由此可知，此后几期《铁道》，实际是由孙中山、黄兴二人资助出版。

图书馆馆藏收录的《铁道》杂志，到 1913 年 1 月第 2 卷第 1 号为止共 4 期。从 4 期《铁道》的编辑手法来看，正文前设图片版，第 1 期为会长孙中山题词、黄兴照片和沪宁铁道车站图，第 2 期为清江铁道黄河桥照片和沪杭铁道上海车站照片，第 3 期为北京分会欢迎孙中山、黄兴照片，第 4 期为浙江分会欢迎会长孙中山照片。这种正文前刊发业界动态照片的编辑手法，为此后民国时期建筑期刊普遍采用。

内容上，《铁道》重视言论和铁路工程技术。主要栏目中，"社论"一共刊发文章 22 篇次，"铁道实录"刊登文章 18 篇次。前者主要是宏观形势、政策措施、问题对策等方面的研究文章，后者主要是铁路建筑方法、材料和施工方面的技术文章，两者构成《铁道》杂志的主体内容。其余栏目的文章为补充和拓展性质的内容。"本会大事记"栏目内容成为协会发展历史的真实记录材料，后来的各协会刊物也都沿袭了同样的编辑手法。

《铁道》此后何时停刊、因何停刊，无法确知。另一本铁路刊物《铁路协会会刊》在其第 2 卷第 8 册刊登了一则命令"临时大总统令　孙文应即销去筹办全国铁路全权。此令　中华民国二年七月二十三日"，该令下面，有国务总理段祺瑞、交通总长朱启钤同时签署"孙文现已销去筹办铁路全权，所有铁路总公司条例内事权，暂由交通部执行"的命令。由此可以得知，孙中山被削去职权，无法再筹办铁路事业，这或许是《铁道》消失的主要原因。

7.1.3　中华全国铁路协会《铁路协会会报》

中华全国铁路协会"系全国铁路同人组织，于（1912 年）六月三十日在北京开成立大会"[①]。此后评议员"议决每月刊行会报一册，登载本会事务，并择录有关路事之学说、政见、调查、统计等件"[②]。

铁路协会的成员，包括了当时铁路行业主管机关交通部及各大铁路管理机构的实力派人物，如：铁路事业最高主管机关方面，有交通部总长朱启钤、次长冯元鼎，

---

① 本会编辑部 . 中华全国铁路协会第一次报告 [M].北京，北京日报馆印刷所，1912：27.
② 同①。

路政司司长叶恭绰、总务科科长郑鸿谋、营业科科长权量、监理科科长黄嵩龄、计核科科长丁志兰、调查科科长郑洪年、考工科科长俞人凤，交通部总务厅庶务科科长毕承细，交通部航政司业务科长徐辉辉、总务科科长张恩寿，交通部参事陆梦熊、颜德庆，交通部传习所监督罗忠诒，另有交通部各部门的书记、办事员 79 人；各铁路建设管理机构方面，有粤汉铁路副督办詹天佑，沪宁铁路总办钟文耀，正太铁路总办丁平澜，粤汉铁路督办谭人凤、会办黄仲良，吉长铁路总办孙多珏，京奉铁路会办王景春，道清铁路总办程世济，京奉铁路总办李福全等，另有铁路车站站长、副站长、总核算、总会计、车务总管、养路总管副总管及其他机构如交通银行协理任凤苞，以及陆军参谋部第四局局长姚任支，科长赵德馨、胡承祐，等等。[①]

上述罗列并不完全，但已经几乎囊括了当时中国铁路系统所有拥有实际权力的核心人物，以此会员构成为依托的《铁路协会会报》，基础自然雄厚。

就在孙中山被"销去筹办铁路全权"的 1913 年 7 月，已经出版了 9 期的《铁路协会杂志》改名为《铁路协会会报》出版，编号为第 10 期，一直到 1928 年 3 月 25 日出版到编号第 187 期（含合刊），在 14 年 9 个月的时间里，实际出版了 124 期。1929年 5 月 20 日，改名《铁路协会月刊》出版了 5 年多；1935 年 6 月又改名为《铁路杂志》；《铁路杂志》出版了两卷总计 24 期之后，1937 年 5 月，中华全国铁路协会宣布与铁道经济学社签订合并编辑协定，决定从 1937 年 7 月起将《铁路杂志》合并到铁道经济学社主办的《铁道月刊》中，归铁道部秘书厅研究室、中华全国铁路协会指导发行。整合后的《铁道月刊》于 1937 年 7 月、8 月出版了两期，此后就被日本全面侵略中国而打断了出版进程，中华全国铁路协会的期刊出版终成绝响。

7.1.4 各路局的铁路期刊多点开花与民国政府统一铁路期刊出版形式

中华民国成立以后的十多年里，政局动荡不安，中央政府里，各方势力你方唱罢我登台，地方上实力派各据一方。铁路系统的从业人士对此认识和感受尤其深刻，"民国以来，铁路之进步，迨无可道，其原因有三，一曰政潮，一曰欧战，一曰内争。政潮屡起屡伏，迄不平靖，故路政无轨道之可循；欧战既绵亘数年，其结果则四海困穷，财源竭匮，并借债之途既绝；欧战毕后，国内战争旋起，十年间，迄无宁日，

---

① 本会编辑部. 中华全国铁路协会第一次报告 [M]. 北京，北京日报馆印刷所，1912，33-86.

遂至营业不振，秩序纷乱，武人操柄，兵士横行，铁路会计，毫无保障"①，业界人士以为，民国成立，铁路建设应该比清朝要办得好而且快，"谁知军阀割据，兵祸连结，已成的铁路尚且破坏得不堪设想，哪里还有余资举办铁路？间有提倡者先把已筑未成的铁路继续修造完成的，终以内战频仍，无法措手，得不到什么结果。还有更可恨的一桩事，就是从前的军阀，竟有借了筑路款的美名来聚敛军费，中饱私囊"，以致"铁路信用，颇受妨害"②。

民国时期北洋政府各方力量走马灯似地频繁变动，人事纷乱，袁世凯死后还尤其明显地表现为军阀割据。这种动荡不安的局势下，铁路尤其是所谓的国有铁路成为地方重要资源，地方铁路局自办期刊大量出现。

1920 年，叶恭绰署交通总长。针对地方铁路局刊物出版乱象，交通部颁发训令整顿，一律改为每旬发行并规定统一刊物编排格式为命令（部令、局令）、营业概况、研究资料、公文、调查报告、各项图表、铁路浅说、各站出产、金载③。于是这一时期出现了遵照部令新颁格式，统一改为《铁路公报·某某线》和统一封面格式的地方铁路期刊，如《铁路公报·沪宁沪杭甬线》《铁路公报·京汉线》《铁路公报·津浦线》《铁路公报·京绥线》等。

南京民国政府成立后，在行政院下设立铁道部，全国铁道事业有了最高主管机关，孙科任铁道部部长。1930 年，孙科签发秘字第 4916 号铁道部令《改良国有铁路定期刊物办法》，称公报性质的刊物一向以登载公文函件为主，而各铁路局的刊物宜多刊登对路员及民众有益的资料，所以"各路刊物不宜再用'公报'名义"，部令规定，各国有铁路刊物宜统一改名为《铁路月刊》，后加"某某线"几个字，部令还提出要规定刊物的统一尺寸、封面样式，"使一望而知为国有铁路刊物"。

这是十年内第二次以行政命令方式对各铁路局期刊进行统一要求。上述部令还要求各铁路局刊要贴近读者需求、走市场化路子。部令称，现在各路刊物连篇累牍都是公文，其他内容最多不过只占四分之一，并且竟然还有全部都是公文的，出版这种刊物，纯属浪费纸张而已。部令提出要多发表"改良铁路各部分工作、增加工作效能之讨论及意见"，以及"本路之历史、员工消息、组织沿革、沿路风景、沿路物产、

① 萧仁源. 铁道世界 [M]. 北平：新新印刷局印刷，1935：667.
② 杜镇远. 弁言 [J]. 杭江铁路月刊，1933（全线通车纪念号）：1.
③ 沪宁沪杭甬铁路公报编辑体例 [J]. 铁路公报：沪宁沪杭甬线，1920（1）：卷首.

沿路各地之风俗习惯……各国铁路新闻及智识"等①。

由此，国有各铁路局的期刊再一次出现集体改刊，再现趋同模式。津浦铁路局不仅马上以专载形式刊登了该部令，还随即推出执行部令的计划书。

铁路工程建设重启后，20世纪30年代先后诞生了几种铁路工程建设类期刊，主要由分别在任职铁路工程局局长时的两位铁路工程主事者创办：一是杜镇远创办的《杭江铁路月刊》和《浙赣铁路月刊》，二是凌鸿勋创办的《陇海铁路西潼工程月刊》和《粤汉铁路株韶段工程月刊》。

7.1.5　全面抗战期间个别铁路建筑期刊的存续与新办

日本帝国主义发动全面侵华战争，1937年7月、8月后，既有的铁道期刊绝大多数都停止出版了，只有少数还存在，如北宁铁路管理局发行的《铁路月刊·北宁线》，不过已经为日伪所控制。

值得研究重视的是在大后方创刊的两种铁路工程期刊。

一是1940年1月1日创刊出版的《滇缅铁路月刊》。滇缅铁路工程局局长杜镇远撰写的"发刊词"前文已经照录。

该期"转载"栏目刊登《抗战中诞生之滇缅铁路》一文，详细分析了滇缅铁路对当时中国所具有的重要性，称其为"抗战军运的安全线""开发西南的主干线""国际交通的新路线""华侨与祖国的联络线"，工程异常艰巨，所经多崇山峻岭、陡壁深沟，沿线人烟稀疏，尤其西段所经之地，"大都为荒陬未辟之区"，往往数十百里不见人烟，想就近招雇工人，十分困难，而外省工人，水土不服，疾病丛生，但"吾人既担负起抗战建国之重大使命，自应以最大决心和最大努力，克服各种困难，以期早日完成"。文章呼吁，在这国家民族危亡之秋，滇缅铁路全体员工，各应本其所学和经验，竭尽所能，抖擞精神，加倍努力，以早日建成，滇缅铁路人虽"不能执干戈以杀敌，而建设后方，便利军运，增加抗战力量，强化复兴大业，亦即所以报效国家，尽忠民族也"②。

此刊表现出一股强烈的爱国热忱、责任担当和昂扬斗志，除上述表达以及内容上有诸多表现以外，其版面语言运用也能充分表达此中意志。每期都在卷首刊印有孙中

---

① 铁道部令改良固有铁路定期刊物办法 [J] 铁路月刊：津浦线，1930，1（1）：专载1-2.
② 抗战中诞生之滇缅铁路 [J]. 滇缅铁路月刊，1940（1）：11-13.

山遗像、遗嘱，这是国民党取得政权后各个期刊的例行做法，不足为奇。该刊在此基础上，于此特别时期，每期都特别刊印鼓舞人心和士气的标语式内容，如"抗战必胜，建国必成""国家至上，民族至上""军事第一，胜利第一"，在具有铁路工程建设期刊专业性的同时，另外具有非常鲜明的时代特征和爱国精神。

二是交通部宝天铁路工程局局长凌鸿勋于 1942 年创办的《宝天路刊》。

相比较而言，《滇缅铁路月刊》的工程建设内容更为突出，其办刊思路与方针更有研究价值。

7.1.6　解放战争期间中国共产党创办的两种铁路期刊

解放战争时期，有两种铁路杂志值得提起。一是中共东北局成立的东北铁路总局于 1946 年 12 月创刊的《东北铁路公报》；二是天津获得解放，成立了中国人民革命军事委员会铁道部平津铁路管理局，该局于 1949 年 2 月 22 日创办了新的刊物《中国人民革命军事委员会铁道部平津铁路管理局公报》。

《东北铁路公报》1948 年 1 月 6 日出版的第 106 号，发表了一篇简短的"新年献词"。这份落款为东北铁路总局、东北铁路总工会筹委会、东北人民解放军护路军总司令部的新年献词，跟从前的铁道类期刊的贺年词用语、内容迥然不同："铁路员工们、工运工作的同志们、护路军的指战员们！一九四八年开始了！让我们这支劳动大军、十倍百倍的努力，以紧张的战斗姿态，迎接新的形势下的新运输任务，完成冬季运输，配合全东北及全中国的大反攻，为争取'打到南京去，活捉蒋介石'而奋斗！"展现出共产党领导的期刊的崭新风貌，充满了战斗激情。

《中国人民革命军事委员会铁道部平津铁路管理局公报》从 1949 年 6 月第 1 卷第 73 期起改为《平津铁路管理局局报》。该刊刊载了共产党在夺取平津战役胜利后管理平津铁路和保障铁路正常运输秩序等方面的种种命令、规章和制度。

这两份期刊详细记录了中国共产党在局部地区获得胜利、夺取政权后，对当地铁路事业所开展的全方位管理和保障运营情况，具有特殊的史料学研究价值。

7.2　对《铁路协会会报》的重点研究与分析

《铁路协会会报》改名前后的期刊都算上，是出版时间最长的建筑期刊，总计 25 年。在中国的科技期刊、行业期刊中，该刊也属于最早创办的期刊之一，比《中国工程师学会会报》早 1 年，比著名的《科学》杂志早 3 年。研究《铁路协会会报》具有特殊意义。

7.2.1 《铁路协会会报》时期的运作特点

《铁路协会会报》时期从 1913 年到 1928 年，一共 15 年，在刊物运作上有以下几个特点：

1. 紧跟时政形势，刊登政府高层人物照片借势发展

从 1913 年 7 月改名后，《铁路协会会报》刊首的"图画"栏目和个别期次封面陆续刊登了诸多政界要人和铁路主管部门关键人物的照片，其中总统 4 人、副总统 1 人、国务总理 1 人，交通总长 7 人、次长 8 人，司局长 6 人。

《铁路协会会报》选择刊登照片的政要，大多是新上任、一时风头无俩的人物，像袁世凯 1913 年 10 月 10 日就任大总统，10 月份出版的《铁路协会会报》第 2 卷第 9 册、总第 12 期封面就刊发了袁世凯的"尊影"，下一期的封面接着刊登了副总统黎元洪的"尊影"，1917 年则在内页首页刊登名誉会长、国务总理段祺瑞的照片。其政治敏感性和借势运作手法相当娴熟。

刊登袁世凯像的《铁路协会会报》封面

至于铁路行业的顶头上司和话事人如交通部总长、次长及交通部路政司司长，以及手握实权和具有极强资助能力的地方铁路局局长，每到更替新人时，《铁路协会会报》都会及时跟进，在"图画"专栏里以"某某玉照"为标题予以刊载。如袁世凯就任大总统后，新的政府组建，周自齐出任交通总长，《铁路协会会报》在前面两期封面分别刊载了大总统袁世凯、副总统黎元洪的照片后，于第 2 卷第 10 册、总第 13 期"图画"专栏首页刊载周自齐的照片。

这种做法从 1913 年一直持续到 1922 年，在其中前期起步发展阶段比较常见，在同时期的其他期刊中却比较罕见。民国初年，能获得如此多的高层政要允准刊发其照片，不是一般的期刊能做到的，而做到了这一点，就反证了其自身的地位和能力，对于协会和期刊各方面的运作无疑大有裨益。

《铁路协会会报》在前期发展势头迅猛，这方面的助力因素不可忽视。

2. 善于利用协会定期大会和刊物自身庆典活动造势发展

从 1913 年开始，铁路协会每年都举办定期大会，每次定期大会，都受到会员的极大关注。《铁路协会会报》作为会刊，每次都会详细刊载大会经过，内容十分详尽，类似于纪实片，从头到尾，包括各种细节都一一呈现，不管是当时的会员，还是后来的研究者，都可以完完整整地从中知悉大会的详细信息。这成为《铁路协会会报》的特色。

类似的手法，也为后来其他协会类社团组织主办的建筑期刊如《道路月刊》《中国营造学社汇刊》所借鉴。

1921 年 1 月，《铁路协会会报》特别出版了"百期纪念号"，纪念内容包括了时任交通总长、铁路协会会长叶恭绰的序词和副会长关赓麟的序词，并集中刊登了协会负责人及各铁路局局长等要员的照片，另外包括大总统徐世昌及内阁内政总长、外交总长、农商总长、教育总长、参谋总长、参议院长、财政次长，以及浙江督军、吉林督军、陕西督军和湖北、陕西等省省长各方要人近 60 人的祝词，这种借势无疑对刊物的形象提升助益良多。

1913 年第 10 期《铁路协会会报》报道中华全国铁路协会第一次定期大会

3. 成由广告，败亦因广告

《铁路协会会报》发力广告经营，一度创造广告经营奇迹，广告收入不但保障了刊物自身的正常出版，还支撑起整个中华全国铁路协会的正常运转。这在《铁路协会会报》的前期表现得最为明显。如第 152 页表 6 所示。

关于《铁路协会会报》1920 年之前广告收入支撑起整个协会的运作尚有盈余，前面分析民国时期建筑期刊生存模式时已经论述过。

分析《铁路协会会报》的广告收入构成，可以看出其最主要的来源为铁路系统内部的各铁路局。《铁路协会会报》1915 年 6 月发行的第 33 号刊载了铁路协会 1914 年6 月—1915 年 5 月会计收支总报告，其收入项下第六款第三目"广告收入"下列出了广告来源，其中"路界广告"（即各铁路局广告）收入"银元 13 940 元"，"商界广告"收入"银元 2 091 元"[①]。

---

① 本会民国三年六月至四年五月会计收支总报告：附收支对照表 [J]. 铁路协会会报，1915，4（6）：10-14.

从德国、英国、美国等洋行积极刊登广告来看，外国洋行提供的铁路机车、钢铁、枕木、机油等物资，是当时中国国内稀缺的物资，洋货大行其道，广告投放也较多。国内的企业仅有极少数几家实体生产企业，如上海求新制造厂可提供、承造铁路车辆、桥梁及打桩机、滚路机、轮渡码头等，唐山铁路制造厂可以提供部分火车机车和客车、钢板煤车，启新洋灰公司能提供洋灰、土砖等建筑材料，其余就没啥国内企业刊登广告，说明当时国内类似产品稀少，竞争力缺乏。

不过，从 1922 年开始，中华全国铁路协会就开始走下坡路。1922 年 7 月 3 日，铁路协会第三次评议会上公开协会收入状况，由于各铁路局都挺困难，各路广告费多不能按期支到，沪宁路局广告已不能续登，"目下现款已将罄"，大家商议的办法是节省开支，压缩《铁路协会会报》印数，同时提高售价。

祸不单行的是，1922 年 7 月 22 日，协会召开临时评议会，称交通部查账委员会通知协会，将很快来协会查账。评议会讨论后一致赞成形成决议，拒绝交通部提查本会账目，改由本会评议员查账。会上，会刊总编辑、评议员吕瑞庭提出，正会长叶恭绰不在京（叶恭绰此前离开北京，后来去了广州军政府孙中山手下任职），"本会处于风雨飘摇之中，前途荆棘，而广告费多已停止，收入断绝，将来何以维持永久？"不得不筹思，"现在正会长不在京，副会长独立支撑亦恐为力甚薄"，他提议改选会长，改选前由副会长与评议员共同负责协会事务。但该提议未获表决。

没有广告支撑，从以上内忧外患的情况来看，铁路协会陷入低迷和危机已经不可避免了。从 1923 年开始，《铁路协会会报》开始大幅度压缩出版期次和页面，1923 年、1924 年都是 3 期合为 1 期出版，每年实际只各出版了 4 期；1925 年和 1926 年都是合刊后各出版 5 期，每期页面由前两年的 240 多页压缩到 110～170 余页不等；1927 年和 1928 年则进一步萎缩，都分别只是合刊出版了 2 期，1927 年的两期页面分别还有 140 页左右，到了 1928 年的两期则分别不到 60 页了。

《铁路协会会报》
第 187 期封面

1928 年 2 月协会团拜会上，副会长兼协会工作实际主持人关赓麟吐露实情，"目下会费支绌，不得不力求节省"，"本会会报，每期印 800 份以上，其中以送阅者居多数"①。当年5月,《铁路协会会报》出版了第187期后,1929年改为出版《铁路协会月刊》。

4. 期刊内容策划手法上,重视对热点问题的连续追踪报道

"铁路中外共管"与"新银团"事件事关中国铁路主权。对此,铁路协会针对外国人图谋攫取中国铁路权发起了反对"铁路共管"的舆论之战,《铁路协会会报》作为协会的喉舌,自然成为舆论战的主战场。

《铁路协会会报》从1919年开始关注上述问题,且由前会长梁士诒率先公开发表意见,此后会报先是开辟专栏"铁路救亡问题",后来连续刊发《新银团问题汇志》进行报道,对此事的追踪一直坚持了数年,发表各类文章300多篇。

从期刊内容的连续性看,该专栏针对行业重大问题发起了一次有计划、长期的宣传报道活动。整个过程可以分为酝酿发酵、发起舆论攻势、长期持续关注等几个阶段,是一次利用事件驱动型报道扩大期刊影响、以媒体力量参与并促进事件朝着预先设定目标发展、比较成功的期刊出版策划活动。

《铁路协会会报》第8卷第2号、总第77期封面及目录

1919年2月出版的《铁路协会会报》第8卷第2号、总第77期,第一次推出"铁路救亡问题"专栏,提出,"近因外人有共同管理我国铁路之计画,实与国家存亡极有关系",因此特开设该专栏,"搜集此项问题之材料,择要汇刊,名曰'铁路救亡问题',以告国人"。于此,开始集中火力针对外国人提出所谓"共管中国铁路""统一铁路"且有部分国人竟然对此赞同,进行了持续的论战和抨击。

① 关副会长报告词纪录 [J]. 铁路协会会报,1928(186):会务纪闻3.

"铁路救亡问题"专栏从一开始就对文章进行编号，显然是有计划而行的。一年的时间里，总计12期发表各类文章187篇。这些文章以1919年6月总第81期为界分为两个阶段：之前是针对列强所谓对中国铁路"共管"所造的舆论而进行的舆论抗争，这部分总计刊发了66篇文章，集中火力批驳和反击外国人大造所谓"共管中国铁路""统一铁路"舆论问题；从总第81期开始转向了针对英美法日四国列强另一个已经在酝酿、运作之中的"新银团"，大量汇刊了各媒体有关新银团的报道、分析文章及社会各界反对新银团的动态新闻等。"铁路救亡问题"最后一篇文章是该栏目第187篇，题目为《李士伟新银团意见书》，文章中讲述了银团的沿革变迁。此后，《铁路协会会报》停办了"铁路救亡问题"专栏。

但会报对中国铁路路权问题的关注没有停止，对外国列强攫取和侵占中国铁路利益的动向继续予以追踪，并根据新银团的运作进展，选择了分期次集中汇刊文章的形式，统一命名为"新银团问题汇志"进行报道。

1920年5月，《铁路协会会报》总第92期在传统的"专件"栏目里，以文章内容汇集的形式推出"新银团问题汇志"，首发6篇报道或文章揭示新银团真相。过了半年多，第2次"新银团问题汇志"在1920年12月的总第99期接续刊出，本期集中刊发了32篇各类文章。《铁路协会会报》1921年1月出版了第100期纪念号之后，于2月的第101期第3次推出了"新银团问题汇志"，汇集刊发11篇文章，进一步揭示各方态度，对新银团背景信息进行挖掘。第102期的"新银团问题汇志"，集中刊发了13篇消息稿，多涉及新银团所提对华贷款的条件等。后续的"新银团问题汇志"，值得一提的是第104期转载《惟一日报》刊发的《新银团全部文件》。该文将之前不久才在纽约和东京对外公布的新银团各种资料、文件，全部翻译发表。这些文件的刊发，有利于铁路行业全面了解、掌握新银团的内幕。

从期刊编辑策划手法来看，《铁路协会会报》在这两件相关联事件的报道策划中体现出了关注的连续性、时间的持久性、视角的全面性，是一次有针对性、有价值、有意义的期刊编辑策划活动。

类似"新银团问题汇志"的编辑手法，《铁路协会会报》曾多次使用，比如1920年第96期到1921年第104期的"赈灾与交通问题汇志"，1920年第98期到1921年第106期的"东省铁路问题汇志"，1922年第113到117期的"胶济铁路汇志"，1923年124、126合期到1924年136、138合期的"临案与铁路问题汇志"，1924年第136、138期合刊到142、144期合刊的"中俄交涉与东铁问题汇志"，以及汇集刊发英国、法国、美国、日本、俄国（注：指苏联）、德国等各国铁路建设消息的"外国路事汇志"。

5. 铁路建设宏观内容居多，介绍国外铁路建设管理情况的稿件较多，铁路建筑施工建造技术方面的内容偏少

《铁路协会会报》的重点栏目，前期是"论说及报告"，1916 年起改为"论说报告"，二者总计刊登文章 255 篇。1917 年 7、8、9 月合刊的第 58～60 期将该栏目再次改为"论著"，改名后的"论著"栏目总计刊登文章 284 篇。如此，该重点栏目总计发表文章 539 篇，如按编号期次总计 178 期计算，平均每期 3.03 篇，如去掉最早 9 期月报，再按 1923 年之后合刊后的实际出版期次计算为 124 期，则该栏目平均每期刊发 4.35 篇。

其中铁路工程勘测、设计及施工、工程管理等方面的文章数量总计 57 篇次，平均每期刊登 0.46 篇，只占"论说及报告"栏目文章数的 10.58%。

《铁路协会会报》宏观方面的内容较多，特别注重各铁路干线的消息报道及国外铁路情况介绍。对于影响铁路建设运营的时事新闻比较关注，并及时刊文分析时事对铁路建设管理和运营的影响、报道处于最新时事动态中的铁路状况，如刊发有关欧战与铁路建设运营的文章 27 篇次、战后铁路建设 23 篇次。聚焦国内外发生的铁路工人罢工事件，刊发文章 92 篇次（欧洲 8、英国 26、法国 5、德国 7、爱尔兰 2、奥地利 1、波兰 4、美国 7、墨西哥 1、澳大利亚 2、土耳其 2、新西兰 1、希腊 1、英国属地 2、苏联西伯利亚 2、挪威 1、意大利 1、埃及 1、印度 5、日本 1，国内 5）。

大量的新闻消息类稿件，采取了以笔名的方式署名，如其"内国路事"栏目、"记载"栏目的信息稿，均署名为"青"，"青"一共发了 1 844 条有关信息；"铁路丛谈""外国路事"及"记载"栏目的一些消息稿，均署名为"亮"。这些稿件绝大多数都属于摘编稿件，作者应该是编辑人员。

7.2.2　《铁路协会月刊》《铁路杂志》时期

1929 年 5 月改名《铁路协会月刊》，1935 年 6 月，再次改名为《铁路杂志》。《铁路协会月刊》时期是该刊在铁路系统逐渐边缘化的过程，到 1934 年 12 月共出版了 62 期。到了《铁路杂志》时期，存续了两年时间，总计出版了 24 期，两年时间里，《铁路杂志》曾探索过出版专刊模式，共出了两期专刊，一期是 1936 年 10 月第 2 卷第 5 期协会第二十五届代表大会专刊，另一期是 1937 年 2 月第 2 卷第 9 期铁路专科学校专号。1937 年 5 月后并入《铁道月刊》，发行了两期后因日本发动全面侵华战争而停刊。

《铁路杂志》栏目设置不像之前会报时期丰富且基本固定，主要文章并不设栏目归类，另外开设了"讲坛""路讯"和"文苑"栏目。从内容和编辑手法看，远不如会报前期、中期那样丰富多彩且编辑手法多样。本阶段在目录页刊印了"广告索引"，方便查找联络，但广告数量并不太多。广告内容方面，各铁路路局的客运时刻表、货运里程数及价格表仍然是主体，交换广告数量多。《铁路杂志》刊登铁路工程建设方面的内容也不多，总计 19 篇，平均每期 0.79 篇，反倒比会报时期的期均发稿数 0.46 篇要高许多。

对于铁路协会会刊的办刊得失，协会副会长关赓麟以颖人的笔名为《铁路杂志》编辑的协会 25 周年纪念专号所写的弁言，可以说是最准确的洞见与反思："吾会吾杂志之多虚论而少实用，偏于文字而忽于实验。"①

铁路协会对于铁路建设的实践性、应用性研究太少，而会刊偏于对比较虚的问题进行探讨，"多虚论"而"少实用""忽于实验"，工程建设类的实用性技术类稿件占比过低，因而难以跳出大而空的办刊窠臼，以致该刊后期的办刊之路越走越窄，加之形势变化、人员变动，最后不得不被并入其他期刊而告别历史舞台。

7.3 《粤汉铁路株韶段工程月刊》研究

7.3.1 《粤汉铁路株韶段工程月刊》应铁路工程建设需要而诞生

1929 年 9 月，民国政府铁道部为修建铁路，设置工程局，负责全路的测勘、建筑、设备、会计及其他事项。根据铁道部所公布的工程局组织规程，在全路未竣工之前，开通某一段投入运营后仍然由工程局管理，工程全部竣工后改设管理局。工程局局长与总工程司一人兼任。工程局根据工程进行情况，需设置总段分段。如粤汉铁路株韶段，包宁、沧石及陇海铁路。1931 年陇海铁路工程局并入了陇海铁路管理局，就另外设立了灵潼段工程处②。

1933 年 1 月，负责株韶段铁路建设的粤汉铁路株韶段工程局创办了《粤汉铁路

---

① 颖人 . 弁言 [M]. 铁路杂志，1936，2（5）：3.
② 萧仁源 . 铁道世界 [M]. 北平：新新印刷局，1935：689.

株韶段工程月刊》。这是一份完全为了一段铁路工程的施工建造而创办的期刊，迥异于前面研究分析的《铁路协会会刊》。

7.3.2 《粤汉铁路株韶段工程月刊》的办刊特点

1. 主要内容为全面、详尽记载株韶段铁路的各种施工资料

1932 年 11 月，刚从陇海铁路灵潼段工程局局长兼总工程司任上，调来兼任粤汉铁路株韶段工程局局长、总工程司的凌鸿勋，为创刊号撰写了类似于发刊词的"弁言"。凌鸿勋说，"粤汉路株韶段工程局自成立以来，迄今未有公报之发刊"，主要因为"往昔者从工人员多致全力于工事，于文字之纪载未遑暇及"，近来铁道部对本线铁路的经费已经保障到位，"由是国内人士之视线咸一致集中于本线路前途之建设"，"所有工程建筑情形与其进行经过、以后计画，亟宜发为记述，以备关系路政者之参考"，目前韶州乐昌工段"可以计日通车"，"乐昌以上达株洲之新工亦正在开始筹办，今后工事设施更宜公之于世"。所以他来了以后，决定从 1933 年 1 月起，"按月编印月刊一册，将此后工作状况，以及关于技术上有待考量讨论之资料与各项插图，均摘要刊入，尤其对实施方面更求详尽，较之专事登载政令法规、只作公报体例观者，其用意固不尽同也。"

《粤汉铁路株韶段工程月刊》
封面及版样

从凌鸿勋的"弁言"中可以看出，该刊与公报类期刊不同，重点是将此后株韶段的施工各项情形详细记录刊载，形成全面可查的工程施工翔实资料。

对此，该刊创刊号上有充分表现。

"弁言"之后，该期杂志连续用几页篇幅刊登了工程施工实景照片，有隧道、铁路桥架桥施工、开山、铺轨道等场景，这就非常具有建筑期刊的特色。此后每期的图片都放在正文之前，刊发的也多是具体的工程施工场景照片或工程节点建成的实景照片。

其后是"工程纪要"栏目（后续期次不再设栏目名称，直接刊发各段工程施工细节的有关文章），详细记叙绍乐总段工程进行情形，包括土石方工程、桥梁工程、钢筋混凝土桥及涵洞管渠工程、铺轨工程等，进一步强化了该刊的建筑期刊特点。其后各期，这部分内容非常详尽，涉及铁路施工推进中的具体细部细节。

作为工程局的期刊，刊发局里向铁道部提交的各种呈报文件，如有关工程建设中购买枕木、修建通往煤矿的岔道、韶州大桥承包合约及预算、召集全粤汉铁路统一技师会议等，及铁道部的批复文件，相关法规、局里的工作规程和工作部署等资料，属于常规操作，也是这种官办期刊题中应有之义。这些资料刊发于期刊上，倒留下了有关该段铁路工程施工建设和管理的宝贵史料。

"行政纪略"栏目的文章，刊发的内容也都是围绕工程施工方面所采取的各项行政保障举措。"工务杂录"栏目刊登的是推进有关工务的枕木、岔道钢轨、弯道短轨、采石、钻探、探测、购置平车以备运输、工程包工工人数量等物资材料和设备、人员信息。

在内容编排上，该刊把工程施工相关内容排在前面，把部令、局里事务、法规等放在后面，凸显了以一线工程为重、管理事务为轻的编辑思路。

《粤汉铁路株韶段工程月刊》每期页面都不太固定，少的时候 40 多页，多的时候 90 多页，主体部分没有空洞无物的长篇大论，全是实际工程内容。

2. 办刊追求"少抄点官样文章，多写点工程实况"

该刊第 2 卷第 5 期刊登了编辑部的一篇"前言"，颇能阐述其编辑方针和风格："用最简明的辞句，作有系统的记述，仿照'杂志式'的编辑，避免'公报式'的体裁，少抄点官样文章，多写点工程实况，倘能使阅者们，在这短篇幅之中，确切了解本路工程按月进展的情形，一路阅来，感觉兴趣，这是我们最所希冀的了！"[①]

从 1936 年 1 月第 4 卷第 1 期起，刊名改为《工程月刊》

民国政府铁道部 1933 年命令粤汉铁路株韶段压缩一年工期，要求提前一年竣工。1936 年是铁道部要求粤汉铁路株韶段工程竣工的最后一年，该刊作为记录工程施工进度的刊物，到 1936 年就进入停刊倒计时了。当年 1 月份的第 4 卷第 1 期增加了容量，页面变为 90 多页，并将内文文字全部改用仿宋字体排印，这在民国时期建筑期刊中属于创举。并从本期起，该刊封面去掉了"粤汉铁路株韶段"字样，刊名改为了《工程月刊》。

该刊还按月刊登《各项工程工作成绩百分数表》，对每个工程总段、分段的土石方、隧道、御土墙、桥渠、

---

① 前言 [J]. 粤汉铁路株韶段工程月刊，1934，2（5）：2.

大桥、站台房屋等分项工程量，一一标明已完成的百分比情况，并列出每一个总段铺轨的实际长度和全段完成比例数。通览该刊，便可对该路施工中的各项工程进度一目了然。

1936年7月，工程局将3年多来月刊上的内容汇编为《粤汉铁路株洲段工程纪载汇刊》出版，凌鸿勋为之作序说，"月刊力避公报式之官样文章，而侧重于工程计划与施工之纪述，故三年中所刊布各项工程文字，颇有裨于经办此项工程者之追忆，与一般工程学者之参考。际兹工事已泰半完成，爰就三年来月刊中之较有价值文字，汇编一册"，"虽缺乏一贯之系统，或详略不尽得宜，然东鳞西爪，亦足以见当日施工之实况"①。这本汇刊，辑录《粤汉铁路株韶段工程月刊》文章，择取工程施工价值较高的内容，按工程施工特点细分为测勘、工程计划及进展、包工、土石方、桥梁、隧道、御土及铺轨、电务、材料、运输等几个部分，更为清晰地展示了整个工程的施工全过程，凸显出月刊编辑工作的实用性，进一步提炼出了月刊的精髓和价值。

4年时间里，《粤汉铁路株韶段工程月刊》详细记录了该段400余公里铁路工程建筑施工的全过程，坚持简明的词句、系统的记述、避免"公报式"的体裁、少抄点官样文章、多写点工程实况的编辑方针，为这段铁路工程建设历史留下了弥足珍贵的原始素材和施工资料。

《粤汉铁路株韶段工程月刊》的价值不仅在于忠实记录了粤汉铁路株韶段的修建过程，更在于其求真务实的朴素追求、不空谈不虚饰的史笔精神，值得建筑期刊办刊人员认真研究、学习和借鉴。

---

① 凌鸿勋. 序 // 粤汉铁路株洲段工程记载汇刊 [M]. 粤汉铁路株韶段工程局辑，1936：目录前页.

民国时期水利建筑期刊研究

——以《河海月刊》为重点

　　我国多大川大河，历史上水患严重，治理大江大河的水利工程事业历史悠久、成果辉煌，上古时期不说，战国以降，都江堰、郑国渠、白渠、灵渠、大运河等，造福桑梓、利在当时、功在千秋，无不闻名遐迩、彪炳史册。

　　在中国的古代典籍中，无论是神话色彩浓郁的《山海经》，还是藏之名山传诸后世的史书如《史记》，都有过对远古时期华夏先祖治理水患的记载。

　　如《山海经》的记载：

　　　　洪水滔天，鲧窃帝之息壤以堙洪水，不待帝命。帝令祝融杀鲧于羽郊。鲧复生禹，帝乃命禹卒布土以定九州。禹娶涂山氏女，不以私害公，自辛至甲四日，复往治水。禹治洪水，通轘辕山，化为熊。谓涂山氏曰："欲饷，闻鼓声乃来。"禹跳石，误中鼓，涂山氏往，见禹方坐熊，惭而去。至嵩高山下，化为石，方生启。禹曰："归我子！"石破北方而启生。

　　史书中最早比较系统记载水利工程的是司马迁。他在《史记·河渠书》中专门记载了防汛工程、航运工程和灌溉工程等水利工程，其后的官方史书和地方志大多辟有专章记载水利工程和水利事业。中国古代水利治理著述方面，散见于先秦典籍、历代史书、其他类书中的水利专篇，以及专门的水利著作、水利法规等，据统计，现存的有300多种。

《史记·夏本纪》记载了华夏治水先驱鲧和大禹父子的治水过程，尤其对大禹治水记叙非常详细：

> 当帝尧之时，鸿水滔天，浩浩怀山襄陵，下民其忧。尧求能治水者，群臣四岳皆曰鲧可。尧曰："鲧为人负命毁族，不可。"四岳曰："等之未有贤于鲧者，愿帝试之。"于是尧听四岳，用鲧治水。九年而水不息，功用不成。于是帝尧乃求人，更得舜。舜登用，摄行天子之政，巡狩。行视鲧之治水无状，乃殛鲧于羽山以死。天下皆以舜之诛为是。于是舜举鲧子禹，而使续鲧之业。
>
> ……
>
> 禹乃遂与益、后稷奉帝命，命诸侯百姓兴人徒以傅土，行山表木，定高山大川。禹伤先人父鲧功之不成受诛，乃劳身焦思，居外十三年，过家门不敢入。薄衣食，致孝于鬼神。卑宫室，致费于沟淢。陆行乘车，水行乘船，泥行乘橇，山行乘檋。左准绳，右规矩，载四时，以开九州，通九道，陂九泽，度九山。令益予众庶稻，可种卑湿。命后稷予众庶难得之食。食少，调有余相给，以均诸侯。禹乃行相地宜所有以贡，及山川之便利。

经过大禹艰苦卓绝的治九州、道九山、导九川：

> 于是九州攸同，四奥既居，九山刊旅，九川涤原，九泽既陂，四海会同。六府甚修，众土交正，致慎财赋，咸则三壤成赋。
>
> ……
>
> 东渐于海，西被于流沙，朔、南暨，声教讫于四海。于是帝锡禹玄圭，以告成功于天下。天下于是太平治。

8.1　民国时期水利建设概况与水利建筑类期刊的兴办

民国时期的水利事业，到 1930 年前后，主要体现为成立各个区域性和地方性水利主管机构开展水利建设。1930 年，湖北省政府水利局主办的《水利》杂志曾总结过当时的水利机构设置和水利建设基本情况，具体情况如下。

水利机构方面：

中央有建设委员会，水利建设为其职权之一，设有水利处主持全国水政，下辖水利机关有华北、太湖流域水利委员会，东方、北方两大港筹备处。华北水利委员会原名顺直水利委员会，成立于民国六年（1917 年）河北大水灾之后，其所负使命有办理治标工程与筹拟治本计划两种，至改组为华北水利委员会时，治标工程一大部分竣工，治本计划亦已初具规模，后继的华北水利委员会完成了永定河治本计划大纲、独流入海减河工程计划及永定河上游发展水利、下游兴办灌溉计划，蓟运箭杆诸治本计划亦在草拟中；太湖流域水利委员会原名太湖流域水利工程处，成立不久经费有限，计划治本资料甚感缺乏，近期完成疏浚松江胥江及常镇运河等计划，在无锡常州一带推广电力灌溉颇有成绩，建设委员会的第一灌溉区即由该会与戚墅堰电厂组织实施；东方、北方两大港筹备处，办理调查测量工作，成立不到一年，已完成开港的初步计划。

导淮委员会：导淮自张謇提倡以来，历年测量计划已具根基，建设委员会成立之始，组织导淮图案整理委员会，将其所接收前北平全国水利局关于导淮的图表簿册加以整理，编有《整理导淮图案报告》一书。1929 年南京民国政府特设导淮委员会，期于 5 年之内完成导淮工作。该委员会自成立后忙于从事查勘测量及计划工作。

广东治河委员会：原名督办广东治河事宜处，编有改良广州前航路暨治理西江、东江、北江等计划，因为经费关系未能充分实施，1929 年南京民国政府特改为广东治河委员会。

黄河水利委员会：黄河为患我国达数千年，南京民国政府 1929 年特设立黄河水利委员会，但因为政局无定，军事扰攘，到 1930 年时仍未成立。

扬子江水道整理委员会：原名扬子江水道讨论会，改组后由南京民国政府内政、外交、财政、农矿、工商五部及建设委员会各派代表一人，与交通部委员三人共同组成，以交通部次长为委员长，因其目的在于整治扬子江航道，故直属于交通部。该会自成立以来测量了长江中妨碍航行最严重的八个地方，并拟有扬子江初步整理计划。

整理海河委员会：由河北省政府、天津市政府建设委员会、财政部各派代表二人组成，以河北省政府主席、天津特别市市长为正副会长，并聘任天津海河工程局董事一人、总工程师一人为委员。整理海河酝酿于民国十六年（1927 年）海河淤塞，该会的使命在办理海河治标工程，其计划与民国十七年（1928 年）华北水利委员会所拟计划大致相同。

各省水利工程建设方面：

湖北水利经费最丰裕，水利工程成果亦为各省之冠。浙江设有浙西、浙东水利议事会，监督保管经费，工程成效显著。江西、湖南等水文测量，安徽水利局新近成立，山西水利利用汾河流水灌溉，福建水利局经费少，疏浚闽江总局计划施工颇多；河北没有水利局，设永定河、北运河、大清河、黄河等河务局。山东河务局对黄河防务极注重，成立了全省河工委员会。陕西原有水利局，近因受到军事影响无法进行。江苏水利局经费充裕，但水利工程建设鲜有系统计划。

民国时期的水利建设存在的主要问题是，"水利行政不统一，经费问题特别突出"。如华北水利委员会的永定河治本计划需工款 2 000 万元，独流入海减河计划需 1 500 万元；导淮治黄及整理扬子江水道、治理广东河道等工款总额当在 1 亿元以上。"然巧妇不能为无米之炊"，"工款无着，施工无期，一切建设无异纸上谈兵"①。

我国近现代中文报刊重点关注和报道水利的不是太多，水利建设专业期刊直到民国成立数年后才出现。

本书考证出的最早公开报道官方有关水利事业新闻的中文期刊为《教会新报》，1872 年刊登了直隶总督李鸿章向朝廷上书的《堵御永定河工合龙书》和《修治府河兴复水利疏》全文②。

近代期刊中最早刊登民间性质探讨有关水利建设的文章，当属《四溟琐纪》。这份由《申报》主编出版的月刊，其 1875 年第 1 卷刊登了陈裴之、孟楷《答查伯葵（揆）问西北水利书》③，一共分 4 期连载。

报道水利疏浚工程比较早的中文期刊是《益闻录》周刊，1879 年 8 月 31 日第 13 号刊发文章《整顿水利》，报道了上海黄浦江淤泥成滩，影响了与西方国家通商以来的水上交通，"船只往来多如梭织，纵横停泊，碰撞之事几至无日无之现"，当局决定"按段十丈设界桩，以后界桩外淤泥，只准沙船起挖"，"不准居民私行填筑"，"俟南界工竣，再办租界铺滩"④。

民国时期最早的水利工程期刊，当是《督办广东治河事宜处报告书》。该刊 1915 年第 1 期内容为"西江实测"，由该事宜处督办谭学衡作序，由聘用的瑞典正工程师柯维廉撰写，1916 年出版。此后 1918 年第 2 期内容为"广州进口水道改良计画"，

① 水利建设与今后努力之标准 [J]. 水利，1930（8）：1-6.
② 堵御永定河工合龙书 [J]. 教会新报，1872（204）：22.
③ 陈裴之，孟楷. 答查伯葵（揆）问西北水利书 [J]. 四溟琐纪，1875（1）：1.
④ 整顿水利 [J]. 益闻录，1879（13）：74.

1919 年第 3 期内容为"北江改良计画"。该刊属于汇集报告专项水利工程勘测设计成果性质的年刊。

尽管有了上述一些对水利事业、水利工程的零星新闻报道和民间学术探讨内容的期刊及工作报告性质的年刊，但具有近现代期刊意义的水利工程建设学术期刊一直阙如，直到 1917 年《河海月刊》出现。

此后，随着水利治理工程建设开展、水利治理机构变化和时代变迁而创办和更名创办了多种水利工程期刊。如江苏运河治理方面，先后就有 1920 年《督办江苏运河工程局季刊》、1928 年《江苏江北运河工程局汇刊》、1931 年《江北运河工程善后委员会汇刊》、1934 年《江北运河工程局年刊》等多种期刊创办；长江水利治理方面，有 1929 年《扬子江水道整理委员会月刊》、1931 年《扬子江水道整理委员会季刊》、1933 年《扬子江水道季刊》、1936 年《扬子江水利季刊》、1947 年《长江水利季刊》等多种期刊出版。其他区域性的水利工程治理，有 1927 年《太湖流域水利季刊》、1928 年《华北水利月刊》、1934 年《黄河水利月刊》、1936 年《导淮委员会半年刊》创刊出版。而随着各省及地方水利局纷纷成立，先后有 1929 年《湖北水利月刊》《江苏省水利局月刊》、1930 年《浙江省水利局年刊》、1932 年《广东水利月刊》《陕西水利月刊》等创刊。上述种种期刊，都属于水利主管机关所办，内容上以机关管理事务、工作部署、工作安排和工作成果实录等为主体。

1931 年中国水利工程学会成立后创办了《水利》月刊，该刊内容学术性较强，是当时唯一以学术性为主的全国性水利工程期刊。

本书选择《河海月刊》作为重点研究对象，一方面在于它是我国最早的水利工程建设学术性期刊；另一方面它的总编辑李协后来创办了包括上述《华北水利月刊》《陕西水利月刊》《水利》《黄河水利月刊》在内的多种水利期刊；此外，《河海月刊》培养了《水利》的主编汪胡桢，且《水利》的学术期刊属性渊源可以上溯到《河海月刊》。

8.2 《河海月刊》的创办及其多重价值研究

8.2.1 《河海月刊》创办经过

《河海月刊》得以问世，源于南京河海专门学校首届特科毕业生的一再呼吁。

1912 年，时任南京临时政府实业总长、后改任北洋政府农商总长兼全国水利总长的张謇上书提出，要治理淮河，实施导淮工程，"此非旧河工人员所能任，须先设河海工科学校"培养专门人才，但几年下来，政府对于拨款办校一事一拖再拖，不予落实。经过张謇多方奔走四方设法，特别是在经费上不再考虑依靠中央财政，而是由江苏、浙江、山东、直隶四省出资，到了 1915 年 3 月 15 日，全国水利局所属南京河海工程专门学校终于创办开学了。

河海工程专门学校开办后设立了正科和特科，正科修业时间为预科一年、本科三年，因为导淮工程急需人才，学校特设特科班，修业年限为两年。但由于经费紧张，特科招生人数一减再减，定额只有 40 人①。

1917 年，河海工程专门学校特科生毕业。该校特科的创设，是为了满足实施导淮工程的人才需要。两年过去了，导淮工程依然没有着落，特科学生一毕业就面临待业，只能回家去等候消息，或自谋职业。

这年夏天，恰逢京津地区、黄河流域水患成灾，过了些日子，河海的毕业生们陆续得到通知，分别有了去处，学业排名前三的顾世楫、汪胡桢和吴树声被分到北京全国水利局工作。其他毕业同学，大多去了各个地方的水利局或海塘工程局等机构。

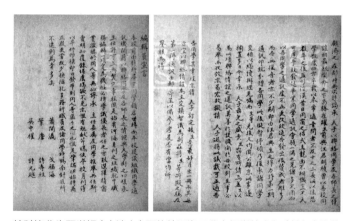

特科毕业生顾世楫（字济之）写信给河海工业专门学校主任（校长）许肇南，倡办月刊，后《河海月刊》创办，《编辑员宣言》中载明此事。

来源：《河海月刊》1917 年 11 月第 1 期

正是由于有了特别的学习、待业和受派四处工作的经历，到了北京工作的顾世楫、汪胡桢，有感于同班同学毕业半年来各奔东西四方分散，经常通信联络的不到十

---

① 车志慧. 民初"工专改大"的路径：基于河海工程专门学校升格大学的考察 [J]. 近代史学刊，2016（1）.

分之三，长此以往，恐怕数年后同学间的感情更加淡漠，旧时同窗见了面都不认识了，于是就发起毕业同学通讯会，得到一些毕业同学的响应，二人将征集到的部分毕业同学的联络方式印刷后分赠大家，就打算到此为止了。后来诸位同学交相要求继续此项事宜，但二人9月4日和9月27日分别因为公事离开京城出外测量水利，汪胡桢、吴树声被派去京汉铁路沿线查勘河道水势，顾世楫被派去调查永定河下游查勘水患。此事就难以为继了。顾世楫感到联络同学情谊的通信事宜，没有比母校设个机构来运作更为合适的。为此，顾世楫就写信给31岁的年轻校长、与胡适一道考上第二届清华公费生留美归来的许肇南，建议由学校来办这件事，并提议"最好每月出一册，而其要旨宜以联络感情为主，交换智识为副"，并随信附上了他所拟就的有关条文和编印的第一号"毕业生通讯"以供参考①。

之后，该校成立了校友会，并由校友会于1917年11月出版了第1期《河海月刊》，经费暂由学校出，刊物出版后免费寄给毕业校友，但"凡校外职员、毕业学生均有通讯之责任，如连续三个月无著作、报告或通讯到本校者，即认为无意收受本月刊，当行停寄"②。

8.2.2 《河海月刊》的出版阶段与特点

到1921年，《河海月刊》一共出版了27期。另有1期为1918年6月1日出版的临时增刊号，该期是特别为了便于调往顺直各路河道襄助工务的特科毕业生和本科三年级学生之间保持联络而临时出版的增刊。上海图书馆现有馆藏缺少《河海月刊》1919年的3期样刊。

《河海月刊》的出版可以分为三个阶段。

1. 第一阶段

从1917年11月第1期到1918年6月第7期止，含当月出版的1期临时增刊。这8期《河海月刊》全部是手写石印。对于这一点，在《河海月刊》第1期出版之后，特科毕业生顾世楫、江浚、戴宗球、吴树声、汪胡桢等都来信提出，《河海月刊》应该改用铅印，资金方面可以由教职员及已经工作的毕业生每人每年资助大洋2元，不足部分由学校补助解决。不过此提议在月刊上刊登后，赞成且汇款的寥寥无几。

---

① 顾济之 [J]. 河海月刊，1917（1）：毕业生通讯 1.

② 河海月刊章程 [J]. 河海月刊，1917（1）：卷首 3.

这一时期的《河海月刊》，8 期期刊内文总页码 320 页，其中"校闻""通讯"两个体现联络感情性质的栏目共计 123 页，占比 38.44%，刊物的联谊性质突出。

封面总体上保持刊名用双勾字竖排但每期字体不同的形式。前面 3 期不设目录页，第 4 期开始，在前面虽没有标注"目录"字样，但实际上相当于设有目录性质的内容，列有栏目名，其后标注文章题目，栏目包括"校闻""通讯""切磋集""附录"。

《河海月刊》第 2 期封面

从各栏目内容看，"校闻"栏目主要发布学校的各类新闻动态，举凡学校大情小事，都通过该栏目刊登出来；"通讯"栏目下设"职员通讯"和"毕业生通讯"，有时还会有"肄业生通讯录""练习员通讯录"。和校闻一样，该栏目没有标题，直接按人名排列其提供的稿件信息。该栏目得到第一届特科毕业生和大三实习生的高度重视和积极反馈。

"切磋集"主要刊登技术性学术性文章或相关问题的讨论性文章，跟前两个栏目不一样，编排上都有标题和作者名。这 8 期刊物，"切磋集"栏目共刊登了 40 篇文章，占内页的比例为 49.69%。其中，来自工程实践的调研文章篇次最多，其作者全部来自于特科毕业生，所发表的稿件有的是自己工作的实践总结，有的是对自己所在单位工程顾问论著的译作，这些毕业不到一年的学生学以致用，显示了很强的外语能力，这跟该校留学欧美归来的教职员多，由于专业首创，教学中采用国外教材和外语教学多有关。此外，交流切磋性质的短文多，毕业生们的交流也吸引了学校教授李宜之（即李协、李仪祉）的参与，李宜之还出过一个小题目，搞了个小彩头"首先交卷者赠铅笔一把"，增加学术交流和探讨的趣味性。这些交流稿件，有的是答疑，有的是互相质疑，连对李宜之的答疑也提出不同意见，确实很好地体现了"切磋"宗旨，也可以从中看出该校师生良好的学术讨论与互动氛围。

总起来看，《河海月刊》第一阶段的出版，具有如下几个特点：全为竖排手写石印，内容以特科毕业生供稿为主，联谊性质为重，学术性文章侧重于对工程实践的总结研究。

2. 第二阶段

从 1918 年 10 月第 2 卷第 1 期开始，到 1920 年 12 月第 3 卷第 5 期止。有如下特点：第一个特点是刊名风格和内文排印形式改变。

这个时期《河海月刊》的封面跟第一阶段相比，刊名不再是双勾字体，同时，全刊除了封面外内文全部变为了铅字印刷。

第二个特点是在保持原有栏目基础上，对栏目名称和位置进行了调整。

这个时期的《河海月刊》，取消了前一个阶段的"校闻"和"切磋集"栏目，分别变为了"纪事"和"学术"（有时候是"论著"）、"调查"，保留了"通讯""附录"，增设了"文艺""丛录"2个栏目。这些栏目不是每期都有。

第三个特点是内容上依然以毕业生的文章为主，但随着栏目顺序的调整和变化，该刊原本的以联谊性质为主让位给了以学术性质为主。

学校的李协教授成为《河海月刊》总编辑和主要作者，其主要著作和重头文章开始在该刊上连载，大大提升了该刊的学术含量和学术价值。

上海图书馆收藏的《河海月刊》缺失了1919年出版的第2卷第5、6、7期，本阶段实际收藏期数为10期。这10期《河海月刊》刊登文章230篇次，正文页码683页，全部为铅印，能方便地计算出每页约640字，10期内文折合字数总计约43.7万字。其中，"学术"和"调查"两个学术研究性质的栏目文章字数合计29.7万字，占总字数的68%，与前一阶段的学术栏目"切磋集"只占当时全部内页的49.7%相比，本阶段学术论文的页面占比明显提升，学术性凸显。

《河海月刊》这个阶段之所以出现如此巨大的变化，跟李协正式出任总编辑有关。

《河海月刊》第2卷第1期正式改为铅印，这期刊物上有两条信息值得研究，一条是《河海月刊章程》，明确"总编辑由本校出版部主任担任，总揽本月刊一切事务"；另一条是《投稿规则》中"将编辑人员姓名开列于后，总编辑：李宜之"。李协从这一期开始就陆续撰写稿件刊发在《河海月刊》上。这一阶段李协在《河海月刊》上发表了12篇论著，多有连载，如《量雨器及制两量图法》（连载2期）、《水工学》（连载9期）、《戊午夏季直隶旅行报告》（连载4期）、《李协说量雨》、《黄壤论》、《土积计算截法》、《电力探水器》、《黄运交会之问题》、《书面之横降及横荡足以致天然河流》、《形式之沿革说》、《法国度量衡之新规定》、《河工航海名词摘要》（英法德中对比翻译）等，总计发稿24篇次，平均每期发表2～3篇次，而第一阶段李协并没有真正在该刊发表过署名论著。

这一阶段的《河海月刊》，是李协正式办刊的开端，也是他用自己的论著来支持和发展自己刊物的开端。李协成为中国现代水利工程事业的学科奠基人和开创者，其发表专业论著以《河海月刊》为真正起点。

另外，《河海月刊》第二阶段的"通讯"和"纪事"两个栏目，页码只占全部内文的 12.45%，第一个阶段这个比例高达 38.44%，两相比较，第二阶段这个比例大幅度降低，非常明显地显示出该刊的联谊性质大大弱化。

《河海月刊》投稿规则

第四个特点是增加了副刊性质的栏目"文艺"。

在第一阶段的《河海月刊》上每期都会刊载该刊章程和《投稿规则》，后者明确表示"本月刊以联络砥砺为主旨，非属钻研文学之闲"，对文学类稿子是一律拒绝的态度。

但第二阶段从李协任总编辑的 1918 年 10 月第 2 卷第 1 期开始，《河海月刊》开辟了"文艺"栏目，本阶段的《河海月刊》刊登了文艺文学类稿子 20 来篇（首），一些学生如沈宝璋、胡步川、许寿祖都有诗文发表。

《河海月刊》开设"文艺"栏目，应该跟总编辑李协的个人喜好有关。李协本人文理皆通，除了水利工程方面的成就和大量水利工程科技著述之外，据李协的儿子、北京大学英语教授李赋宁的文章《回忆先父李仪祉》介绍，李协还创作了诸多文艺作品，如悲剧《芦采英》、喜剧《复成桥》、历史传奇剧《李寄斩蛇》等。

在河海任教的许怡荪因病去世，因提倡新文化运动而声名鹊起的北大教授胡适撰写的《许怡荪传》在《河海月刊》的"文艺"栏目连载。上海图书馆馆藏的《河海月刊》1919 年 8 月第 2 卷第 8 期刊载的是《许怡荪传》最后一篇，此前的第 2 卷第 5、6、7 期缺失，因此不清楚是从哪一期开始连载的。

许怡荪是胡适的同乡和早年求学时的同窗、室友，胡适学生时代受家道中落、亲人病故和所就读公学解散等一系列打击而陷入低迷，胡适正是在许怡荪不断劝慰、鼓励和鞭策下振作起来，才考取出国留学资格，两人结下了深厚友谊。

胡适说，许怡荪"同我做了十年的朋友，十年中他给我写的信有十几万字，差不多个个都是楷书，从来不曾写一个潦草的字"[1]。

河海工程专门学校校长许肇南与胡适一道考取赴美留学资格，两个人是朋友。许肇南 1914 年离美回国之前曾过访胡适，连日倾谈极欢，许肇南问胡适知不知道国内

---

[1] 胡适.许怡荪传：续[J].河海月刊，1919，2（8）：文艺第5.

有什么人才，胡适说了许怡荪的名字①。许肇南出任河海工程专门学校校长（时称主任）后于 1918 年聘请许怡荪执教："本校近复添聘许怡荪先生为国文教员，许君安徽绩溪县人，在日本明治大学法学科毕业，邃于国学，思想先进……"②1919 年胡适路过南京专门跟许怡荪聚谈了两天，"心里很满意，谁知道这一次的谈话，竟成了我们最后的聚会"③。因为这层关系，许怡荪 1919 年去世后，胡适特意为好友作传，并刊发于《河海月刊》，自有个中渊源。

纵览民国时期的建筑期刊，刊登文艺作品的较少，《河海月刊》能连载刊发当时最知名新文化运动代表作家之一胡适的作品，有其中的特别机缘，也实属难得，在论及民国时期建筑期刊出版情况时值得为之记录一笔。

第五个特点是重视现代水利工程技术的同时，少量刊发有关古代水利工程内容。

"附录"栏目连载味辛室主人的遗著《禹贡山川地名考》，为《河海月刊》增添了珍视中国古代河工遗产的内容。不过总体来看，其所占比重较低，分量也不够，相比较之下，《河海月刊》对现代水工技术和科学研究的重视更为突出。

第六个特点是开始尝试走向市场。

这个阶段的最后一期即 1920 年 12 月出版的第 3 卷第 5 期，《河海月刊》开始尝试走向市场，第一次刊登了定价邮费表和广告价目表，并利用毕业生遍布各地水利机关的资源优势，委托 8 位毕业生分别在当地承揽月刊的征订发行和广告刊登事宜。不过，发行数据无法查考，《河海月刊》直到最终一期都没有刊登过一次商业广告，可见其广告征集的实际效果并不如人意。

3. 第三阶段

从 1921 年 1 月第 3 卷第 6 期起，到 1921 年 11 月第 4 卷第 6 期止。此后馆藏不再有样刊，停刊原因不详。本研究分析，可能跟校长许肇南离任有关；总编辑李协于 1922 年 9 月离开学校就职陕西省水利局局长也是原因之一。

许肇南任该校校长期间，克服种种困难办学，"注重学生道德思想，以养成高尚之人格；注重学生身体之健康，以养成勤勉耐劳之习惯；教授河海工程必需之学理

① 胡适.许怡荪传：续 [J]. 河海月刊，1919，2（8）：文艺第 5.

② 本校纪事 [J]. 河海月刊，1918，2（3）：纪事 2.

③ 同①。

技术，注重实地练习，以养成切实应用之智识。"①毕业生离校后，大多会经常给许肇南写信报告工作生活中的各种情况，这在各期《河海月刊》的"毕业生通讯"里都有刊载，可见其深受学生爱戴。1917 年，河海工程专门学校在南京高校中率先成立了校友会，并提倡学生自治。其后支持校友会创办《河海月刊》。1919 年，许肇南还发挥在美留学所长，设计建设南京下关电厂，并兼任厂长。

《河海月刊》改为
铅印后的封面

　　1921 年 6 月 30 日，全国水利局总裁李国珍呈请任命许肇南等为全国水利局技正的请示，获得国务总理报请大总统令通过②。1921 年 7 月 27 日，许肇南和汪胡桢一起被全国水利局派往勘察鄂赣皖苏长江一带江水泛滥情形，"并详研利病，妥筹救治之策"③。1922 年 2 月 22 日，全国水利局接连发布第八、九、十号令，"技正许肇南，着即回局供职，毋庸兼充河海工程专门学校校长"，并升原副校长沈祖伟任校长。从此，许肇南就正式离开了河海工程专门学校。有资料说许肇南后来去了广东，有的又说到了江西，本书不再细考。

　　《河海月刊》恰恰在此期间的 1921 年 11 月出版了第 4 卷第 6 期后再无出版，本书据前述情形推测，这应该跟许肇南职务变动存在一定关联。此外，据李协的学生胡步川所著《李仪祉年谱》记载，李协在许肇南去职几个月之后，1922 年下半年也离开了河海工程专门学校，回老家就任陕西省水利局局长兼陕西渭北水利工程局总工程师，筹划关中水利工程，组织测绘地形测量水文等工作。校长变动，总编辑离职，《河海月刊》就难以为继了。

　　第三阶段的《河海月刊》，在编辑出版上有以下特点。

　　一是期次较少，当年停刊。

　　从 1921 年 1 月到 1921 年 11 月，出版期次只有 7 期，跟第一阶段差不多。此后就没有出版了。

　　二是学术性更加凸显。

① 震持. 南京记忆：水利水电工程先驱许肇南 [J/OL]. 南京地方志，（2022-05-10）[2023-11-11].http：//dfz.nanjing.gov.cn/gzdt/202205/t20220510_3363051.html.

② 大总统令 [J]. 农商公报，1921，8（1）：1.

③ 全国水利局令第三十一号 [J]. 政府公报，1921（1951）：10.

本阶段的《河海月刊》，彻底取消了几个附属栏目，只留下之前的"学术""调查""丛录"3 个栏目，有关新闻动态都放在了"丛录"栏目里，如此，学术刊物的特征益发明显。另外，1920 年 12 月第 3 卷第 5 期上刊发了毕业生郑簏建议《河海月刊》改为像《科学》杂志和《气象丛报》那样横排文字的来稿，但 1921 年 1 月开始的这一阶段的《河海月刊》并没有作出改变，依然坚持文字内容竖排铅印。

三是内容上李协的论著和特科毕业生的著作占了主流，毕业生的研究水平提升明显。

据本书汇总，本阶段在《河海月刊》发表作品两篇次以上的共计 10 人，其中李协教授依然最多，总计 14 篇次；其余 9 人中，顾世楫、江浚、郑簏、许寿祖、汪胡桢、朱墉、杜裕魁 7 人为特科学生（许寿祖肄业，后读了正科），发表作品 35 篇次，平均每人 5 篇次。所有 33 位作者中，有 19 位是特科毕业生。这一年，已是特科毕业生离开母校第四年了，上述数据说明特科毕业生依然热心于母校的《河海月刊》，并积极用自己的论著支持月刊，成为月刊内容的主要提供者。

四是本阶段的《河海月刊》作者，开始将目光投向国外的水利工程事业。

在第一阶段，《河海月刊》曾在"职员通讯"里发表过李宜之谈国外青年人旅游的一篇文章，算是"向洋看"的开始。但后来除了有一篇沈宝璋翻译的《北荷兰洪水后之疏泄》外，几乎再无类似文章，李协翻译的都是国外理论文章，一些特科毕业生工作后翻译的是所在水利机关聘用的外国顾问针对当下中国水利工程的论稿或计划等。到本阶段，《河海月刊》则刊发了关注美国的《密西西比之河堤》《美国铁筋三和土的研究》。此外，《河海月刊》创刊当月，沙皇俄国爆发十月革命，苏维埃俄国成立，到1921 年这一年，布尔什维克领导下的苏维埃俄国最后击败了白军，击退了外国军队的联合武装干涉，苏维埃俄国算是终于站稳了脚跟。这一阶段的《河海月刊》就刊发了一篇介绍俄国水利的文章《俄罗斯水利田之将来》，说明了该刊视野比较开阔、思想比较解放。

8.2.3 《河海月刊》的多重价值

《河海月刊》对于中国水利工程期刊出版事业而言，具有重要价值。

1. 开创了中国水利工程专业学术期刊出版的先河

据有关文献统计，民国时期从 1917 年到 1949 年，先后总计出版了 50 种水利期刊，可以确认，"《河海月刊》是中国（包括中国高校）近现代创办最早的水利科技期刊，其历史地位毋庸置疑。"①

本书前面也分析论述了各水利工程期刊，只有《河海月刊》和中国水利工程学会《水利》月刊属于比较纯正的学术性期刊，但《河海月刊》早了14年。

2. 详细记录了中国水利工程教育事业的起步发展史

河海工程专门学校作为中国历史上第一所水利工程专门学校，对于如何办学，没有任何先例可循；办学过程中会遇到什么样的问题、如何解决这些问题，没有现成的经验可学；培养什么样的学生、如何满足社会实践的需要，更是摸着石头过河。《河海月刊》前期的"校闻"栏目、后来的"纪事"栏目，都刊登了本校的各种消息，这些消息从不同角度和不同层面将学校的基本情况忠实地记录下来，这些记录、保存下来的细节，成为研究中国水利工程教育事业发展史的珍贵史料。

对于《河海月刊》的史料学价值，本书主要以其1918年6月以前手写印刷的7期为例进行简要分析。

一是详细记录了河海工程专门学校的办学成果、获得主管部门的重视和用人单位的好评。

1918年1月，河海工程专门学校校长许肇南因其自1915年创办该校以来"精心擘画，校规学风均称整饬，又以去年特科毕业成才甚多等情"，全国水利局总裁李国珍呈请"大总统，拟比照荐任官例，给予五等嘉禾章"，获大总统照准通过②。

1919年南北议和，李国珍为北洋政府议和代表之一，到南京之后专程莅临河海工程专门学校视察，"殷殷致意各教员平时教授之热心与学生成绩之优异，且深希望本校前途益形发达精进。"③

特科生作为全国第一所水利工程专门学校第一批进入水利工程领域从事水利工程的毕业生，其专业能力和表现得到用人单位好评。如全国水利局训令第三五号表彰特科毕业生、刚分配到该局工作的练习员顾世楫，"随全国水利局技正杨豹灵前往永定河查勘水情，拟具治本计划"④。此后，有关水利单位陆续主动函请河海工程专门学校派学生支持工作。如：京畿水灾善后处两次调用该校特科毕业生；抽调该校本科三

---

① 王红星，张松波，季山，等.《河海月刊》的历史地位和社会影响 [J]. 河海大学学报（自然科学版），2015（5）：497.

② 主任蒙给勋章 [J]. 河海月刊，1918（4）：校闻 3.

③ 李总裁莅校视察记 [J]. 河海月刊，1919，2（4）：纪事 1.

④ 全国水利局训令第三五号 [J]. 河海月刊，1917（1）：附录 1.

年级 29 人赴顺直水利委员会南运河、北运河、大清河、子牙河、永定河等五大水系流域实习测量工作①。

二是详尽地记录了该校的办学理念。

大学办学水平如何，与校长办学理念密切相关。1918 年 10 月，许肇南在参加全国专门以上学校校长会议时，提出过自己的办学主张和方针。他认为，"专门以上学校当兼为授受学术及研究学术之机关"，学术研究"理论与应用不宜划分界限"②。

1919 年，许肇南在《河海月刊》第 2 卷第 4 期上刊发署名文章《河海工程正科课目详记》，在"设科旨趣"中说，"本校旨在养成河海工程专门人才。顾人才之云，才智其末，德操其本，兼之载道"。

许肇南把"德操"看得如此之重，部分原因来自实践给他的反馈。许肇南 1917 年 5 月前往河海工程局拜访该局意大利籍总工程师平孙，为河海刚毕业但由于导淮工程没启动只能处于待业状态的特科毕业生谋求见习之处。平孙说，前些时候美国工程师来华勘淮时，水利当局曾推荐过某校毕业生数人来该局，但派往各地方后，不三四日即返报称已经完成工作了，再派往别处也是如此。一个月后局里安排正式工作，这些学生不到三个月全部不辞而别。更有过分的是，后来又来了两位见习生，比前述数人更为走马观花，安排其正式工作，一个月不到就不见人影了，且连书信都没有留下半张。平孙说："吾人之经验若如此，而谓吾人愿再闻见习之议乎？"许肇南虽能说会道，但也改变不了平孙的态度，于是他慨叹"学校但教人为学，不教人为人，弊乃中是"，这些人的做法"可以为吾人鉴"③。

在前述《河海工程正科课目详记》中，许肇南详细提出了自己办学的学科课程安排，立"国文学部第一""英文部第二""数学部第三""图画学第四""物理学部第五""化学部第六""测量学部第七""地质学部第八""力学部第九""机械工学部第十""路工学第十一""结构学第十二""水工学部第十三""经济学部第十四""体育部第十五"。

许肇南办学提倡德操为本，高度重视理论与实践密切结合，因此，该校的毕业生两方面兼具，从该校首届两年速成的特科毕业生来看，他们在工作中上手快，很受

---

① 参见《河海月刊》1918 年第 3、4、5、6 期。

② 许肇南. 全国专门以上学校校长会议建议案 [J]. 河海月刊，1918，2（3）：1.

③ 许主任 [J]. 河海月刊，1917（1）：职员通讯 1.

用人单位欢迎，在水利工程理论探索上也成长为《河海月刊》学术方面的主要撰稿作者。

三是记录了学校办学条件、师资队伍、办学规模等方面的细节。

办学条件方面：第 1 期"校闻"中报道"校舍迁移"，如实地报道了学校校舍的窘困状况。第 4 期报道学生宿舍再租一公馆，以改善学生住宿条件。

师资课程方面：第 1 期刊载聘请许苏民为学监兼国文教员、张云青为水力学及给水工学等科教员、陈绍唐为英文教员。科目设置和师资方面，从第 3 期报道的科目和任职教员消息中可以管中窥豹：本科二年级结构学沈奎侯、电气机械学杨光中、混凝土范霭春、水工学李宜之、工程管理许肇南，本科一年级国文许苏民、英文张云青和许肇南、数学范霭春、物理杨光中、矿物李宜之、图画李宜之、测量沈奎侯、力学张云青，预科国文许苏民、英文陈绍唐、数学范霭春和张云青、物理杨光中、化学刘梦锡、图画张云青、地理李虎臣；第 3 期刊登信息：第四学年课程增设"水工研究"。

办校规模方面：《河海月刊》不定期发布在校生人数与招生情况等信息，有时候还会公布具体招生名单，是了解该校办学规模、发展情况的第一手资料。如《河海月刊》第 1 期发布本期学生人数 103 人；第 5 期报道该校在济南开办第三次预备班；第 7 期刊登消息，介绍本届在天津、上海、南京举行招生考试，计划招收本科一年级插班生 10 人、预科生一班、补习生一班。

四是记录了该校教学管理方面的具体做法。

第 1 期《河海月刊》刊载该校"注重体育"，第 2 期报道，每日午操运动开始前 5 分钟校内各级自修室阅览室"皆严行锁闭""以防过于勤学，不顾身体健康惟知够学致患疾病"；鼓励体育竞争，学校设有绣旗，各班足球队及篮球队竞争夺取，优胜者可以悬挂在该班教室。第 3 期刊载学校决定第四学年课程增设"水工研究"；刊载了学校奖励学生的规则，分为两种，"曰德业奖励，曰体育奖励"。第 4 期刊登了德业奖即将实行的消息。第 5 期刊登本校三周年庆祝活动上，正式颁发了学校的德业奖。

五是记录了学校开展的各种社会活动。

学校活动方面：第 3 期报道 1918 年元旦学校举行教职员和学生聚餐会，同期报道了 1917 年 12 月 25 日为云南起义纪念日，学校照章停课举行纪念仪式。另有本校详章将出版的消息，该校章分中英文二部，内容包括本校组织、各种设备、学科设置等。第 4 期、第 5 期分别报道筹备本校三周年纪念和三周年纪念活动详情。第 6 期报道教员李宜之惠赠水利书籍 11 种给学校。第 7 期报道李宜之赴北方考察河道的消息。至于学校聚餐会、茶话会、交易会，则时常举行，《河海月刊》多有记载。

社会活动方面：第 3 期报道组织学生于寒假参观上海工厂及学校，及四位老师带领本科二年级学生全体去南京下关实测江流并进行绘图和计算的消息。

学生活动方面：第 2 期刊登本校足球队与南京高等师范足球队比赛消息；刊载校友会修改会章、改选职员、欢迎新会员、校友会会务部决议各部邀请本校各科教员分任指导员等消息。第 3 期报道学生参观江南造币厂。第 4 期报道学校校友会职员改选，后来成为中国共产党重要领导之一的张闻天（洛甫），在此次改选中被选为评议员之一。

此外，1920 年《河海月刊》还刊载了一篇文章，记叙五四运动中本校学生刘善乡事迹，"五四学潮之发生，实为吾国文化运动之嚆矢，宁垣学界尔时亦继津沪各地同告奋勇。本校一年级学生刘君善乡对于此事奔走呼号，颇具苦心，后复被选为南京学生联合会赴京诘愿代表，犴狴之苦处之泰然。迨出狱后南旋宁垣，中等以上学校全体学生特开慰劳大会表示感谢之忱。兹闻刘君因目下国步多艰，未遑专心工程之学，拟改习他种学问从事社会事业。"为此，学校特开欢送大会以示纪念 [①]，间接表明支持五四运动的态度。

六是详细记载了学校努力为毕业生争取工作和为练习生争取实习、见习机会的情况。

由于该校初办，尚不具社会影响力，学校多方设法为毕业生谋就业渠道、为在校生争取见习实习机会。《河海月刊》第 1 期刊载，校长许肇南利用筹商校舍事宜到京津地区，闻知当局专为疏浚海河下游设立了海河工程局，前往拜访其总工程师、意大利人平孙，欲请其为本校学生安排见习事宜。第 2 期刊载消息，学校致函督办京畿水灾河工善后事宜处，请其录用特科毕业学生，很快收到回复，称"此项人材，若需用时即当调用"。第 3 期刊载许校长致函承办运河工程的裕中营造公司请其酌用本校毕业生，获得对方经理赫齐克回函。第 4 期刊载京畿水灾河工善后事宜处熊督办函调本校毕业生十人前往参加各大河流量测量，及特科毕业生被抽调参与治河工作。第 5 期刊载京畿水灾河工善后事宜处对本校特科毕业生二次征调的消息，以及报经学校主管

① 本校两大欢会记 [J]. 河海月刊，1920，3（1）：纪事 2-3.

机关全国水利局同意该校派出本科三年级学生 29 人，学业与实习兼顾，赴顺直水利委员会作为练习员襄助河工，学校开欢送大会。第 7 期刊载特科毕业生汪胡桢、顾世楫、吴树声期满后由全国水利局分别委任科员，及本科三年级学生北上襄助水工时间延长等消息。

七是突出记录了毕业生与母校之间的联谊互动情况。

《河海月刊》刊发了篇次颇多的特科毕业生通讯稿，从前 7 期来看，大多数是直接写给校长许肇南的，有一部分是写给李宜之教授的。据本书的统计，这 7 期"毕业生通讯"栏目刊登了 62 人次的毕业生来信来稿，另外还刊登了练习员（即前述顺直水利委员会调去襄助河工的该校三年级学生）来稿 26 人次。在 1918 年 10 月第 2 卷第 1 期改为铅印之后，直到第三阶段停止刊登"通讯"栏目之前，还刊登了毕业生来稿 75 人次、练习生 6 人次。

总之，《河海月刊》堪称河海工程专门学校的"史记"，生动完备地记载了该校创立和发展之初的种种历史场景和历史事件，是研究中国第一所水利工程高校最鲜活、最翔实、最可靠的史料，具有很高的史料学价值。

3. 培养了我国第一批理论与实践高度结合、把论文写在山海河湖的水利工程专家、作者

可稽考的资料显示，《河海月刊》在 4 年时间里刊发文章篇次（涉及连载，故括号内按篇次计算，有多人并列）位居前 15 的作者依次为李协（38）、顾世楫（29）、汪胡桢（21）、江浚（15）、许寿祖（10）、味辛室主人（7）、朱墉（7）、萧开瀛（5）、杜裕魁（5）、沈宝璋（5）、宋希上（5）、许肇南（4）、郑簏（4）、戴宗球（4）、须恺（4）、吴树声（4）。前 10 位 11 人中 9 人是该校毕业生，尤其是特科毕业生占了 8 个，是《河海月刊》作者队伍的中坚力量。

这些作者中，李协是公认的中国现代水利事业的开创者、理论家和"大禹"式的实干家。特科毕业生对《河海月刊》倾注了大量热情和心血，为《河海月刊》撰写和提供了大部分稿件内容。前述《河海月刊》排名前 15 位的作者总计发表文章 167 篇次，其中毕业生共发表 118 篇次，占 70.66%，这其中特科毕业生又占了大多数，共发表 94 篇次，是排名前 15 位作者发稿量的 56.3%。

表 1 汇集了《河海月刊》上最为活跃的特科毕业生作者从这里成长起来之后的事业发展概况。

《河海月刊》部分特科毕业生作者事业发展概况 表1

姓名	事业发展概况
顾世楫	20世纪30年代后先后任导淮委员会科长，中国水利工程学会出版委员会委员，江苏省建设厅省会测候所所长，之江大学教授，新中国成立后还任过之江大学系主任等
汪胡桢	1920年赴美留学，后回河海工程专门学校任教，20世纪30年代后任中国水利工程学会出版委员会主席（委员长）、董事，《水利》月刊主编。新中国成立后主持修建了中国第一座钢筋混凝土连拱坝佛子岭水库大坝，主持建设了三门峡水利枢纽，历任淮河水利工程总局副局长、水利部北京勘测设计院总工程师、黄河三门峡工程局总工程师、北京水利水电学院院长，1955年当选为中国科学院学部委员（院士）
朱墉	河海工程专门学校教授，1923年任《河海季刊》总编辑
宋希上（尚）	1921年赴美国留学。后来任扬子江水道整理委员会委员兼工程处处长，兼任中央大学教授，全面抗战爆发后任西北公路运输局局长，1949年去台湾，历任台湾大学教授、台北工业专门学校校长等
须恺	1922去美国留学。后历任华北水利委员会技术总监、导淮委员会总工程师、国民政府水利委员会技监、联合国远东经济委员会防洪局代理局长。1931年中国水利工程学会成立，历任董事会成员、介绍委员会委员、会所委员会委员，第十届和第十一届会长。新中国成立后任水利部首届技术委员会主任、规划局总工程师等职

资料来源：1.百度百科；2.季山，《老"河海"师生对我国水利事业做贡献史料补遗》，《水利科技与经济》2015年，21卷第9期，第119—121页。

　　《河海月刊》对表1中的部分活跃作者的影响，主要体现为一种引导作用。特科生其实相当于速成班，原本为可能很快会上马的导淮工程作人才准备而设。两年毕业的学制，其速成的性质决定了特科生的学术科研基底并不会特别扎实出众。

　　《河海月刊》出版后，一方面成为特科毕业生与学校、与同窗之间的情感纽带，另一方面则是引导和推动特科生不断前行、不断提升自我的重要力量。《河海月刊》不断刊发特科毕业生工作中的种种经历、收获和他们的思考、调查勘查及理论探讨、工作总结性文章，对其他特科生是触动，是激励，也是鞭策。另外，该刊浓厚的切磋交流氛围，激发特科毕业生把所学跟实际结合，再行诸文字反馈到《河海月刊》，与昔日同窗、旧时师长进行隔空交流和相互砥砺。这种无形的力量，推动着特科毕业生非常看重并充分利用《河海月刊》来传递信息、增进情谊、提升工作和学术研究能力。《河海月刊》在陪伴他们前进的过程中，也帮助他们养成了动脑、动手、动笔的习惯，《河海月刊》停刊后他们继续笔耕，不断有更多的学术研究成果发表于其他刊物（见表2），这离不开《河海月刊》在他们初出校门最具有可塑性的阶段，所传导给他们的学术研究思维和风气。

《河海月刊》和其他期刊发表河海特科毕业生论著数量对比（1917—1949）　　表 2

项目	特科毕业生姓名				
	顾世楫	汪胡桢	朱墡	宋希上（尚）	须恺
《河海月刊》发表文章 / 篇次	29	21	7	5	4
其他期刊发表文章 / 篇次	72	138	23	96	32

表 2 中，民国时期几位特科毕业生的论著在《河海月刊》之外的期刊发表的数量远远超过《河海期刊》上所发表数量，最为突出的是汪胡桢，他在其他期刊发表论著高达 138 篇次，而当年在《河海月刊》上只发表了 21 篇次，充分说明经过在《河海月刊》时期练笔打下的基础以及学术研究习惯的养成，促成了其学术研究的自觉和科技论著的高产。另外，从跟当年《河海月刊》发表文章数量对比来看，宋希尚特别突出，他后来在其他期刊发表的数量是原来在《河海月刊》发表文章数量的 19 倍。

总结李协和这些活跃的特科毕业生当初在《河海月刊》时期的稿件，还有个很突出的特点，那就是十分重视来自实践的总结研究，他们的论文，很多都来自江河湖海，来自水利工程调查、测绘、施工第一线。《河海月刊》创办后，就有重视来自实践的调查研究的传统，这应该跟其主要作者都来自刚毕业参加一线工作的特科毕业生有关。总编辑李协自己是学院派出身，留学德国归来后，一直在河海工程专门学校从事教学和教务管理。但李协早在德国留学期间就立志要为改变中国水利建设的旧貌而倾尽全力。在河海工程专门学校期间，教学之余他开始积极投身水利工程实践和实地调查。李协任总编辑后，《河海月刊》还专门开设了"调查"专栏。

重视一线调研、重视一线工程实践的理论总结，为在《河海月刊》这个学术摇篮里成长的毕业生作者注入了理论与实践结合的基因。毫无疑问，只存续了四年的《河海月刊》对他们后来成长为中国水利工程学术方面的专家和水利工程论著的知名作者功不可没。

有研究者称，"《河海月刊》及时报道本校教师和毕业生的生产实践成果，同时大量发表本校教师和毕业生总结的中国治水理论和实践，介绍引进西方水利科学技术的科研成果"，在河海工程专门学校的学科建设中起到了"参与构建当代水力学科体系雏形"的作用。《河海月刊》"发表的生产科研成果文章，被学生和工程技术人员广泛阅读、学习和应用，有力推动了水利教育和工程建设的发展"。① 本书认为这个评价是精当的，并非过誉。

8.2.4 《河海月刊》对水利建筑期刊的影响

《河海月刊》出版四年，一方面为中国水利工程行业培养了第一批水利工程专家和学者、作者，另一方面也在他们心中种下了办刊的种子，就像蒲公英一样，在他们走向各地的过程中，种子随之落地，各种水利建筑期刊不断兴办起来。

1. 李协从《河海月刊》厚植了办刊情怀，办刊成为他在不同水利机构推动工作的重要抓手

1918 年 10 月出版的《河海月刊》第 2 卷第 1 期，是李协任总编辑后的第 1 期。首次出任期刊出版人，李协没有发表任何有关该刊办刊思路之类的意见，但体现在《河海月刊》的实际变化上却可以看出其办刊方针和思路，一是刊物出版正规化，二是追求刊物学术化，三是重视调查研究。

李协担任《河海月刊》总编辑 3 年，在此期间厚植的办刊情结此后一直伴随着他，利用期刊来推广科研成果、发布工作成绩、部署工作任务、沟通各方信息，成为其开展工作的重要抓手。此后他创办《华北水利月刊》《水利》《陕西水利月刊》《黄河水利月刊》等莫不如此，本书此前已详论。

2.《河海月刊》培养了水利工程出版事业的赓续力量

《河海月刊》厚植了李协的办刊情结，同时也培养了其他的中国水利工程期刊出版人。

第一位是特科毕业生朱墉。

朱墉特科毕业后，选择了自主择业，到山东济南第一师范学校任教，后被校长许肇南调回学校任助教。1922 年，《河海月刊》最重要的两个核心人物许肇南、李协离开学校。而在此之前，《河海月刊》在 1921 年 11 月出版了第 4 卷第 6 期之后，就再也没有出版过，就此告别了历史舞台。1922 年 10 月，河海工程专门学校召开校务会，决定由徐乃仁出任出版部主任，负责接续《河海月刊》，改出《河海季刊》。《河海季刊》于 1923 年 3 月出版第 1 卷第 1 期，朱墉出任负责具体编辑事务的总编

---

① 王红星，张松坡，季山，等.《河海月刊》的历史定位和社会影响 [J]. 河海大学学报，2015，43（5）：499.

辑。不过与李协时期的总编辑不同，出版部主任徐乃仁才是全部出版事务的真正负责人。

《河海季刊》可以视为《河海月刊》的继承者，其第 1 期就接续刊发了李协在《河海月刊》上的长篇连载著作《水工学》。在改出《河海季刊》之后，刊物的封面风格作了调整，文字排版一改《河海月刊》竖排文字的形式，全部改为从左到右横排。

《河海季刊》只出版了两期就停刊了。分析背后原因，本书认为大致与两个因素有关。第一，河海工程专门学校从创办以来一直存在经费保障不到位的情形，四省分摊办学经费的刍议，到 1924 年近十年时间，直隶省几乎就没兑现过拨款承诺，累计欠费 68 000 余元 ①，由于经费不足，校舍一直处于四处租赁状态，由此造成办学波动也就难以避免。第二，这段时间中国的专门类高校纷纷依据新规定升格转为大学，河海工程专门学校却十分窘困，经费不足，连自己的校舍都没有，1924 年又面临迁址办学的问题，经过五四运动洗礼后的学生自治会发动了学潮，派代表向主管机关全国水利局请愿，继而发起罢课、驱赶校长等行动。河海工程专门学校的问题，最终以与东南大学工科合并组建新的河海工科大学、茅以升出任校长而得以解决 ②。在此期间受学校的动荡状态影响，《河海季刊》自然难以正常出版。此后几年时间内，学校又被合并重组为第四中山大学，继而改名为江苏大学、中央大学等。持续变动之下，《河海季刊》也只能湮没在历史的旧尘中了。

第二位是汪胡桢。

汪胡桢办刊情形，本研究前面已经详细分析过了。从 1931 年 7 月第 1 卷第 1 期起，到 1937 年 9 月第 3 卷第 3 期止，汪胡桢主编《水利》时间长达 6 年多，总计出版 67 期。这是中国水利工程学会《水利》月刊出版状态最好的时期。

李协、须恺师生俩前后各自连续多届当选中国水利工程学会会长，以及汪胡桢、顾世楫、宋希尚等在学术上取得的成绩，最早的基点和源头，都在《河海月刊》。李协每主政一地就创办一份水利专业期刊，汪胡桢成为中国水利工程学会会刊的主编和出版人，朱墉任《河海季刊》总编辑，无不体现出《河海月刊》对他们的熏陶和潜移默化的影响。他们的办刊实践，也赓续了中国第一份水利工程学术期刊的办刊理

① 车志慧 . 民初"工专改大"的路径：基于河海工程专门学校升格大学的考察 [J]. 近代史学刊，2016（1）.

② 同①。

念和传统。

　　《河海月刊》在当时条件很差的情况下创办，办刊过程中的一些经验和理念，以及对水利工程学科建设、水利工程建设的推动及水利工程期刊人才的培养等价值，值得后人深度发掘。

民国时期公路建筑期刊研究
——以《道路月刊》为重点

公路，是"连接各城镇、乡村和工矿基地，主要供汽车行驶的道路"[①]，也有的解释为"连接城市、乡村和工矿之间，主要供汽车行驶的道路"[②]，还有解释为"市区以外的可以通行各种车辆的宽阔平坦的道路"[③]。第三种解释有偏颇之处：山间公路未必宽阔平坦，但仍然是公路。以上解释，都把公路限定在城市以外，其实，市区以内供车辆通行的路也属于广义的公路，只不过从行政管理和交通功能的角度，业内习惯于称之为市政道路。本书将宣传报道上述第一种解释所称道路的期刊作为主要研究对象。

古代汉语中，一般用"道"来表示道路，如"周道如砥，其直如矢"（《诗经·小雅·大东》），"有栈之车，行彼周道"（《诗经·小雅·何草不黄》），"道虽迩，不行不至"（《荀子·修身》）。古汉语中没有"公路"这一说法，类似的词语为"公道"，如"弃灰于公道者，断其手"（《韩非子·七术》）。

在近现代汉语公共话语体系中较早出现的是"道路"一词，如：1874 年 8 月 1 日《教会新报》第 297 卷的新闻标题《川督奏川省委员采觅木植道路险远恳准予展限摺》，1876 年 2 月 12 日《万国公报》第 374 卷标题《大奥斯马加国事·雪封道路》，1877 年 4 月 14 日《万国公报》栏目"大美国事"中所刊登的文章标题《疏通南北亚

---

① 辞海：第六版典藏本 [M]. 上海：上海辞书出版社，2011：1420.

② 黄河清. 近现代辞源 [M]. 上海：上海辞书出版社，2010：270.

③ 现代汉语词典：第 7 版 [M]. 北京：商务印书馆，2016：452.

美利坚道路》。

从"全国报刊索引·晚清期刊全文数据库（1833—1911）"中，只搜到7条有"公路"二字的信息，但此"公路"并非供汽车行驶的道路。从搜索结果看，1893年、1894年《益世报》分别有"公路情话""公路浦清话"两种用法，实际上相当于报刊的栏目名字，刊登的是各种社会新闻，其"公路"之意并不是本书所界定的对象。1903年《上海租界田地章程》记载，"凡此章颁行以前已有之公路及将开出之公路，所有经营修理等事均归公局承认"①，其中的"公路"具有公共道路的含义。

这种公共道路含义的"公路"一词，还见于1910年10月6日上海《申报》第13529号第2张第3版刊登的一则消息，说南市"总工程局路政处查得大东门外南城脚某板行堆积板料，有碍公路，限迁不遵，昨又饬十六铺地甲传谕行主从速迁去，如违究罚"。此后"公路"一词陆续见诸报端，如1913年10月4日，上海的《时报》第2336号第8版有一条新闻消息，题目叫《侵占公路》，报道浦东乡民控告同族侵占公路有碍交通；1913年10月24日《申报》第10版有条《洋人侵占公路》的消息，报道了洋人"购地筑笆，竖立界石，将该处公路占入，断绝交通"，该处"公民郁根祥、沈文秉等至上海县公署请即派员丈勘，并令洋人迅速退让，以保主权"。

最早出现近现代意义的"公路"一词的中文期刊是《世界月报》中文版。该刊创办于印度，其封面上刊印着该刊有"中文、英文、俄文、乌都文、印度文、罗马字……及缅甸文"语种版本。该刊是一本以照片报道为主的画刊，每页都是照片，配以少量文字，其1911年第3卷第1期第10页，标题是《连贯东西洋的苏彝士运河》，报道苏彝士运河，刊登了5幅照片，并配以文字说明。其中一段说，"苏彝士运河沿埃及东部而联结着红海与地中海，若无此河开凿，则船只航行于印度及欧洲间，较今日航程为时倍之"，大船航行于运河中，"有公路铁路及运河联结着红海与地中海"②。据本书考证，这是中文期刊中关于近现代意义的"公路"最早的报道。

语言要素中，词汇对社会生活反应最为迅速、敏感。"公路"一词出现比较晚，是我国社会生活中"公路"出现得较晚这一社会现象在语言学上的映射。

---

① 黄河清.近现代辞源[J].上海：上海辞书出版社，2010：270.
② 连贯东西洋的苏彝士运河[J].世界月报，1911，3（1）：10.

9.1　民国时期公路建筑期刊概况与整体特点

民国时期的公路建设是随着汽车进入国内而逐步开展起来的。致力于推动全国公路建设的中华全国道路建设协会，不遗余力地宣传推广和鼓动，其于 1922 年创办的《道路月刊》，在道路建设方面发挥了重要的舆论宣传作用。

民国时期从 20 世纪 20 年代开始陆续诞生公路建筑期刊。如 20 年代创刊的有《道路月刊》(1922 年)、《万梁马路月刊》(1928 年)、《富泸马路月刊》(1928 年)、《川南马路月刊》(1929 年)；30 年代创刊的有《公路三日刊》(1934 年)、《公路》(1935 年)、《湖北公路月刊》(1936 年)、《四川公路月刊》(1936 年)、《西南公路》(1938 年)、《江西公路》(1938 年)、《西北公路》(1939 年)；40 年代创刊的有《川滇公路》(1940 年)、《广东公路》(1941 年)、《公路研究》(1941 年)、《新公路月刊》(1942 年)、《公路工程》(1942 年)、《公路月报》(1943 年)、《滇缅公路》(1944 年)、《川陕公路》(1945 年)、《陕西公路》(1946 年)、《第八区公路工程管理局公报》(1946 年)、《第五区公路工程管理局公报》(1947 年)、《第六区公路工程管理局公报》(1947 年)、《江苏公路》(1947 年)、《广西公路》(1948 年)、《现代公路》(1948 年)，等等。

这些公路建筑期刊，总体上有以下特点：

一是持续时间普遍都很短，出版期次普遍都比较少。本书统计，上述 26 种期刊中，出版期次在 20 期以上、出版时间在两年以上的只有 6 种。

二是除《道路月刊》由协会创办、《现代公路》由社会单位现代公路出版社主办以外，其余各刊大多由各地方公路建设管理部门主办发行，具有典型的机关刊特征：发行范围主要在本机关管辖范围内，出版经费和人员由本机关保障，内容以本机关各种法令、文牍、规定和事务部署、工作安排与成效、奖罚升迁通告等公文文牍为主。

三是上述公路工程期刊中创办于抗日战争时期的有 11 种，占了一小半，且多数在重庆等大后方创办。这是由于抗战时期公路建设管理对于军队物资运转的重要性十分突出，而只有大后方才具备出版条件。当然，物资匮乏也使得这个时期的公路建筑期刊页面较少、纸张及印刷装订都很简陋。

9.2 对油印刊物《公路技术》的研究

抗战时期出版的公路建筑期刊，较为纯正的公路建筑技术刊物当推《公路技术》。这是国民政府交通部公路技术座谈会的不定期出版物，每期都是座谈会主讲人的主讲内容汇编

如民国三十年十二月即 1941 年 12 月印行的第 34 期，内容为赵祖康主讲的《乐西公路试车观感》。该期为手写油印，封面上标注了编辑为"交通部公路总管理处""非卖品""本期只印 100 份"等字样。赵祖康讲述了他们一行 1940 年 1 月从重庆出发到乐山、峨眉、富林及西昌等地，以每小时十多公里的速度，考察刚建好的该段 550 公里公路的情形，内容包括这段路的赶修经过，物价尤其是米价飞涨等造成成本大幅上升的状况，由此被迫调低建设标准，同时讲述了材料、施工等技术问题，其后是跟与会专家们的互动讨论。

目前能查到的《公路技术》馆藏资料，一是上海图书馆收藏的 1941 年第 34 期，一是国家图书馆·国家数字图书馆收藏的 1944 年 11 月《公路技术》第一集。

《公路技术》出刊缘由：1939 年，交通部公路总管理处专门研究工程地质的林子英，向时任处长赵祖康倡议在处内举办技术座谈会，赵祖康同意，委托林子英操办其事。从 1940 年夏天开始，该处每周邀请一位处外专家或处内同人主讲，全体参加，"学术理论与事实经验遂互为交融"，"主讲人固各抒卓见，出席人亦有言必发，互相讨论"，学术座谈会创办后，集会了 50 余次，凡有讲稿者油印后分发给到会者，林文英具体负责编辑和刻写油印。这便是《公路技术》分期编辑成册油印出版的由来。这样的讲座和出版持续了一年，后来林文英外出公干，这项活动就终止了。

1941 年秋，赵祖康在重庆郊外养病，林文英常去探视。一天，林文英提及《公路技术》油印本"索阅者遍各地，拟付铅印"，请赵祖康为之作序。赵祖康答应作序，口授大意，让林文英代为撰稿。序写好了，但赵祖康的病却越发加重，《公路技术》铅印一事也就没成。此后林文英去西北公干殉职，这件事也就一直延宕下来。后公路总局工务处处长萧庆云"批阅旧稿，不无足供研讨之处"，决定把已出各期汇为专集分期发行，以免散佚，于是就于 1944 年出版了铅印版《公路技术》第 1 集 [1]。

---

① 赵祖康，萧庆云. 赵序 萧序 [J]. 公路技术，1944（1）：2-3.

《公路技术》铅印版第 1 集收入了 12 篇讲稿，9 篇为第 34 期手写油印本末尾列出过的篇目，3 篇属于此后的讲座内容，如萧庆云《公路人事制度》、康时振《西南公路之观成》、张有彬《视察西南公路之观成》。从第一集的编后记来看，实际集会 51 次，讲稿共约 26 万字，其后附录刊有历次讲座的题目，其中 14 篇讲稿尚未寄给铅印版编辑 [①]。目前无法确知铅印版《公路技术》最终出版了多少集。

铅印本《公路技术》第 1 集中，赵祖康及原机构已改为公路总局工务处的现任处长萧庆云二人都对殉职的林文英为《公路技术》的付出多有感怀，都为之作序，"重印《公路技术》为林子纪念"，虽感伤痛，"亦盛事也"（赵祖康）；林文英主持技术座谈会事务异常热心，所有演讲稿，均亲自校对，"今披览旧稿，往事如昨，而林君已作古人，人琴之感，弥复伤怀"（萧庆云）。

《公路技术》的价值，在于比较完整地记录了抗战时期大后方的公路工程建设情况和公路技术专业人士在公路工程技术方面的交流与切磋。

9.3 对《道路月刊》的重点研究

1922 年 3 月 15 日，民国时期第一份公路建设月刊、中华全国道路建设协会会刊《道路月刊》在上海问世，到 1937 年停刊，持续出版了 15 年多。

9.3.1 主办者中华全国道路建设协会

中华全国道路建设协会（以下简称"道路协会"）会长王正廷从政，在外交圈的时间最长，外交领域是他主要的政治活动舞台，按常理，他不太可能涉足以公路事业为主的道路协会这种具体事务，但除了一年左右因分身乏术任名誉正会长之外，他十几年时间里却一直担任会长和会刊《道路月刊》社长。

王正廷谈起过自己倡导创办道路协会的动机："吾幼稚求学时代，对于吾国不良之道路司空见惯，亦无甚特异之感想。出洋游学以后，目击友邦道路之精美，始恍然道路与国家之关系。及去年自欧战和会（指他参加过的巴黎和会）归国后，乃慨然，知建设道路之必要，遂集热心同志多人组织全国道路建设协会。"道路协会成立十周年时王正廷回忆协会成立和任会长经过：1921 年春，"联太平洋会，设有道路股，推

---

① 编后记：公路技术座谈会历次主讲人与讲题一览表 [J]. 公路技术，1944（1）：54-56.

廷主持之，廷认为道路关系民生最巨，应有独立之组织，乃协同旅沪中外名流，发起中华全国道路建设协会，仍推廷长会务"[①]。

由于纯属民间组织，道路协会"既无基金，又无公款津贴，常年经费惟赖征求会员捐助"[②]，从成立时起，协会每年都定期组织大规模的全国性征集会员活动，只要支持公路建设、认可协会宗旨、缴纳会费，就可加入协会成为会员，十年时间征集"新旧会员有十万之众"。

与中华全国铁路协会比，道路协会的会员显得鱼龙混杂、五花八门。这一点，从道路协会历年开展的会员征集活动就可看出来。如第 13 周年征求会员大会，分别设有航业队、交易所队、矿业队、汽车队、钱业队、交大队、复大队、暨大队、国货队、商联队、律师队、杂粮业队、电气队、中学队、报界队、建筑师队、航空队、妇女队、体育队、建筑业队等，在各自领域里广泛开展会员征集活动[③]，且协会征集会员不仅限于国内，还扩展到南洋诸国大量招募南洋会员。可见，协会会员社会公众化突出，公路工程专业特质不强，会员构成并不那么纯粹。

道路协会和铁路协会一样，随着形势的变化和各自有影响力的首脑人物慢慢淡出而逐渐衰落。抗日战争全面爆发后，两者的会刊最终都停刊。

9.3.2 《道路月刊》出版特点分析

《道路月刊》以每出版 3 期（号）为 1 卷编卷次，停刊时出版到了 54 卷第 2 号，总计出版了 148 期。不过，每年出版期次数量并不固定和统一。总体看，《道路月刊》在办刊方面有如下特点。

一是大量刊发协会相关工作内容。

表现在：报道道路协会事务的"纪事"或"会务"栏目，贯穿了《道路月刊》15 年出版史的始终，据本书统计，其中"纪事"栏目刊登协会事务消息 230 则、"会务"栏目刊发协会事务消息 433 则。反映道路协会与民国政府部门、各省督军政府、各省建设厅、地方政府及相关个人函件往来等的栏目"文牍"，总计刊发 1 151 则信息。以上总计 1 814 则消息，平均每期 12.3 则，宣传报道协会工作可谓不遗余力。此外，

---

① 王正廷. 本会十周年纪念之回顾 [J]，道路月刊，1930，29（3）：2.

② 同①3。

③ 征求会员大会各队职员鸿名 [J]，道路月刊，1933，41（3）：6-11.

协会曾在 1931 年组织了第一次全国路市展览大会,《道路月刊》以特刊形式集中报道了全过程。

二是每年出版征集会员大会特刊或纪念专号。

协会的主要经济收入来源于会员会费,定期开展大规模的全国性征集会员活动是道路协会扩大影响、增加收入并以此维持会务和出版会刊的主要手段。作为协会会刊,《道路月刊》创刊后,从 1922 年第二届征求会员大会开始,一直到 1937 年 3 月第 16 周年纪念征求会员,对此持续不断进行宣传。其中,1922 年第二届到 1933 年第十三届几乎每年都出版特刊或纪念号。

《道路月刊》特刊封面

《道路月刊》出版征集会员活动特刊(纪念号)

三是前期大量宣传、广泛发动各地修公路。

体现在开办了很长时间的"调查"栏目中,大量刊登全国各省、各市、各地区修建公路的动态消息,本书统计共有 1 924 条,有力促进了各地公路建设。《道路月刊》纪念协会成立十周年征求大会特刊的文章中说,尽管"内忧外患,天灾流行,环境恶劣,达于极点",但"本会提倡鼓吹不遗余力,各省区域建设道路之运动遂电掣星驰,如火如荼","现计全国筑成新式大道已达七万八千余里"。1935 年 1 月,王正廷回顾协会工作时说,协会提倡建设道路已有十五周年,当年全国的公路只有 1 165 公里,十五年来,协会协同各界不断努力共同倡导,据最新调查结果,"全国筑成公路已有十万七千多公里了"[①]。

四是长期宣传"兵工筑路"。

① 王正廷.民廿四我们应做的几件事 [J].道路月刊,1935,46(1):1.

既解决筑路工人问题，也以此力推裁军改善民生，并谋求解决军人出路问题。道路协会成立起就针对当时各方军阀势力混战、民生凋敝、财政吃紧等时局，极力主张裁军，并力主将裁军后的军人转为筑路工人。从1922年到1937年，"兵工筑路"成为《道路月刊》的长年宣传内容，发表各类文章、与部队的往来函件、各军队士兵参加公路建设的消息和照片245篇（幅）。

五是大量刊登协会与民国政府机关、各省政府及其下属的建设厅、军队等之间来往函件和相关文牍。

这些往来函件及文牍大多涉及公路建设、《道路月刊》等事项，据本书汇总，民国政府层面的有内务部40件、交通部44件、农商部9件、铁道部5件、外交部8件、军事委员会5件、军政部5件，全国及各地交通委员会30件，23个省政府（包括天津市）等150余件。

六是主要内容随着协会工作重点的调整而调整。

前期"着重宣传公路建设之真谛"，后期由"宣传筑路"转入协助"如何使用已成公路""使已成公路能充分运用之"，诸如"办理公路救济服务""发起自造汽车""采探汽油""创设汽车修理厂""提倡公路旅行"等方面的内容。

七是经常刊发一些工程方面的技术性文章、全国各地公路工程施工建设计划及动态消息、公路工程施工现场及建成照片等，供各地参考借鉴。

据不完全统计，《道路月刊》共刊登工程照片640页（幅）。这些来自各省乃至跨省的20多条公路的大量施工场景照片，无疑会刺激和带动其他地区的公路工程建设。此外刊载了公路工程施工技术性文章60余篇，许多都进行了连载，在全国范围内推广了公路施工技术，推动了公路施工技术进步。

八是1937年停刊前的最后几期，开启地方公路建设特辑模式。

该模式类似于专题宣传的形式，每期封面刊登当期的特辑名称和该地公路建设照片，正文拿出数十页面图文并茂集中介绍某一个省的公路建设情况。如1937年第53卷第1号为"湖北公路建设特辑"，正文87页，刊登《湖北之公路工程》一文占了34页，另刊湖北公路建设中铺修路面照片7幅、开山工程照片4幅、桥梁涵洞照片9幅、

《道路月刊》1936年10月改名为《道路》，1937年7月出版第54卷第2号"云南公路建设特辑"后因抗战全面爆发停刊

通车照片 6 幅。此后几期的"宁夏公路建设特辑""陕西公路建设特辑""四川公路建设特辑""云南公路建设特辑"也莫不如此，并且还进一步刊登当地的风景名胜照片，增强吸引力。

连续 5 期推出以省为单位的地方公路建设特辑，显然是《道路》(1936 年 10 月时已经将《道路月刊》刊名去掉了"月刊"二字) 特别策划的系列宣传报道活动，不出意外的话，会成为下一个阶段《道路月刊》编辑的重点策划内容和出版形式。但随后日本发动全面侵华战争，《道路月刊》停刊。

9.3.3　《道路月刊》运作特点分析

一是借助政界军界风云人物扩大影响。

前面研究分析了《铁路会报》利用政界人物借势发展的做法，道路协会在这方面青出于蓝而胜于蓝。

《道路月刊》对十余届道路协会征集会员大会进行了专刊式的集中报道。这些专刊上刊载了每一届征集大会详情，其中比较有特点的是协会的名誉会长制、名誉顾问制、名誉董事制和每届会员征集竞赛活动。

1922 年 11 月第 3 卷第 3 号首次刊载上述内容。道路协会本届改选，会长改为郭秉文，副会长许沅和史量才 (注：史量才，上海著名报人，《申报》总经理，民国时期上海乃至中国新闻界最大报业集团的报业大王)，首任会长王正廷当月被北洋政府任命为外交总长，12 月还代理了总理 20 多天。此时的王正廷无暇办理会务，被推选为道路协会名誉会长，同时出任道路协会名誉会长的还有两个实力派军方人士，一个是浙江督军卢永祥，另一个是冯玉祥。而名誉顾问则有张謇、齐燮元、徐谦，名誉董事有阎锡山、许世英、何丰林。

道路协会历届荣誉职务出任者，无论是北洋政府时期的，还是国民党政府时期的，显赫人物尽数囊括。如：蒋介石 (4 届名誉会长、1 届名誉征求会员总队长)，冯玉祥 (8 届名誉会长或名誉副会长、征求会员总队长)，阎锡山 (4 届名誉会长、1 届名誉副会长、1 届名誉顾问、1 届名誉顾问)，唐继尧 (3 届誉会长、1 届名誉董事)。其他任过名誉会长、名誉顾问或名誉董事的著名人物还有蔡元培、熊希龄、张謇、刘湘、黄郛、齐燮元、卢永祥、唐绍仪、张学良、于右任、杨森、吴佩孚、谭延闿、孔祥熙、宋子文、张继、孙科、李济深、白崇禧、叶恭绰、孙传芳、李宗仁、李烈钧、黄绍竑、张人杰、唐生智等。

道路协会借助这些党、政、军、文化、教育等各界著名人物的名头，大张旗鼓地开展会员征集活动，《道路月刊》每到征集会员大会都会出版特刊或纪念号之类的推波助澜，反过来在会员招募中自身也是受益者，因为会员征集回馈条款中包括了缴纳不同额度的会费，赠送不同数量和期次的《道路月刊》，变相扩大了月刊的社会影响，增加了月刊的发行销售量。对此，王正廷在回顾协会十来年工作时有过总结："本会十年来月出之《道路月刊》，初印五千份分送全国各会员与各机关团体，继而购者加多，现已月印一万五千份以上。""十年来，本会所出《道路月刊》百余期，约百万册以上"，编译发行路市各专著，也售出 20 万部以上 ①。

民国时期政界军界变动频繁，"城头变幻大王旗"经常发生。因此，道路协会这种利用政界军界风云人物扩大自身影响力的做法也存在较大的风险。为撇清协会与因为政局波诡云谲而失势的著名人物之间的关系，协会特别公告，"迭经声明，绝不涉及政治问题，各地方分会会章亦均同此宗旨"，并强调协会的宗旨是"专以促进全国路市交通"，除积极提倡、宣传路政市政外，不介入一切军事内政外交事务，入会会员不分国界党籍男女，不过问政治态度，只要是支持道路建设的人士，协会都大力欢迎，如此，"以保专门提倡建设道路的超然态度" ②。

道路协会利用名人扩大影响的运作模式到了 1932 年就停止了，这一年和 1933 年的会员征集大会，《道路月刊》虽然继续出版特刊、纪念号，但已经不再刊登各种名誉职务人员名单，1933 年只刊登了叶恭绰任征求会员大会委员会主席，一应征求会员工作归于协会自己组织。此后的征求会员大会，连特刊或纪念号也不再出版，只在《道路月刊》的"会务纪要"栏目里有所报道，明显地失去了党政军名人效应。

二是封面刊名邀请政界文化界等不同名流题写，进一步扩展借名人造势的运作手法，同时又形成《道路月刊》独特的封面风格。

《道路月刊》的封面刊名题字，创刊第 1 号就使用了手写书法风格，前 5 期采用了会长王正廷的行、楷、隶不同风格的题字。从 1922 年 8 月第 2 卷第 3 号开始，《道路月刊》的封面刊名每期由不同的各界名流题写，这种风格延续到了 1934 年 1 月第 42 卷第 3 号，持续了 11 年多，计有 121 期。此后中断了一段时间，改用印刷楷体等字体的同时个别期次又采用了名人题写的书法体，如 1935 年 3 月第 46 卷第 2 号由樊

① 王正廷. 王序 [M]// 吴山. 路市丛书. 上海：中华全国道路建设协会发行，1931（1）：6-7.
② 王正廷. 本会十周年纪念之回顾 [J]. 道路月刊，1930，29（3）：3-4.

光题写。

先后为《道路月刊》题写刊名的政界军界著名人物和书画、教育、经济界等社会名流，有徐谦、萧娴、于右任、王震、蔡元培、韩国钧、许世英、郑孝胥、马君武、张謇、蔡守、黄炎培、孙洪伊、邓尔疋、张载阳、唐绍仪、丁锦、胡汉民、章士钊、刘三、谭延闿、文凤、朱祖谋、程德全、林长民、江亢虎、柏文蔚、岑春煊、叶恭绰、谢复园、江天铎、杜就田、黄葆戊、余伯子、李石岑、江道樊、赵藩、胡适、李健、张一麐、熊希龄、易熹、李根源、金梁、徐绍桢、陈陶遗、喻长霖、龙丁、钮永建、张柟、谭泽闿、蒋尊簋、殷汝骊、李宣龚、黄郛、姚华、潘飞声、诸宗元、顾青瑶、杨雪玖、王伯群、薛笃弼、孙科、褚民谊、孔祥熙、经亨颐、王师子、周庆云、余绍宋、庄蕴宽、郑沅、马叙伦、黄宾虹、钱瘦铁、蒙古三多、汪荣宝、朱庆澜、张之江、袁嘉穀、王廷扬、刘尚清、易中篆、马公愚、郑午昌、张大千、邹鲁、狄平子、吴铁城、关赓麟、张伯英、邵章、谢远涵、谢无量、叶玉森、胡朴安、马相伯、王人文、柳亚子、钱名山等 110 余人。

《道路月刊》借用名人题写刊名，往往紧跟时事政治形势。北洋政府时期，用北洋政府军界的较多；后来用国民党和国民政府的名流居多。

跟道路协会利用名人担任协会名誉职务一样，这种运作方式存在一定的风险。如为《道路月刊》题写刊名的名人中，有的一时为风云人物，但随后就可能失意于政坛军界，更有甚者，后来投靠日本人当了汉奸的也不少。

能够得到如此众多的各界名人为一份专业建筑刊物《道路月刊》题写刊名，表明协会和《道路月刊》具有非常强的社会活动能力。

《道路月刊》这种长期、大量使用政军界、文化教育界等各界名人题写刊名的编辑手法，使得刊物每期的封面富于变化，尤其一些文化艺术名流的手笔，更为该刊增添了隽永的文化意蕴和较高的艺术价值，其独特性在民国时期的建筑期刊中无有出其右者。

三是会长任社长，会刊的宣传重点与协会业务紧密配合，充分发挥协会的喉舌作用。

《道路月刊》长期由道路协会正会长任社长、两位副会长分别任副社长，这在民国时期协会主办的建筑期刊中是独一个。此外，协会总干事任主笔，下设文牍主任、编辑主任、编译主任、广告主任等分工明确的部门负责具体编辑业务，组织架构健全。

《道路月刊》紧密结合协会工作进行宣传，如协会成立时，力主"兵工筑路"，一方面解决当时军阀割据、军队膨胀、耗费财力物力人力问题，以此推动全国裁军结束军阀混战、推动国家转入建设，另一方面解决裁军后士兵出路问题，同时解决修筑公路劳动力缺乏问题。为此，协会不遗余力地大力宣传，向各地驻军首领大量发函鼓动此事。《道路月刊》借助媒体优势，积极宣传此事，大造舆论：在"文牍""调查"等栏目里，以图文并茂的形式，十多年持续不断地发布各地方、各地方军队实行兵工筑路的消息，据本书不完全统计，从1922年到1937年发表此类文章共计68篇。

《道路月刊》配合协会，不遗余力、不惜版面、长期坚持为"兵工筑路"制造舆论扩大影响，源于协会对此的统一认识。1928年，《道路月刊》编辑主任陆丹林撰写了一篇文章，称"吾国养兵之多已逾二百万，在国防常备言之，冠于各国，吾人负担之重，实堪惊叹"，裁兵"节省巨大之军糈，减轻民众之负担"，"以裁减之兵，从事于各种业之建设，既可使无业之士兵不至于流为盗匪以扰民，而国家社会各种生产事业，得有最大工作之成绩"，"国家收入之大半养此数百万之兵，造成十余年之混战"，"国脉尽矣，民众穷矣，而军阀个人，则莫不腰缠累累"，"中央久失统制之权，酿成各人拥兵自雄之势"，"当此革命成功之后，应有杜绝内战之图""兵更不可不裁矣"，"现已由军事时期而入训政时期"，"记者主张裁兵筑路为内政之首"①。1930年，协会总干事、《道路月刊》主笔吴山在纪念协会成立十周年时撰文阐述协会推行"兵工筑路"不仅是筑路，而且要以此改良社会："均如是办，目前散处全国各省县之兵与匪，不但均可作生产创业之主人翁，将来均为兴家立业遗传血统之老祖宗，岂不懿与？否则，兵之结果是牺牲，匪之结果是枪毙，流民之结果是沟死沟埋路死路埋，于国有损，于人有害，于家无益，于己则枉走人世一场。""惟一希望，早移内争之军需费作为筑路与垦殖费……将现有之兵编成该省筑路之队……化不生产而为生产……至多不过廿年，国富民殷，可以预贺！"②

类似"兵工筑路"宣传的还有《道路月刊》在中期配合协会宣传拆除城墙、修筑马路、建设新都市，后期配合协会推进市政建设、扩展汽车维修等服务领域、吁请庚款用于道路建设等方面，开拓新的报道范围和重点领域，体现出会刊紧密围绕协会工作重点进行宣传报道的特点。

---

① 陆丹林.兵工筑路为革命完成后之最大建设[J].道路月刊，1928，24（2）：1.
② 吴山.十周纪念后之唯一新希望[J].道路月刊，1930，30（2）：4-6.

四是在月刊内容资源的二次开发上发力，结合行业实际推出了满足行业需要的一批实用性很强的丛书。

《道路月刊》比较早就注意挖掘期刊上的已出版资源，并对其进行二次开发，陆续出版了一系列实用价值较高的工具书性质的图书。包括：1928 年陆丹林编纂的《市政全书》，1929 年陆丹林、蒋蓉生、刘郁樱合编的《道路全书》，1931 年主笔吴山、编辑主任陆丹林、编辑刘郁樱合编的《路市丛书》（第一集），出版顾在埏译著、陆丹林校订的《都市建设学》，杨哲明译著《桥梁工程学》，陈树棠著《道路建筑学》，黄笃植著《道路通论》，赵祖康著《测设道路单曲线简法》，顾在埏译、陆丹林校《最新实用筑路法》《最新公园建筑法》等。

原载《道路月刊》
1932 年第 36 卷第 1 号

此外，《道路月刊》还开发衍生产品，出版了张嵩如著《汽油代替品之研究》及《中国公路旅行指南》《中华全国最新公路图》《中华各省最新公路图》等。

铁路建设可以收到显性的、直接的货物、人员流通等经济效益，公路建设则不然。我国在铁路建设了数十年之后才开始大规模修筑公路，起步较晚。《道路月刊》大量出版公路工程技术专业丛书，是一大创举，为公路建设提供了可资学习、借鉴和参考的专业书籍，为普及推广公路建设提供了知识储备和技术支撑，是《道路月刊》出版人对公路建设的一大贡献。

《道路月刊》紧密配合和围绕中华全国道路建设协会的阶段性工作重点，以灵活多样的编辑手法和期刊运作方式，为中国公路建设的兴起和发展，起到了重要的宣传发动和舆论推动作用。其长期根据自身定位和特点出版特刊、纪念专号、特辑，利用名人题写刊名扩大影响，以及对期刊内容进行二次开发、出版专业图书的探索与实践，为其他建筑期刊提供了重要的参考和借鉴价值。

《中国营造学社汇刊》《建筑月刊》《中国建筑》比较研究

《中国营造学社汇刊》《建筑月刊》《中国建筑》，分别是民国时期房屋建筑期刊中关于中国古建筑研究、建筑施工和建筑设计的代表性期刊，在各自的领域都有重要影响，三者也分别是这三种类型建筑期刊的滥觞，在建筑界影响深远。

10.1 共性特点

三者都属于狭义建筑领域即房屋建筑领域的期刊。第一种在北平出版，后两种在上海出版。三者基本情况如表 1 所示。

三种期刊基本情况简表 表1

刊物名称	出版发行方	创刊时间	停刊时间
中国营造学社汇刊	中国营造学社	1930 年 7 月	1937 年 6 月停刊 1944 年复刊、1945 年停刊
建筑月刊	上海市建筑协会	1932 年 11 月	1937 年 4 月
中国建筑	中国建筑师学会	1932 年 11 月	1937 年 4 月

10.1.1 都由社团组织主办

《中国营造学社汇刊》《建筑月刊》《中国建筑》三者的编辑出版发行单位分别是中国营造学社、上海市建筑协会、中国建筑师学会。

由于是社团组织编辑出版的期刊，宣传社团、服务会员便是这一类期刊题中应有之义，三种期刊都存在定期或不定期为各自的社团和成员进行宣传的情况。《中国营造学社汇刊》几乎每期都会辟专栏"本社纪事"，将学社的重要事项一一列举发布，每期还刊出学社职员和社员表；《建筑月刊》《中国建筑》分别不定期刊登上海建筑协会、中国建筑师学会的重要消息，不定期刊发为会员及同业者排忧解难的服务性质的内容。

10.1.2　正式出版的期次都不多

三种期刊出版的期次都没有达到 50 期：《中国营造学社汇刊》从 1930 年 7 月出版第 1 卷第 1 册开始直到 1945 年，中间停刊了 7 年多，按照编号出版了 7 卷 23 期，其中 1934 年合刊 1 期，实际出版 22 期；《建筑月刊》出版期次最多，从 1932 年 11 月正式创刊以后，到 1937 年 4 月出版最后一期，按照编号出版发行了 49 期，其中 1933 年、1934 年、1935 年分别合刊 1 期、1 期、2 期，实际出版 45 期；《中国建筑》1933 年 7 月正式出版以后到 1937 年 4 月出版最后一期，按照编号出版了 29 期，其中 1934 年合刊 2 期，实际出版 27 期（不含 1932 年创刊号）。

三种期刊之所以出版期次都比较少，一个原因在于三者创办较晚，都是 20 世纪 30 年代初创刊，另一个主要原因在于日本帝国主义 1937 年发起了全面侵华战争，北平和上海先后沦陷，身处北平的《中国营造学社汇刊》和上海的《建筑月刊》《中国建筑》的出版事业被打断。前者辗转迁移到四川南溪县李庄，抗战后期在异常艰苦的生存环境里还坚持以手写石印、自己动手装订的方式复刊出版了 2 期，最后不得已停刊；后两者则再也没有复刊出版，彻底消失在历史的长河里。

10.1.3　三者都属于专业性比较强的建筑期刊

三种期刊的读者对象都是建筑领域的专业人士，专业性较强，具有高度明确的指向性，不面向大众，普通大众看不懂，更不会去订阅。这就决定了三种刊物都是小众化期刊，不属于社会大众关注的对象。

10.1.4　三者在各自专业领域都比较受欢迎

由于当时的建筑工程类专业期刊比较稀少，三种刊物在各自的专业读者中都比较受关注，也比较受欢迎。《中国营造学社汇刊》发行售卖高峰时，在北平、上海、广州、南京、天津等城市有书店之类 9 个代售点。《建筑月刊》创刊后，没订上期刊的读者不断来函索买第 1、2 期刊物，为满足读者需要，该刊根据订量将这两期作为合刊进行再版重印发行，这在当时比较少见。

三种期刊的共性还可以从不同的角度分析总结出更多，但这种共性，远不如它们各自的差异性特征更能凸显出各自的个性，分析三者的差异性更有价值。下面的分析研究将围绕差异性来展开。

10.2　对三者发刊词所明确的期刊使命、主要内容的比较研究

三种期刊的发刊词（或代发刊词），本书前面已经进行过分析研究。这里再从三者在"期刊使命""期刊主要内容""服务对象""独特视角"等办刊核心问题上的表态和设想，比较分析三种期刊在创刊时各自的追求、抱负及办刊旨趣、关注重点。其对比情况见表 2、表 3。

三种期刊"发刊词"明确的使命和主要内容比较　　　　　　　　　　　表 2

刊名	期刊使命	期刊主要内容
中国营造学社汇刊	研究中国古建筑遗存以做精确标本，推陈出新以贡献于世界	营造词汇、论著（包括制度沿革、彼此参证的古籍图书、各种样式的收藏品全景和营造标本、轶闻等）、营造法式（包括各种类，如木作、雕作、彩画、漆作、佛家道家的建筑装饰、砖作、琉璃作、铁作、铜作、裱作等）、工程做法则例（包括宫廷建筑、皇家园林、城垣、陵寝、河渠、河工、海塘、漕河、江防、桥梁、沟渠等各类工程）
建筑月刊	以科学方法，改善建筑途径，谋固有国粹之亢进；以科学器械，改良国货材料，塞舶来货品之漏卮；提高同业智识，促进建筑之新途径；奖励专门著述，互谋建筑之新发明	有关建筑的各类题材内容；学术方面多刊登研究、讨论建筑的文章，新闻消息方面及时发布国内外建筑界的重要工程信息
中国建筑	融合东西建筑学之特长，以发扬吾国建筑物固有之色彩	有关中国历史上的有名建筑物如"宫殿、陵寝、地堡、浮屠、庵观、寺院"的研究成果；国内外的建筑师们、建筑专家们的建筑作品；西方的建筑学术研究方面的成果；国内大学的建筑专业学生的优秀作品

从三种期刊"发刊词"看各自的服务对象与视角　　　　　　　　　　表 3

期刊名	主要服务对象	独特视角
中国营造学社汇刊	对中国营造历史、技术、艺术感兴趣者和研究者	专一研究中国传统营建历史、技术与艺术

续表

期刊名	主要服务对象	独特视角
建筑月刊	建筑营造施工从业者、建筑科技研究发明者、国产建筑材料商等	建筑技术、建筑施工机械和建筑材料
中国建筑	建筑设计师	建筑师的设计作品及大学建筑专业学生的优秀成果

从以上发刊词的比较研究看，三者都具有比较高的辨识度，由此也比较容易区分出各自的办刊特色。

10.3　对三者诞生背景的研究

据本书统计，民国时期房屋建筑工程期刊共创办了 14 种，其中出版地在上海的 6 种、在南京的 2 种、在重庆的 2 种，在北平、广州、天津、台北的各 1 种。上海的期刊占了 42.8%。特别是 20 世纪 30 年代出版的建筑期刊共计 6 种，有 4 种在上海出版，占 2/3，其中就包括《建筑月刊》和《中国建筑》在内。

为什么《建筑月刊》和《中国建筑》这两种期刊会在上海而不是在其他地方诞生？为什么《中国营造学社汇刊》只能诞生在北平？这背后有着酝酿它们诞生的各自不同的土壤，即它们所赖以产生、立足和发展的社会经济、文化背景。

10.3.1　北平的历史文化土壤孕育了《中国营造学社汇刊》

北平是中国营造学社创办人朱启钤的社会活动中心，北平的古建筑文化遗存丰富，决定了《中国营造学社汇刊》只能出现在北平。

1. 中国营造学社创办人的社会活动中心在北平

朱启钤清末时曾任京师巡警厅厅丞，后来任过邮传部丞参兼任津浦铁路北段总办，筹建山东乐口黄河桥工程。在袁世凯政府里任过交通部总长、内务部总长乃至代理国务总理这样的高官，去职后从事实业，出任过徐世昌大总统的专使代其赴法国。退出政坛后于 1922 年移居天津。他偶然发现宋代李诚的《营造法式》之后就开始了对《营造法式》的校勘印制，并组建营造学社进行研究。为推动学术研究纵深发展，朱启钤于 1929 年 6 月 3 日向中华教育文化基金董事会申请资助获批，后从天津返回北平居住，从 1930 年 1 月 1 日起开始正式工作，到 1930 年 3 月后决议出版不定期的《中国营造学社汇刊》。

朱启钤从政多年，长期以北平为其政治活动中心，旧有人际关系圈、他所在的交通系也主要在北平。因而他创办的《中国营造学社汇刊》，理所当然会在他所住的北平而不是其他地方出版。

2. 北平在历史上的文化中心地位和灿烂的古建文化，是《中国营造学社汇刊》成长的沃土

20世纪30年代的北平虽然不再是首都，但正如社长朱启钤在《中国营造学社汇刊》第1卷第1册发表的《中国营造学社的缘起》一文，谈及学社社址时所说："通艺之事，既重专政，又贵在集思广益。北平为文化中心，亦即营造学历史美术之宝库，自宜暂以北平为社址。"

这道出了学社乃至该汇刊之所以诞生在北平而不是其他地方的原因：北平是文化中心，也是营造学历史艺术的宝库之地。北平在古建筑方面得天独厚的遗存和资源，决定了以刊载研究古建筑成果为宗旨的《中国营造学社汇刊》出版地不可能舍北平而就其他。

10.3.2　上海建筑业大发展和繁荣的出版业催生了《建筑月刊》和《中国建筑》

南京国民政府成立后，定都南京，并确定上海为经济中心。这为《建筑月刊》《中国建筑》这样以建筑施工、建筑设计为主要内容和目标对象的期刊的产生提供了物质背景和市场空间。同时，上海市是当时的新闻出版中心，为两种建筑期刊的产生提供了文化背景和期刊出版资源。

1. "大上海计划"带动上海建筑业大发展

鸦片战争前后，上海还只是一个只有20来万人的县城，同期的南京、苏州则有50万人，杭州更是高达百万人。清朝鸦片战争战败被迫签订《南京条约》，条约规定上海开埠，清廷在上海设立了江海关。这之后沿江沿海的上海在交通、贸易等方面的天然优势逐渐体现出来，发展很快。辛亥革命前后到1927年，上海人口从1910年的128.9万增加到1927年的264万，十多年时间增长了一倍多。1927年南京国民政府成立后，把南京作为政治中心，上海列为特别市，作为经济中心，并极力向上海租界的外国势力示好，以换取列强对其政权的承认和支持。到了1930年，上海人口已高达280万，同期，北方的天津人口139万，南方的广州83万，而长江沿线，南京人口52万、武汉157万、重庆62万。1928年7月北京改为北平特别市，工商业受到很大打击，到1934年，人口为157万，但失业人口占了一半，同时，北方经济中心转移到天津，20 世纪 30 年代天津的贸易额占华北总贸易量近 60%[①]。

在上海地界上，多年来形成公共租界、法租界和上海县城互不相属各自发展的格局。租界的市政建设发展对上海县城的建设和管理冲击很大，上海县城被带动着发展。房屋建设方面，1909—1918 年约 10 年间，公共租界核准建造的房屋平均每年 4 000 余幢。上海县从 1927 年开始从江苏独立出来成立上海特别市，面积只有从前县域面积的 1/3，但各方面却都开始了腾飞，人口到 1935 年增长到了 370 万。表现在工商业上，到 1934 年，上海的工厂总数达到 5 418 家，其中外资 4 000 家，工人总数 21 万余人，到 1949 年有批发商 8 300 多家[②]。除了内外贸易和工业一直居于全国中心地位之外，上海的金融、地产、出版等各方面均对全国各地有着举足轻重的影响。

20 世纪二三十年代是上海发展最为迅速的时代。大量人口涌入，工业商业贸易繁荣，带来市政建设和城市空间的持续扩张，对建筑业产生了巨大的刚性需求，表现在房屋建筑上，新建建筑面积逐年快速增长，营造厂（建筑公司）发展迅速。如图 1、图 2 所示。

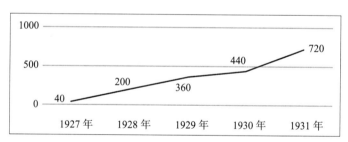

图 1　上海市 1927—1931 年民营房屋新建面积（单位：千平方米）

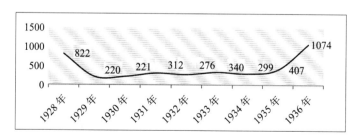

图 2　1928—1936 年上海市营造厂数量（单位：家）

注：图为作者自绘。资料来源：上海市工务局编印《上海市工务局之十年》，1937 年。

① 参见：张宪文，张玉法，江沛，等 . 中华民国专题史：第 9 卷 [M]. 南京：南京大学出版社，2015.

② 同①。

表 4 显示了 1933 年 8—12 月上海公共租界、法租界和工务局及各区各自审批各自辖区内的住宅、工厂、剧院等新开工建筑情况。

上海市 1933 年 8—12 月获批住宅、工厂、剧院等建筑项目概况（项目单位 / 个）　　表 4

时间	公共租界	法租界	工务局	各区	
				项目	面积 / 平方米
1933 年 8 月	15	10	—	—	—
1933 年 9 月	15	14	—	—	—
1933 年 10 月	12	17	7	319	58 230
1933 年 11 月	11	10	4	723	84 120
1933 年 12 月	—	—	10	575	62 910

注：作者据《中国建筑》1933 年第 1 卷第 3 期至 1934 年第 2 卷第 1 期数据整理。

在这样的经济社会背景下，随着上海特别市成立，上海开始实施"大上海都市计划"，市政规划和建设拉开了新的帷幕。上海市政府新屋（建筑师董大酉设计）建设带动上海在 20 世纪二三十年代建起了许多知名建筑，如四行储蓄会和大陆商场（建筑师庄俊设计）、有当时"远东第一高楼"之称的上海国际饭店（匈牙利著名建筑师邬达克设计，上海市建筑协会倡议发起者之一陶桂林的馥记营造厂施工建造）、百乐门舞厅（建筑师杨锡镠设计）、中国银行大楼（建筑师陆谦受设计）等[①]。

在上海大发展过程中，海外学成归来的第一批中国建筑师开始崭露头角，登上大上海这个当时中国最大、竞争最激烈的建筑大市场、大舞台。在 1927 年之前，上海只有一家中国建筑师事务所，1927 年上海特别市成立之后上海开始腾飞，第二年电话簿里就可以查到 7 家中国建筑事务所的联系方式了。到 1936 年，中国建筑师事务所达到 45 家，在十里洋场、洋风盛行的大上海，差不多可以跟洋建筑师事务所平分秋色。同时，中国的营造厂也得到了极大发展，1928 年，上海电话簿里只有 105 家营造厂名字，其中 74 家是中国人所办，到 20 世纪 30 年代末，营造厂突破 500 家，营造施工行业差不多成了中国营造厂的天下[②]。

物质决定意识。只有在上海这样热火朝天的建筑氛围下，才可能诞生面向营造业界的《建筑月刊》和面向建筑师的《中国建筑》。

---

① 参见：陈从周，章明. 上海近代建筑史稿 [M]. 上海：上海三联书店，1988：224-226.

② 数据来源：上海究竟是谁建造的？https://www.163.com/dy/article/HA7Q1F170515AJG5.html.

2. 上海出版业空前发达，是当时的全国出版中心

上海是 20 世纪二三十年代全国经济最强、最活跃的地区，也是出版业最发达的地区，仅以期刊而论，其出版的种数高居全国各城市之首。见图 3、图 4 所示。

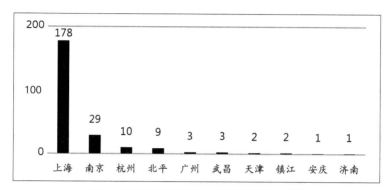

图 3　1933 年全国各城市出版期刊数量比较图

本图据陈江、李治家《三十年代内杂志年——中国现代期刊史札记之四》资料绘制。原载《编辑之友》1991 年第 3 期，转引自宋应离主编《中国期刊发展史》

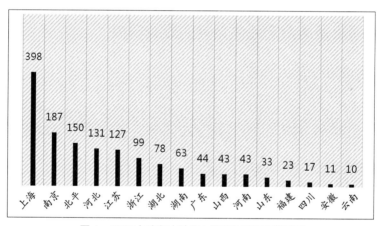

图 4　1935 年出版十种以上期刊的地区和数量图

本图据宋应离主编《中国期刊发展史》所载 1935 年《申报年鉴》数据绘制

从图 3 的数据看，1933 年上海出版的期刊数量是第二名南京的 6 倍，是另一传统文化中心北平的近 20 倍。图 4 的数据显示，1935 年，全国期刊出版都有比较大的发展，上海仍然高居第一，出版期刊种数是当时的首都南京的 2.13 倍，是北平的 2.65 倍，南京和北平出版的期刊数加起来还没有上海多。上海是当时名副其实的期刊出版中心。

上海 1842 年开埠以后，得天独厚的沿江沿海条件和各大铁路干线的相继开通，特别是 1927 年成为特别市后工商业贸易金融等成长迅速，人口急剧向上海聚集，上海成为各种人汇聚，中西文化和思想、生活方式等碰撞和交融最为集中的城市。这也促成了满足精神文化需求的期刊出版业的空前繁荣，诞生了像《生活周刊》《良友画报》等百姓喜闻乐见的期刊。这样的期刊出版文化氛围中，适逢建筑业大发展，两者一结合一碰撞，就很容易催生出专门为建筑业服务的期刊来。

上海开埠后到 20 世纪 30 年代，不到 100 年时间里，城市面貌已经不复过往，逐步被英租界、美租界（后来合并为公共租界）及法租界等西方建筑文化所侵蚀、改变、引领，变成中国最"洋气"的城市。进入特别市时代之后，大量的新建筑新项目涌现出来。这些城市变迁和建筑文化底色的改变，注定了上海不可能出现一门心思研究中国古建筑的思潮，更不可能出现类似《中国营造学社汇刊》这样的期刊。在大上海新的建筑大潮中，由于中国建筑业总体水平还比较落后，先进适用的建筑技术、详尽全面的设计图纸及工法、材料、机械、工程信息等资讯，实用价值更高，也是上海市场和业界所迫切需要的，于是《建筑月刊》《中国建筑》才在上海建筑市场应运而生。

10.4 对三者出版总量及关注角度的比较研究

10.4.1 三者历年出版总体情况

三种期刊历年实际总计出版期次分别为：《中国营造学社汇刊》22 期、《建筑月刊》45 期（不含其前身协会筹备和成立之初的 20 期会报）、《中国建筑》27 期。《建筑月刊》出版期数最多，其正式出版只比《中国建筑》早 8 个月，但实际出版期数却比同样是月刊的《中国建筑》多了 18 期。

三者都存在没按时、没足期出版的情况，《中国营造学社汇刊》刊期不稳定表现得最为明显，除了 1932 年、1935 年保证了季刊刊期，其余都不定期，1936 年、1937年两年甚至都分别只出版了 1 期。

这也从一个侧面说明三种期刊编辑出版状态并不恒定，存在起伏波动。

如《中国营造学社汇刊》，1935—1936 年，尤其是 1936 年，日本帝国主义全面侵华势头越来越明显，时局紧迫，学社的两位主力干将，同时也是汇刊最主要的撰稿人梁思成、刘敦桢都抓紧时间到河南、山东、河北、山西等地进行古建筑实地调查。刘敦桢 1936 年 5 月带队调查了河南济源、登封、偃师、开封等 13 个县市的古建筑，梁思成、林徽因等后来也加入对洛阳龙门石窟等的考察研究，10 月刘敦桢带队第三次去河北、河南，第二次去山东，调查了涿州、邢台、大名、安阳、滑县、济宁、肥

城、泰安等 16 个县的古建筑。1936 年年中，梁思成、林徽因第一次到山东中部 11
县调查研究，10 月份梁思成等第三次赴山西调查晋汾建筑，11 月第一次到陕西西安、
长安县、咸阳、兴平等测绘大雁塔等古建筑古墓[①]。《中国营造学社汇刊》1936 年全年
只出版了 1 期，与其严重依赖梁思成、刘敦桢他们的学术调查和研究成果密切相关。
梁、刘二人都在抢时间忙着奔赴各地调查测绘，根本没时间坐下来研究，稿件自然出
不来，期刊的编辑出版也就只能是"巧妇难为无米之炊"。

三种期刊每年正文总页数及平均每期页数表（单位/页）　　　　表 5

刊名	年份								复刊页面	期均页面
	1930 年	1931 年	1932 年	1933 年	1934 年	1935 年	1936 年	1937 年		
中国营造学社汇刊	320	749	936	899	352	874	247	233	350	225
建筑月刊	—	—	141	625	722	545	486	278	—	62.2
中国建筑	—	—	—	253	605	278	229	123	—	55.1

注：数据由本书作者根据各刊实际出版期次汇总统计，下同。

表 5 统计了三种期刊各自的每期平均内页正文页码。从统计结果看，《中国营造
学社汇刊》每期的文章篇幅是最多的，平均每期高达 225 页左右。它的刊期较长，最
短的刊期也是一个季度才出版一期。

三种期刊出版总页数、总字数统计表　　　　表 6

刊名	实际出版/期	累计页数/页	折算文字/字
中国营造学社汇刊	22	4 960	282.72 万
建筑月刊	45	2 797	358.02 万
中国建筑	27	1 488	223.80 万

表 5、表 6 显示，《中国营造学社汇刊》平均每期的内文页数遥遥领先。从正文
内页的总页数看，《中国营造学社汇刊》总计为 4 960 页，比《建筑月刊》的 2 797 页
和《中国建筑》的 1 488 页多得多。

各刊每版版面容纳的正文文字数量不尽相同。《中国营造学社汇刊》每页只有
570 字，22 期折算字数总计 282.72 万字；《建筑月刊》每页 1 280 字，45 期折算字数

[①] 林洙. 中国营造学社史略 [M]. 天津：百花文艺出版社，2008：120-137.

总计358万字;《中国建筑》每页1 500字，27期折算字数总计223.8万字。《建筑月刊》出版期次多达45期，折算总字数是三者中最多的。如图5所示。

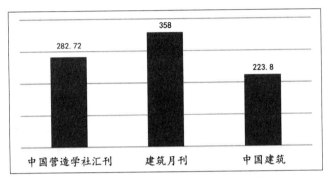

图5　三种期刊出版正文页面折合总字数比较图（单位：万字）

由于三者都刊登了很多建筑物的照片和设计图样，表5、表6都统计进去了，表6和图5按照出版行业计算文字的通行办法将这些图样页面折算成了总字数。故三者实际文字并没有这么多。

10.4.2　三者内容关注角度各有不同

总体来看，《中国营造学社汇刊》刊登的内容，迥异于《建筑月刊》和《中国建筑》。《建筑月刊》和《中国建筑》有一些共同的特点，区别也非常明显。这三种期刊在内容上有各自的关注角度。

直观的印象是：看《中国营造学社汇刊》的内容是看"过去的中国建筑"；看《中国建筑》《建筑月刊》的内容是看"当下的中国建筑"：前者看设计样子，后者看建造过程。

《中国营造学社汇刊》的内容，主体是对中国古建筑艺术、营造等方面的调查、研究、探讨和分析，其视角是回望历史，属于回头看，看的是中国建筑的过去。

《中国建筑》《建筑月刊》则不同，它们极少回望过去，而是把目光和关注的焦点投向当下火热的建筑设计和建筑施工实践，所刊发的文章有着极强的现实指向性与实用性。

表7是对三种期刊文章关注点的统计。

表7中，《中国营造学社汇刊》一共刊发了125篇次文章，其中124篇次都是中国古建筑方面的内容。不过，该刊也不是一点不涉及现当代建筑内容，见表8所示。

通览1930年到1945年的《中国营造学社汇刊》，在该刊124篇关注中国古建筑

三种期刊主要文章的关注点统计（单位／篇次）　　　　　　　表 7

刊名	关注中国古建建	关注当下建筑	关注国外建筑
中国营造学社汇刊	124	1	—
建筑月刊	3	273	27
中国建筑	13	128	8
备注	本表只统计主要文章、实用图表等，分期连载文章按刊登次数分别计算；统计文章数不包含编读往来的一般信息和新闻动态类稿件		

《中国营造学社汇刊》关注当下建筑的文章　　　　　　　表 8

关注方向	作者	篇名
关注现代住宅	林徽因	《现代住宅设计的参考》
关注古建筑修复	蔡方萌、刘敦桢、梁思成	《故宫文渊阁楼面修理计划》
	梁思成、刘敦桢	《修理故宫景山万春亭计划》
	梁思成	《杭州六和塔复原计划》
	梁思成、刘敦桢	《清故宫文渊阁实测图说》

的文章中，有 4 篇论著勉强可以归入关注当下的建筑，但关注的点和内容，却是关于中国现存古建筑的测绘、修复计划或方案。如表 8 所列。

　　唯一可以确认其关注当下建筑内容的一篇文章，是林徽因所写的长篇论著《现代住宅设计的参考》，发表于该刊手写石印的 1945 年 10 月第 7 卷第 2 期。林徽因这篇关注现实题材的现代住宅设计专业论著，篇幅长达 60 页。

　　此外，该刊 1932 年 12 月第 3 卷第 4 期刊登英国学者叶慈著、瞿祖豫翻译的《琉

林徽因著《现代住宅设计的参考》
原载《中国营造学社汇刊》1945 年第 7 卷第 2 期

璃釉之化学分析》，内容是以现代科技手段对中国古建筑中琉璃釉的化学成分进行分析。这种以现代科学技术手段观照、研究中国古代建筑技术的文章，也不能算关注当下的建筑发展情况。

除上述外，梁思成还发表过系列《建筑设计参考图集》，看标题跟当下建筑有关，实际上也是有关古建筑的设计图样，如台基、石栏杆、店面等。

由此观之，《中国营造学社汇刊》的视角，"看"向的基本上都是历史上的中国古建筑。

《建筑月刊》和《中国建筑》则不一样。

表 7 显示，《建筑月刊》的文章关注中国当下建筑和国外建筑的分别为 273、27 篇次，但关注中国古建筑的仅有 3 篇次。《中国建筑》的文章关注中国当下建筑的有 128 篇次，关注国外建筑情况的有 8 篇次，关注中国古建筑比《建筑月刊》稍多，有 13 篇次。这两种期刊的关注点与《中国营造学社汇刊》形成了鲜明的对比。

《建筑月刊》关注当下的建筑营造，还有两个比较突出的表现。一是前期每期辟有"营造与法院"栏目和"建筑章程"栏目，前者主要刊登建筑营造界的各种法律案例，后者刊登具体的建筑工程项目的营造章程以及合同细则，建筑章程类似于建造说明书，事无巨细地列出该工程建造过程中的种种技术要求和质量要求等，是营造界走向近现代必须严格执行的"产品制造说明书"，合同细则则是营造行业从传统的口头约定走向规范协议的法律遵循。二是从创刊第一期开始，《建筑月刊》就辟有"建筑材料价格"方面的栏目，这些对于营造业界来说都是非常实用的信息。早期的《建筑月刊》辟有"建筑界消息"，刊登上海建筑营造动态信息；后期还另辟"中国建设"栏目，除了上海的建筑业动态以外，每期还刊发全国各地当下的重要工程信息，将视野向河工水利、公路、铁路等土木工程行业扩展。

《建筑月刊》关注当下建筑，还有一个特点，即较多刊登建筑施工现场照片。

《中国建筑》关注当下的建筑，早期辟专栏刊登建筑师事务所的合同样本等相关规范性文件原样，每个月都刊登上海市新的房屋建筑项目信息，这对于起步不久的建筑设计界开展业务来说也很实用。其后，对于当下的重要工程设计、竣工、投用，《中国建筑》大多会从该工程项目的设计师处约稿刊发工程的基本情况，再配以设计图样和各个角度的工程实景照片，以较大篇幅比较全面地介绍该工程的全貌，如广州中山纪念堂、南京新建成的中央体育场、南京饭店、上海市政府新大楼、百乐门舞厅等。

从 1935 年 2 月开始，《中国建筑》每期以专题形式集中刊登当时建筑市场活跃

施工场景照片

原载《建筑月刊》1937 年 4 月第 5 卷第 1 期

的各大建筑师事务所或知名建筑师的代表作品，如：董大酉设计的上海市中心区中国航空协会陈列馆及会所、上海市立图书馆博物馆、中国工程师学会工业材料试验所、上海市医院及卫生试验所等项目；华盖建筑事务所设计的京沪沪杭铁路管理局局所、首都国民政府外交部办公大楼暨官舍、中山文化教育馆、首都饭店、上海浙江兴业银行大厦等十余个项目；杨锡镠设计的无锡茹经堂、大都会花园舞厅、国立上海商学院；黄元吉设计的上海霞飞路恩派亚大厦、上海海格路厉氏大厦、安凯第商场等项目；庄俊设计的财政部部库、南京盐业银行、国立音乐专科学校校舍、产妇医院、青岛大陆银行等项目；范文照设计的广东省政府合署建筑、上海贝当路集雅公寓、上海丽都大戏院、中华麻风疗养院、上海西摩路市房公寓及住宅工程等项目；李锦沛设计的南京新大都大戏院、江湾岭南学校、上海国富门路刘公馆、浙江建业银行、南京粤语浸会学堂等项目；陆谦受、吴景奇设计的南京中国银行、苏州中国银行、青岛中国银行等银行工程和上海、南京的住宅工程近十项；李年英设计的公寓、银行、住宅等十多项；奚福泉设计上海的银行、航空、学校、报社及住宅项目近 20 项；华信建筑事务所及巫振英设计的上海住宅工程十余项。这是当时著名建筑师成功落地后的设计作品大展示，也是对在当时中国建筑市场竞争中获得认可的中国建筑设计师实力的一次大检阅。

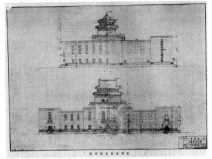

董大酉设计完成的上海市图书馆工程项目

原载《中国建筑》1935年2月第3卷第2期

《中国建筑》的另一个突出特点，是从创刊第一期开始，总计刊发了33名在读建筑专业大学生的习作，主要是中央大学建筑系和东北大学建筑系学生的作品，后期也刊发学会1934年与沪江大学商学院合作开设的建筑科学生的习作。这是该刊鼓励、奖掖、提携后学别具一格的重要举措。

《中国建筑》上述出版内容如此集中关注当下建筑设计师和在读建筑学后备人才，使得该刊别具一格，具有很高的辨识度。

10.5 对三者的作者依赖度的研究

本书把同一期刊发稿量位居前三名的作者称为"头部作者"。三者头部作者的稿件量占比都较高，从头部作者的发稿数量跟排位在后面的其他作者的数量差距来看，三者对头部作者的稿件形成一定程度的依赖，其中《中国营造学社汇刊》和《建筑月刊》最为突出，《中国建筑》相对均衡一些。

10.5.1 《中国营造学社汇刊》头部作者研究

据统计，《中国营造学社汇刊》作者中，发稿篇次前十名依次是：刘敦桢 28 篇次（含合著 7、译作 1、连载 6 期）、1 438 页；梁思成 21 篇次（含合著 8、译作 2、连载 4 期）、1 291 页；朱启钤 10 篇次（含合著 8、连载 7 期）、325 页，单士元 6 篇次（含连载 6 期）、70 页，王璧文 5 篇次、230 页，林徽因 5 篇次（含合著 4、连载 2 期）、263 页，梁启雄 5 篇次（含合著 5、连载 5 期）、166 页，刘致平 4 篇次（含译作 1）、86 页。其余都是 2 篇次，如龙非了 2 篇次、48 页，陈仲篪 2 篇次、70 页，莫宗江 2 篇次、43 页，鲍鼎 1 篇次（另有与刘敦桢梁思成的合著 1 篇，不计页）、30 页。

头部作者中前两位作者刘敦桢、梁思成的发稿页码都分别比 3～10 名（只计算 8 人）的发稿页码总和还要多，说明《中国营造学社汇刊》在稿件内容上对刘敦桢和梁思成形成了绝对的依赖。刘敦桢和梁思成的文章，平均每篇折合文字分别为 2.9 万字和 3.34 万字，两者单篇次的文章都比较长，相比较而言，梁思成的文章比刘敦桢更长一些。刘敦桢文章篇次多，文章总页码数量多 147 页，但大部头、重量级稿件没有梁思成分量重，梁思成有两部专著分别一次性刊发了 240 页和 239 页，刘敦桢单次刊登文章页码排前两位的分别只有 132 页和 111 页，但胜在篇数多。从二人发稿情况看各有擅长。

为进一步分析两位头部作者稿件内容的倾向性，本研究按实地调查和文献研究对二者各自的作品进行了统计。刘敦桢的文献类稿件数量 15 篇次，比实地调查研究的文章数量要多 2 篇次，实地调研的文章页码总数为 877 页，只比文献类文章的 549 页多 328 页。梁思成则侧重于实地调查研究，其文章数量是文献类文章数量的一倍，实地调研文章的页码为 1 122 页，比文献类文章页码数量多了 953 页，是后者的 6.64 倍。刘敦桢刊发的文章中，文献类稿件数量接近梁思成的一倍，文献类稿件页码是梁思成同类稿件页码的 3.25 倍。相反，梁思成的实地调研文章则比刘敦桢多 3 篇次，页码总数多 245 页，多了 27.94%。

两相对比，可以得出这样的结论：刘敦桢相对比梁思成更为偏重文献，梁思成则相对更偏重实地调研。这跟二人在中国营造学社中的任职身份也比较契合：刘敦桢是文献部主任，梁思成为法式部主任。

10.5.2 《建筑月刊》头部作者研究

《建筑月刊》发表作品前三名的头部作者，依次是杜彦耿 12 部（含连载 9 部 95

期次、译著 1 部）、549 页，林同棪 12 篇（含连载 2 期、译著 1 部）、106 页，朗琴 11 篇（含连载 4 期、译作 5 篇）、42 页。这个数据没有统计只刊登了一页或纯新闻性质的文章及图片页码，如林同棪还另有 7 篇有关德国、美国华盛顿及纽约、法国巴黎和英国伦敦的桥梁照片报道，朗琴另有 4 篇只有一页的文章，都没有纳入统计。

《建筑月刊》三位头部作者，发稿著作篇数（部）虽然相差不多，但稿件的实质区别挺大。第一名杜彦耿，12 部（篇）作品，其中 9 部（篇）属于连载刊登，累计连载 95 篇次，页码总数达到 549 页，折合字数 70.27 万字。第二名林同棪同样是 12 篇作品，连载有 2 期，总页数只有 106 页，折合字数 12.57 万字。第三名朗琴，篇数 11 篇，只比前两名少 1 篇，但总页码才 41.5 页，折合字数 5.3 万字。简要分析可以得出：第一名杜彦耿的作品以长篇大论的连载为主，平均每部作品字数 5.86 万字；林同棪和朗琴主要是短文章，林同棪平均每篇文章 1.05 万字，朗琴平均每篇作品才 4 830 字。第一名杜彦耿所占篇幅遥遥领先，第二名和第三名的文章篇幅加起来只有杜彦耿的 26.87%。

对三名头部作者，本书此前已经分析介绍过杜彦耿、林同棪了。三名头部作者的作品内容，也有较大区别度。杜彦耿的作品侧重于宏观综合内容、营造实用技术与经营管理方面；林同棪的作品为纯技术和理论内容；朗琴的作品主要是译作，以介绍国外建筑业动态为主，如《中国之变迁》（连载 2 期、译作）、《美国意利诺州工程师学会五十周纪念会纪详》（连载 5 期）、《建筑师公费之规定》（连载 2 期、译作）等。

10.5.3 《中国建筑》头部作者研究

《中国建筑》的情况相对特殊一些。由于其大量刊发建筑师的设计样图和工程实景照片，如果一项工程就计为一篇文章，一方面这样计算下来数量会比较多，另一方面这些工程设计样稿和照片，严格讲不能算作文章，尤其是不能拿来与另外两种期刊以文字为主的文章进行比较，故本书在统计了其主要文章的头部作者排名后，又统计了建筑设计师的头部作品排名，并扩大到前五名。由此，得出《中国建筑》头部作者和头部建筑设计师发稿情况。

文字作品方面，头部作者前三名依次是王进 8 篇（连载 11 期、合著 1）、117 页，石麟炳 5 篇（连载 13 期，含译作 1、合著 1）、76 页，唐璞 2 篇（译作连载 10 期）、33 页。王进 8 篇、石麟炳 5 篇作品就高居第一、第二了，与《中国营造学社汇刊》前两位头部作者刘敦桢、梁思成作品数量差距较大，说明《中国建筑》对头部作者的依赖程度低得多。

建筑设计方面，刊登设计作品页码数位列前五名的分别是董大酉建筑师100页、华盖建筑事务所97页、李锦沛建筑师91页、杨锡镠建筑师83页、范文照建筑师71页。从贡献的版面数量来看，前三名相差不多，后面的两位差距不大，说明各位建筑师总体上对《中国建筑》的内容支持力度比较均衡。

从《中国建筑》王进、石麟炳作品的字数来看，王进总字数折合为17.48万字，平均每篇2.18万字，石麟炳总字数折合为11.33万字，平均每篇2.265万字，第三名唐璞总字数只有4.95万字，但作品数只有两篇，平均每期字数反倒最高，为2.475万字。

三种期刊头部作者平均每篇文章折合字数比较，见图6所示。

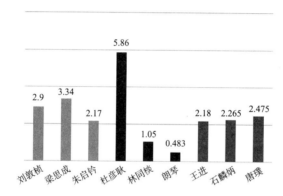

图6　三种期刊头部作者平均每篇作品字数比较图（单位：万字）

图6显示，三种期刊头部作者的稿件平均每篇的篇幅字数，《建筑月刊》的差距巨大，第一名作者的作品平均文字长度一览众山小。《中国营造学社汇刊》和《中国建筑》二者的头部作者相对均衡得多。

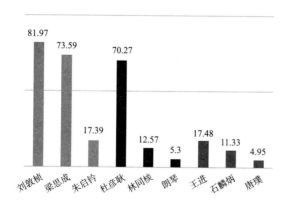

图7　三种期刊头部作者作品折合总字数比较图（单位：万字）

图 7 为三种期刊头部作者作品总字数比较，《中国营造学社汇刊》出现双子星座，刘敦桢和梁思成双星闪耀；《建筑月刊》杜彦耿一枝独秀，远远超过第二名、第三名；《中国建筑》前三名虽然也有阶梯式区别，但每位作者发稿的文字总量差距相对小些，不像《建筑月刊》那样夸张。

10.5.4 对三种期刊的作者与期刊之间关系的比较研究

期刊出版既需要编者，更需要作者。编辑的作用是策划选题内容，调动作者资源为刊物撰稿，并对稿件内容和出版物的出版质量把关。从一定意义上说，期刊作者才是期刊内容的主要生产者，作者质量和数量如何，决定了期刊内容质量如何、品位如何。

经统计，《中国营造学社汇刊》共发表署名文章 122 篇次、未署名文章 20 篇次，作者总数为 31 位；《建筑月刊》共发表署名文章 226 篇次、未署名文章 20 篇次，作者总数为 53 位，《中国建筑》这三个数据分别是 232 篇次、58 篇次和 55 人。三种期刊中，《中国营造学社汇刊》以最少数量的作者，支撑起了最多内容页面。《中国建筑》则作者数量最多、文章篇次也最多。按出版的期数计算，三种期刊的期均文章数量，《中国营造学社汇刊》是 6.45 篇，《建筑月刊》是 8.82 篇，《中国建筑》是 10.74 篇。按每篇署名文章所占页面来看，《中国营造学社汇刊》每篇文章平均所占页面为 34.9页，《建筑月刊》和《中国建筑》二者的数据分别是 7.05 页、5.13 页。这说明，《中国营造学社汇刊》以发表长篇论著为主，后二者所发文章以短篇幅为主。

从头部作者与期刊关系看，三种期刊与其作者之间存在互为表里、彼此成就的关系。

刘敦桢、梁思成，是中国营造学社的两位学术巨匠和台柱，也是《中国营造学社汇刊》前两位头部作者。梁思成参与《中国营造学社汇刊》有关工作比刘敦桢要早，1930 年 7 月汇刊创刊时，29 岁的梁思成排在"参校"首位，其次是林徽音（因）。当年 12 月，33 岁的刘敦桢加入成为"校理"，跟陈垣、叶恭绰等社会名流排在一起。1931 年 10 月，梁思成的名字正式在《中国营造学社汇刊》第 2 卷第 3 册上从"参校"变为中国营造学社"主任（法式）"，1932 年 3 月第 3 卷第 1 期改为"法式主任"，社长朱启钤兼任"文献主任"，林徽音变为"校理"；同年 6 月的第 3 卷第 2 期上，刘敦桢由"校理"变为"文献主任"。梁刘二人一前一后成为学社正式职员，开始了他们在中国营造学社共同的学术研究生涯。

刘敦桢 1928 年就在《科学》杂志上发表过一篇处子论文《佛教对中国古建筑的影响》，梁思成 1928—1930 年在东北大学授课时著有《中国雕塑史》手稿。但真正奠定二人学术地位的，是二人加入中国营造学社后公开在《中国营造学社汇刊》发表的学术研究成果。

梁思成在美国留学时，父亲梁启超给他和林徽因寄来一本朱启钤重新刊刻印刷的陶版《营造法式》，坚定了他立志于研究中国古建筑的决心。刘敦桢喜欢和擅长的也是中国古建筑研究，尤其擅长古典文献的考据整理。朱启钤创立的中国营造学社，跟梁思成、刘敦桢之间，简直是天作之合。可以这样总结：是朱启钤的中国营造学社和《中国营造学社汇刊》造就了梁思成和刘敦桢，同时也是梁思成和刘敦桢造就了朱启钤的中国营造学社及《中国营造学社汇刊》。

梁刘二人到中国营造学社工作后，学社的研究工作不再仅仅是以整理故纸梳爬材料，或者翻译外国人研究中国古建筑的作品为主。这些工作固然重要，但更重要的是到中国古建筑的实地进行调查、考察，用他们留学所学和掌握到的西方现代测绘和建筑技术去留存、研究中国古建筑文化。这在中国建筑史上是开先河之举。没有他们后来行走在祖国大地上搞考察、测绘和调查研究，学社也好，学社汇刊也好，断然不可能出现众多精彩纷呈的学术成果，学社和汇刊在中国建筑史上及中国建筑期刊出版史上的地位和作用相对也要逊色许多。

梁刘等人是建筑领域"将论文写在祖国大地上"的先行者之一。由于这样的理念和行动，使得他们的学术成果无疑具有开创性价值，也具有相当高的科学价值，不论是对于中国古建筑文化的搜集、整理、研究、传承和保护，还是对于我国建筑学科体系的现代化建设，都具有巨大的推动作用。很难设想，如果当时没有朱启钤创立的中国营造学社和《中国营造学社汇刊》，或者有了这些，而没有出现梁思成、刘敦桢这样的人物，或者出现了，却与学社和汇刊保持着若即若离的关系而不是加入其中，中国古建筑及其研究会是怎样一个状况？随着 1937 年日本帝国主义的全面侵华，很多古建筑将难以幸免，古建遗存零落，研究无从谈起，保护利用则更不可能。没有梁思成、刘敦桢他们大量抢救性、保护性的实地调查、测绘、研究，中国古建筑文化及其历史研究出现断层恐将无可避免。

在这段中国建筑史上的"自立"阶段和民族意识上升阶段出现的汇刊及梁刘这样的研究者和作者，与学社和汇刊出版之间彼此成就对方，是中国建筑学术研究史、建筑期刊出版史，同时也是中国文化史上的一段佳话。

　　《建筑月刊》之于杜彦耿，也是同样的关系。杜彦耿对新知超强的吸收能力和转化能力，使得他在《建筑月刊》这样的期刊平台上如鱼得水。他在主编《建筑月刊》期间，文思泉涌，勤于笔耕，写出了多部对于营造行业而言具有开创意义的作品。另一位作者林同棪，是建筑业界后来的大腕、建筑结构专家、预应力方面的理论开创者，他为《建筑月刊》撰写了多篇文章，且提供了当年德国等国大量的桥梁照片，据统计有 40 余幅之多。在上海图书馆的民国时期期刊全文数据库中可以搜到林同棪共有 54 个信息源，其中 46 个来自于《建筑月刊》。他的连载文章为《建筑月刊》这本原属于施工行业的期刊增色不少，大大提升了其科技含量和史学价值。

　　相比较而言，《中国建筑》在这方面要逊色一些。由于其刊登建筑设计图样和照片为主的定位，对建筑师及其作品起到了良好的宣传推广作用。不过总体来说，设计师与期刊的关系，并不如前述两种期刊那样相对密切地彼此成就。年轻的建筑专业毕业生王进（1932 年毕业于复旦大学土木工程系）、石麟炳（1933 年毕业于东北大学建筑系）在《中国建筑》上发表了不少文章，成为该刊发稿量排名第一、第二的作者，在当时并不老、正当年的建筑师队伍中让人刮目相看，也让人更生"万里桐花丹山路，雏凤清于老凤声"之感。无疑，《中国建筑》在一定程度上成就了这两位年轻人。

　　总起来看，《中国营造学社汇刊》《建筑月刊》《中国建筑》三种期刊的出版发行各有追求，各有特色，各有千秋。本书对三者的比较研究意在抛砖引玉，期望能引起学界进一步关注和深入研究。

对《红色中华》《新华日报》有关建筑内容的研究

　　对中国共产党在新中国成立前所创办报刊刊登有关建筑方面的内容，目前业内还没有进行过专门和深入的研究。本书于此展开初步尝试。

　　中国共产党高度重视宣传工作，据钱承军的研究，从建党开始到取得全国政权，28 年间各级党组织及其领导下的各机关、部队、团体及个人曾经创办过不下 4 500 种报刊。"作为政治家办报刊的新类型"，中国共产党所办的报刊开启了新的办报办刊模式，"重组了以往以商业报刊、社会团体报刊和同人报刊为系统的中国新闻报刊出版格局"①。

　　从 1921 年到 1949 年，中国共产党创办的报刊，除了建立政权进行了实质性建设活动的个别根据地，如以瑞金为中心的中央革命根据地创办的《红色中华》报有过对建筑的宣传，或像在国民党统治区合法出版、对建筑活动进行了一些宣传报道的《新华日报》之外，其他绝大多数报刊几乎都没有关注和报道建筑领域的内容，更别说创办专业的建筑期刊了。本书前面论述铁路期刊中我党在东北解放后和天津解放后创办了两份铁道期刊，属于铁路运营管理，铁路建筑内容非常少。

　　于此，本书重点对《红色中华》和《新华日报》等红色报纸的建筑内容作一概略论述。

①　石峰，吴永贵 . 中国期刊史：第二卷 [M]. 北京：人民出版社，2017：194-195.

11.1 《红色中华》(《新中华报》) 有关建筑方面的内容

11.1.1 《红色中华》编辑出版基本情况

《红色中华》是 1931 年 12 月 11 日由中华苏维埃共和国临时中央政府创办的机关报，其任务是发挥中央政府对于中国苏维埃运动的积极领导作用，达到建立巩固而广大的苏维埃根据地，创造大规模的红军，组织大规模的革命战争，以推翻帝国主义国民党的统治，使革命在一省或几省首先胜利，以达到全国的胜利 [1]。

《红色中华》是在第一次全国苏维埃代表大会刚一闭幕就创刊的，创刊后一般是周刊，有时候十天左右出两期。此后随着革命形势的发展，《红色中华》无论组织机构还是编辑力量，以及报道内容与形式在不同时期多有所变化，1933 年初党的中央机关从上海搬到中央苏区后，《红色中华》成为中共苏区中央局、少共苏区中央局、中华苏维埃中央政府、全国总工会苏区执行局共同的机关报，刊期也曾于 1933 年改为三日刊。1934 年第二次全国苏维埃代表大会闭幕后又改成了双日刊，有时候还增出党的生活版、苏维埃建设版、文艺版等。中央红军长征后，《红色中华》停刊了一年多，1935 年 10 月中央红军长征胜利到达陕北苏区，11 月 25 日《红色中华》复刊，由于没有铅印机器，只能油印出版。西安事变后，中央决定停刊《红色中华》，改为出版《新中华报》[2]。

11.1.2 《红色中华》有关建筑方面的宣传和报道

《红色中华》前前后后一共出版了 324 期。通览其出版内容，涉及建筑的内容不是太多，本书统计共有 25 篇。可以分为以下几类：

一是反映苏区建设情况。

如 1932 年第 20 期报道，红军在漳州缴获飞机数架，准备飞来瑞金，中央政府通告发动苏区人民修建飞机场，黄柏、九堡等九区群众热烈异常，瑞金第四次全县工农兵苏维埃代表大会奖励群众之热忱，赠送三面红旗 [3]。

---

① 发刊词 [N]. 红色中华，1931-12-11（创刊号）：1.

② 任质斌 .《红色中华》始末 [J]. 新闻研究资料，1986（3）：1-8.

③ 瑞金群众热烈建筑飞机场 [N]. 红色中华，1932-05-25（5）.

1933 年第 109 期报道，中央政府为永远纪念先烈光荣的牺牲，特修建红军烈士塔。此塔于 8 月 2 日动工，塔脚工程已快完成。参加建筑纪念塔的工友、石匠、泥水匠等，工作非常努力，多做义务工作[①]。

1933 年第 137 期报道，第二次全国苏维埃大会将于 1934 年 1 月举行，会场已建筑完工。会场庄严宏伟，可容纳全体代表千余人。修建会场的工人同志极为热烈，都说："这是我们自己选出来的代表集会之处，我们要格外努力做好！"[②]

1934 年第 166 期报道，兆征县大埔区十里埔乡的群众，在春耕运动中特别热烈，组织了一个筑坡委员会，讨论重新修建一个长约十里的坡头，要一万多人工才能建好，建好后可灌溉七千多担谷田，每天都有百多群众上工，现约修建了三分之一了[③]。

1934 年第 186 期报道福建长汀的水利工程建设。报道说，福建在发展水利工作中，完成了许多伟大的工程，"几里到十几里的坡圳，在各县区兴筑起来"，各区"成百的群众热烈的来帮助人工"[④]。

1936 年 5 月 16 日第 276 期在头版报道为纪念"在前方英勇作战牺牲的红色战士"，军委后方政治部及红军互济分会"特建筑一伟大的烈士纪念塔以志纪念"，并要求全苏区的广大群众、红军部队、各机关团体进行一次广泛的募捐运动，以扩大这一伟大历史建设的政治影响[⑤]。

二是报道苏联建筑情况。

如 1932 年 1 月 27 日第 7 期第 6 版报道，苏联乌拉尔区新建欧洲最大的焦煤炉成功，于 1931 年 12 月出焦煤运到莫斯科。该炉是矿冶厂的一部分。1932 年 4 月 21 日第 18 期报道苏联三大水电

《红色中华》报道建筑的版面

---

① 红军烈士纪念塔在建筑中 [N]. 红色中华，1933-09-15（2）.

② 大会会场建筑完工 [N]. 红色中华，1933-12-23（2）.

③ 兆征群众热烈建筑坡圳 [N]. 红色中华，1934-03-24（1）.

④ 长汀全部修好坡圳一千余条 十二里长坡各大埔筑成后，新桥开始建筑十七里长坡 [N]. 红色中华，1934-05-09（2）.

⑤ 正在建筑中的革命烈士纪念塔 [N]. 红色中华，1936-5-16（1）.

工程，计划 1935 年春季完工；9 月 13 日第 33 期第 2-3 版报道苏联五年计划伟大成绩，其中介绍了开世界新纪录的钢铁厂建设成就，并报道了苏联建筑高加索山脉铁道计划，建成后将是世界上最大电气铁路之一，该建筑工程定于 1936 年完成。1934 年 1 月 10 日第 142 期报道苏联 1934 年建筑计划；1934 年 3 月 29 日第 168 期报道突飞猛进的苏联社会主义建设成就，报道了苏联的汽车制造业、轻工业，四通八达的运河网，乡村里建起了大剧院，以及正在建筑中的可产茶 300 万公斤的三大茶厂等。

三是揭露国民党反动派和帝国主义修建建筑背后的阴谋。

如 1932 年第 4 期报道法帝国主义派密探、舰运军火、建筑营房，积极准备进占广东；第 14 期报道日军建筑炮台继续增援，作战争布置；第 29 期报道日本帝国主义在东北建筑兵营，准备进攻苏联。1933 年第 113 期报道国民党反动军阀发布抽壮丁办法，以建筑和扩大南昌飞机场，为调遣大批轰炸机向苏区红军和工农群众进行更残酷轰炸作准备；第 118 期报道日本帝国主义进行反苏联的军事准备，建筑大飞机场；128 期报道英国计划建筑波埃铁路，进行反苏联的战争准备。1934 年 151 期报道日本帝国主义夺取东北后，为便利日后大规模进攻，日军加紧了军营和汽车路等相关建筑工作，在热察交接地带修筑飞机场等；1934 年第 167 期报道英国建筑军港。

11.1.3 《新中华报》有关建筑的报道

1937 年《红色中华》改名为《新中华报》后出版，出版期次衔接为第 325 号。

《新中华报》有关建筑的报道很少。一篇是报道国外军事工程的，如 1937 年 5 月 16 日第 357 期报道罗马尼亚在与匈牙利边界地方将仿照法国的马奇诺防线建造重要的防御工事。一篇是 1937 年 3 月 13 日第 337 期报道国民经济部何委员到延川视察公路建筑。一篇是 1937 年 6 月 9 日第 364 期报道蟠龙镇的卫生与建筑。

从《红色中华》《新中华报》上的有关内容看，涉及建筑的极少，主要是一些新闻报道，没有一篇专业性的建筑研究文章。分析其原因，主要在

《新中华报》报道日寇在张家口建筑兵房

于，在国民党反动派的"围剿"和围追堵截等残酷政策下，苏区根据地正常的生产生活都很困难，大规模的建筑活动自然难以列上日程，对于建筑的报道和研究推动，也就是无根之木、无源之水了。

《红色中华》有关根据地建筑活动的报道虽然为数不多，却凸显出与民国时期其他建筑期刊迥然有异的特质：根据地群众以高度的自觉，热情参与有关机场修建、水利兴建、烈士纪念塔修建等工程建设，洋溢着革命的乐观主义精神和一股子干劲，充满着积极向上的力量。这是其他建筑期刊不曾有过的。

11.2 《新华日报》有关建筑方面的内容

11.2.1 《新华日报》简况

《新华日报》是中国共产党在国民党统治区公开发行的党的机关报，始于第二次国共合作的开始，终于第二次国共合作的彻底破裂[①]。1938 年 1 月 11 日在武汉创刊，1938 年武汉失陷后 10 月 25 日《新华日报》迁到重庆出版，1947 年 2 月 28 日被国民党反动派封闭停刊，总计出版了九年多。《新华日报》是中国共产党在国民党统治区出版的一种人民报纸，是我党和毛主席抗日民族统一战线胜利的产物，代表着人民的利益，始终不渝地坚持着正义的斗争[②]。

1941 年 1 月 18 日《新华日报》第二、三版刊登周恩来为"皖南事变"的题词

---

① 张友渔. 我和新华日报 [J]. 新闻研究资料，1980（3）：4.
② 吴玉章. 回忆《新华日报》[J]. 新闻研究资料，1964（2）：25.

《新华日报》在重庆出版，就是在国民党反动派眼皮子底下从事宣传出版活动，随着国民党反动派的政策中心由对外转向对内，"消极抗日，积极反共"，特别是皖南事变发生后，《新华日报》的客观环境越来越险恶。但《新华日报》却经过与国民党反动派进行顽强艰苦的斗争，更加屹立在国统区广大群众的心头，成为人民前进路上的指路明灯[①]。

11.2.2 《新华日报》有关建筑的内容

《新华日报》承担着重要的使命，对于建筑行业的关注并非其重点。

1. 新闻报道

从《新华日报》9年中涉及建筑方面的报道来看，主要是新闻通讯和消息类稿件。其中，报道苏联的建筑消息相对比较多，本书初步统计有23篇左右，内容涉及：世界最大建筑莫斯科苏维埃宫（1938-04-05，此为报道日期。下同），莫斯科建筑红军戏剧院（1938-05-04），苏联向巴黎国际展览会苏联馆的建筑师、工程师和工人共计9人颁发荣誉奖章（1938-05-12），莫斯科地道车（地铁）高尔基线正式通车（1938-09-13），世界博览会中的苏联馆极伟大，反映了十月革命及建设的成功（1939-02-13），美国建筑师盛赞苏联建筑（1939-08-17），苏联建筑技术新发展、普遍采用加速建屋新法（1940-06-11），苏联建筑学院举行常年大会（1942-05-14），苏联设建设委员会领导全国复兴工作（1943-10-02），罗斯福、丘吉尔、斯大林将要聚会的地方雅尔达（雅尔塔）重新修建计划完成（1945-02-17），苏联建筑学院博物馆举行俄罗斯民族建筑史展览（1945-09-08），等等。

在国内建筑方面，由于多数时间处于战争状态，这方面的报道数量不是太多，主要涉及：一是对国民政府和报社所在地重庆的建筑新闻有所报道，如重庆计划沿嘉陵江、长江修建7公里长堤路码头（1939-10-26），重庆扩大建筑防空洞（1940-02-20），重庆市政府制定防火建筑办法（1940-10-06），重庆市区几大工程分别进行中（1944-11-11），重庆沙坪坝对面的盘溪发现汉墓，在建筑史上极有价值（1945-06-11）。二是报道国内建筑业动态，如中国建筑师学会重庆分会成立，陆谦受当选会长，杨廷宝任秘书（1941-03-22），南漳建亭纪念张自忠（1943-07-08），市政工程学会成立（1943-09-22），两家工程学会开理事会决定编辑《市政工程浅说》（1944-01-13）。

---

① 石西民．峥嵘岁月：新华日报生活的回忆 [J]．新闻研究资料，1980（3）：16．

三是报道战时工程消息，如：政府将发公债，建筑滇缅铁路（1941-04-02），中印公路建筑经过（1945-01-25）。四是报道"二战"交战方甚至敌方日本的工事工程建筑动态等，如报道日本召开铁道会议，由于当下铁道材料缺乏，请求政府暂缓修建铁路计划三年，日本政府同意。

2. 建筑论著

《新华日报》有两篇建筑专业文章值得提及。

1）《抗战中的建筑工程》

1940年7月26日刊登，作者心之。

该文分析了抗战3年多来建筑工程方面所取得的进展，提出抗战中建筑工程上出现了一些好现象。之前沿海建筑为帝国主义所把持、主要为少数外国人服务，普通中国百姓得不到好处，建筑技术上的宫殿式建筑、摩登衙门、破败建筑发展不平衡和复古现象等都在逐步减少或淘汰中。随着后方城市人口的输入，大批难民需要安排等，公众性的建筑物增多了，一些工厂也修建了大批简洁合用、营造便利的职工住宅。也因此，建筑的发展更要为大众服务不可。

文章分析了建筑业目前面对的困难。第一是技术上。中国处在半封建半殖民地状态下，事事都落人后，建筑工程也不例外，因为建筑是以经济条件为基础的。但建筑技术方面我们也不是束手无策的，抗战前中国人自己一手把粤汉铁路最艰难的一段建成了，汉阳、大冶等铁厂拆下来后搬到四川又重新建起来了，这是当时外国技师都挠头的事情。因此，只要不怕困难，刻苦钻研，我们的建筑技术是会很快"生长起来"

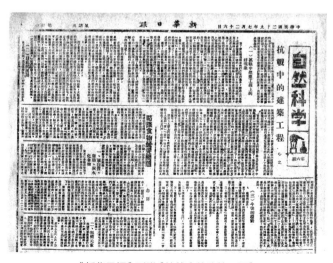

《新华日报》刊登《抗战中的建筑工程》

的。第二是物质上。建筑上的几种基本材料，如砖、瓦、木料、洋灰及钢料，都是不够甚至十分缺乏的，尤其是全靠外国输入的钢料。但这些都不能阻滞我们建筑事业的发展，如采取因地制宜的办法建筑新的礼堂工程。第三是人力上。目前建工程的工人用的是"帮""行""包工"制，坏处是互立门户、自相倾轧，包而不工，增加中间人的剥削，甚至阻碍工程顺利进行。所谓下江工人与本地工人、木匠与石匠、泥水匠或者木匠自己等，不是采取合作的方式而是倾轧的办法，各种纠纷出现。对于今后的建筑业发展，作者认为：一是远景方面，建筑的光线、空气、温度、适应群居等问题要科学化起来；要创造建筑的"时代风格"；从事适合中国人尺度的房屋、用具等的研究和大量制造。二是要发展营造的合作制度，建立营造合作社。

2)《一条铁路怎样修？》

1944 年 2 月 19 日刊登，作者李竞。

文章提出，抗战胜利前依靠自己力量修一条铁路，不应仅仅是为了救济或发展目前大后方一点点可怜的钢铁工业，更重要的是要拿这件事情来考验我们真正自力更生的程度和抗战胜利后进行更大的建设行动的信心。这涉及动员、工业原料、现代化设备、人才和大量劳工。为了物资和交通长远考量，修建成渝铁路应该用重轨，不应将就用轻轨，以免将来换重轨重复浪费。为此作者围绕物资和实施技术提出了怎样修铁路的详细计划和方案。

11.3 其他红色报刊有关建筑的内容

延安时期曾经出版过 90 多种报刊，但涉及建筑的报道内容较少。《群众》1948 年第 18 期曾刊登过《民主圣地光复：延安杨家岭中共中央大礼堂》(照片)。

其他根据地和解放区方面，1937 年 12 月 11 日中共晋察冀分局在阜平县创办了机关报《晋察冀日报》(原名《抗敌报》)。1948 年中共中央决定将晋察冀和晋冀鲁豫两个解放区及其领导机构合并组建中共华北局，两区的机关报《晋察冀日报》和《人民日报》合并出版新的《人民日报》。

从 1938—1947 年的《晋察冀日报》数据库中以"建筑"作为关键词搜索，可得到 30 篇标题包含"建筑"的新闻报道。这些稿件以苏联和战时各地各种建筑信息为主，根据地地区的建筑新闻很少，如 1940 年 10 月 4 日报道《建筑烈士塔募捐 边区各团体节食响应 县府已募款一千余元》，1941 年 10 月 22 日报道《晋西北建筑文化俱乐部》，1942 年 10 月 4 日报道《辽县党政军民 建筑左权将军纪念碑》，1946 年 4 月 10 日报道《张市市面建筑 正加紧进行中》等几篇。

1949 年 10 月 1 日，中华人民共和国成立，从此，中国共产党带领全国各族人民开启了有中国特色的社会主义建设事业新征程。民国时期建筑期刊出版终结后，新中国建筑期刊以新的面貌，为新时期的中国建筑事业发展贡献新的传媒力量：1949 年 12 月《工程建设》诞生，1954 年《土木工程学报》《建筑》《建筑学报》《建筑译丛》等陆续创办，拉开了新中国建筑期刊发展史的序幕。由此，中国的建筑期刊出版事业进入了新的历史阶段。

民国时期建筑期刊出版年表

1912 年

《铁道》 1912 年 10 月 10 日，中华民国铁道协会《铁道》创刊。地址：上海四川路一百二十七号。1913 年 1 月第 2 卷第 1 号（总第 4 期）后，图书馆再无馆藏。

《铁路协会杂志》《铁路协会会报》《铁路协会月刊》《铁路杂志》《铁道月刊》 1912 年 10 月 20 日，中华全国铁路协会在北京创办《铁路协会杂志》；1913 年 7 月改名为《铁路协会会报》。1928 年 3 月 25 日出版第 187 期"英庚款问题"专辑后因时局关系停止出版。1929 年 5 月 20 日改为出版《铁路协会月刊》，单独编期号，地址迁到南京浮桥一枝园三十三号协会驻京办事处，1934 年出版 11/12 合期后停止出版。1934 年 12 月，协会常务执委会决议改组协会月刊编辑委员会，并于 1935 年 6 月改为创刊《铁路杂志》，单独编期号。1937 年 5 月出版了第 2 卷 12 期后停止出版，7 月起合并到铁道经济学社主办的《铁道月刊》。《铁道月刊》原名《铁道半月刊》，由民国政府铁道部秘书厅编译室于 1936 年 5 月在南京创刊，《铁路杂志》并入《铁道月刊》出版了两期后因全面抗战爆发停刊。

1913 年

《中华工程师会报告》《中华工程师会会报》《中华工程师学会会报》 1913 年 8 月 17 日，分别于 1911 在广州成立的中华工程师会（詹天佑任会长）和上海成立的工学会（颜德庆为会长）、路工同人共济会（徐文炯任会长）合并组建为中华工程师会，詹天佑为正会长，其余二人为副会长。1913 年 11 月，《中华工程师会报告》创刊，地址：汉口德租界华景街；出版两期后，1914 年改为《中华工程师会会报》。此后随中华工程师会改名为中华工程师学会而更名为《中华工程师学会会报》。中华工程师学会 1931 年 8 月与中国工程学会合并为"中国工程师学会"，1932 年改出会刊《工程》。地址：上海市宁波路四十七号。

1915 年

《督办广东治河事宜处报告书》《督办广东治河事宜处工程报告书》《广东治河处工程报告书》《广东水利》 最初为年刊，是督办广东治河事宜处的年度报告，但不是每年都出版。前面 3 期，1915 年第一期内容为西江实测，于 1916 年出版，此后内容分别 1918 年为广州进口水道改良计划、1919 年为北江改良计划等。1920 年后改名为《督办广东治河事宜处工程报告书》，1925 年的第 6 期改名为《广东治河处工程报告书》，1927 年、1928 年又改回《督办广东治河事宜处工程报告书》。广东治河处改为广东治河委员会后，1930 年 6 月改为创办《广东水利》。

1917 年

《河海月刊》 由南京河海工程专门学校出版。该校 1915 年创立，1917 年首批学生中特科班学生毕业，特科毕业生顾世楫致信学校校长倡议创办联谊刊物，1917 年 11 月，学校校友会编辑出版手写印刷的《河海月刊》，1918 年 10 月改为铅印，水利专家李协教授出任总编辑。1921 年 11 月出版了第 4 卷第 6 期后不再出版。

1918 年

《江苏水利协会杂志》 倡导水利政策暨林水工程及学术的刊物，1918 年 3 月创刊。地址：上海爱多亚路 1004 号丙辰杂志社内。馆藏刊物截至 1926 年 6 月第 23 期。

1920 年

《督办江苏运河工程局季刊》 1920 年 6 月 1 日创刊，1927 年 6 月出版了第 16—29 期合期后停止出版。

《铁路公报》各路线系列物 1920 年交通部下令，各地方铁路线路局出版的期刊名称一律改为《铁路公报·某某线》，如《铁路公报·京汉线》《铁路公报·津浦线》等。

1922 年

《道路月刊》 1922 年 3 月，中华全国道路建设协会创办。地址：上海南京路德馨里 59 号。1936 年 10 月 15 日出版第 51 卷第 3 号时改名《道路》。1937 年 7 月 15 日第 54 卷第 2 号为最后一期。

《水利杂志》 1922 年 10 月创刊。地址：安徽安庆大墨子巷正街。1926 年 1 月版第 3 卷第 3 号后再无样刊。

1925 年

《工程》 1925 年 3 月，中国工程学会创办会刊《工程》，季刊。地址：（办事处）上海江西路 43B 号。学会与中华工程师学会合并为中国工程师学会，1932 年《工程》成为该学会会刊。

1926 年

《工程旬刊》 1926 年 6 月，工程旬刊社创办，胡适题写刊名。地址：上海北河南路东唐家弄余顺里 48 号。1927 年起采用凌鸿勋题写刊名，当年 5 月 21 日出版第 2 卷第 15 期后停刊。

《绍萧塘闸工程月刊》 1926 年 10 月绍萧塘闸工程局创刊，记录杭萧塘闸工程施工详情。

1927 年

《上海地产月刊》（《普益地产月刊》） 上海普益地产公司出版，早期为中英双语，地址：上海南京路 50 号。最后一期为 1934 年 8 月第 71 号。

《浙江省建设厅月刊》《浙江省建设月刊》 1927 年 6 月创刊，浙江省建设厅机关刊，1930 年 1 月起改名《浙江省建设月刊》。当时建设厅业务范围很广，包括交通、农林、工商、矿业、水利塘工等。1930 年 8 月第 4 卷第 2 期改为出版合作运动专号，此后每年出版 4 期专号，到 1937 年 5 月出版了第 10 卷第 11 期"十周年专号"建设行政会议专号后再无样刊。

《太湖流域水利季刊》 1927 年 9 月太湖流域水利工程处（后改为太湖流域水利委员会）创办。地址：江苏苏州大郎桥巷。馆藏样刊到 1931 年第 4 卷第 4 期《太湖流域民国二十年洪水测验调查专刊》止。

《铁道公报》《铁路半月刊》《铁道月刊》 民国政府铁道部 1928 年 11 月 1 日成立后，奉部长孙科命令于 12 月初创办出版月刊《铁道公报》；1929 年 11 月 6 日起改为三日刊；1932 年改为周刊；1932 年 6 月改为日刊。到 1936 年《铁道公报》共计出版 1 460 多期。铁道部于 1936 年 5 月 15 日另外创办《铁道半月刊》；1937 年 5 月 1 日 第 2 卷第 9 期开始改为《铁道月刊》，并由铁道部秘书厅研究室改为铁道经济学会主编；1937 年 7 月 1 日，《铁道月刊》与中华全国铁路协会会刊《铁路杂志》合并出版，使用《铁道月刊》名称，由铁道部秘书厅研究室、中华全国铁路协会指导发行；1937 年 8 月 1 日，《铁道月刊》出版了合并后的第二期后，因日本全面侵华而停刊。

1928 年

《万梁马路月刊》 万梁马路总局创办，非卖品，杨森题写刊名。

《富泸马路月刊》 1928 年 7 月由富泸马路总局创办。地址：四川泸县。

《华北水利月刊》 华北水利委员会 1928 年 10 月 31 日创办。地址：天津义（意）租界五马路。1937 年 4 月第 10 卷第 3/4 合期为最后一期。

《湖北水利月刊》 1928 年 12 月湖北省政府水利局编辑发行。

《上海特别市工务局业务报告》 1928 年上海特别市工务局创办年刊。后改为《上海市工务局业务报告》。

1929 年

《江苏省水利局月刊》 1929 年 5 月江苏省水利局创刊，非卖品。地址：苏州。

《川南马路月刊》 1929 年 5 月创刊，川南马路总局创办，非卖品。地址：四川成都仁厚街 18 号。

《浙江省公路局汇刊》 年刊，浙江省公路局 1929 年创办，非卖品。

《公路月刊》 1929 年 12 月，湖南省公路局创办。出版地：长沙。

1930 年

《工程译报》 1930 年 1 月，上海特别市工务局创办。地址：上海南市毛家弄。

《土木工程》 1930 年 3 月由浙江大学土木工程学会出版。地址：浙江杭州蒲场巷。

《江西公路处季刊》 1930 年 4 月，江西公路处创办。

《中国营造学社汇刊》 1930 年 7 月，中国营造学社创办。地址：北平东城宝珠子胡同 7 号；后迁到北平中山公园内。1937 年 6 月出版第 6 卷第 4 期后停刊，主要成员辗转到四川南溪李庄，于 1944 年 10 月、1945 年 10 月复刊出版两期手写石印版后停刊。

《水利》 1930 年 7 月，中国水利工程学会创办。地址：南京梅园新村 30 号。1937 年 9 月出版了第 13 卷第 3 期后因全面抗战爆发停刊。1945 年 9 月在重庆出版第 14 卷第 1 期，编辑地址设在重庆歌乐山水利委员会，1946 年编辑地址为天津台儿庄路河海工程局徐世大转，1947 年编辑部再转为南京广州路 249 号谭葆泰转。

《铁路月刊·某某线》 1930 年，铁道部要求各地方铁路出版的期刊全部统一改名和出版格式，如《铁路月刊·津浦线》《铁路月刊·平汉线》等。

《浙江省杭江铁路工程局月刊》《杭江铁路月刊》《浙赣铁路月刊》 1930 年杭江铁路工程局创办。1932 年 11 改名《杭江铁路月刊》。地址：杭州里西湖 3 号杭江铁路局。1934 年随局名更改而更名为《浙赣铁路月刊》。

1931 年

《陇海铁路潼西工程月刊》 1931 年由陇海铁路潼西段工程局创办。出版地设在郑州该局内。

1932 年

《国立清华大学土木工程学会会刊》 1932 年 6 月创办，出版了 4 期后因全面抗战爆发停刊。清华大学迁到湖南再到昆明，1939 年复刊出版过一期后再度停刊，1944 年再一次复刊出版一期。

《建筑月刊》 1932 年 11 月 1 日上海市建筑协会创办。地址：上海市南京路大陆商场 6 楼 620 号。1937 年 4 月出版了第 5 卷第 1 期后停刊。

《陕西水利月刊》 1932 年 12 月，陕西省水利局创办。地址：陕西西京市大湘子庙街。

1933 年

《粤汉铁路株韶段工程月刊》 1933 年 1 月由粤汉铁路株韶段工程局创办，地址在湖南衡州（今衡阳）江东岸该局内。馆藏截至 1936 年 12 月第 4 卷第 10/11/12 合期。

《工程学报》 1933 年 1 月 15 日，广东国民大学工学院土木工程研究会出版。地址：广州惠福西路。到 1936 年共计出版 8 期，因全面抗战而停刊。1947 年 6 月 1 日复刊出版 1 期。

《南大工程》 1933 年 1 月岭南大学工程学会创办。1936 年因战事影响学校迁到香港。学校回迁后于 1947 年 2 月复刊出版。1949 年 5 月 8 日出版后停刊。

《校风·土木工程》《土木》 中央大学土木工程学会创办，1933 年 3 月 8 日利用校报出版《校风·土木工程》，1933 年 10 月 1 日，学会全体大会决议改会名为中央大学土木工程研究会，夏行时任干事会常务干事。11 月 1 日，研究会单独出版《土木》第 1 卷第 1 期。1949 年 12 月，夏行时任发行人，在上海创办了新中国第一份建筑期刊《工程建设》。

《中国建筑》 1933 年 7 月，中国建筑师学会出版《中国建筑》第 1 卷第 1 期。地址：上海南京路大陆商场 4 楼 427 号。

《复旦土木工程学会会刊》 1933 年 10 月创刊。到 1936 年 8 月止，共计出版了 7 期。1934 年 12 月改为《复旦大学土木工程学会会刊》。1936 年 8 月再次改回最初刊名。

1934 年

《黄河水利月刊》 1934 年 1 月黄河水利委员会创办。地址：河南省开封市教育馆街。

《之江土木工程学会会刊》 1934 年 5 月，杭州之江文理学院土木工程学会创办，该刊出版期次少，到 1936 年 12 月总计只出版了两期。

《公路三日刊》 1934 年 10 月 18 日由江西公路处出版，非卖品，1936 年 10 月 12 日出版第 207 期后无样刊。

1936 年

《四川公路月刊》 1936 年 1 月 1 日，四川公路局创办。

《湖北公路半月刊》 1936 年 1 月 15 日，湖北公路管理局印行，10 月 30 日改为出版《湖北公路月刊》。

《扬子江水利委员会季刊》 扬子江水利委员会 1936 年 5 月创办。地址：南京傅厚岗 1 号。1938 年迁到重庆继续出版，1940 年 10 月停刊。该委迁回南京后，1947 年 1 月复刊创办第 5 卷第 1 期，改名为《扬子江水利季刊》。

《陇海铁路西段工程局两月刊》 陇海铁路西段工程局 1936 年 6 月创办。地址：西安中正门内。1937 年 6 月第 7 期后再未出版。

《新建筑》 1936 年 10 月 10 日，中国新建筑月刊杂志社创办，双月刊。地址：

广州市永汉路海昧新街 1 号 3 楼。全面抗战时期曾转到重庆，于 1941 年复刊出版新建筑战时刊。1946 年回到广州复刊出版《新建筑》"胜利版"。

1938 年

《西南公路》 1938 年 7 月 25 日，交通部西南公路运输管理局创办。

《江西公路》 1938 年 12 月江西省公路局创办，1940 年 12 月改为周刊，1942 年到 1946 年改为月刊，1949 年 1 月 31 日出版了第 14 卷第 1 期后终刊。

1939 年

《西北公路》 西北公路运输局 1939 年 3 月 1 日创办。地址：兰州左公西路。

《公路丛刊》 1939 年 12 月，交通部公路工务总处与清华大学工学院合组的昆明公路研究实验室创办，1941 年 7 月起由运输统制局公路工务总处、清华大学工学院合办，将公路实验成果随时编印月刊丛刊，后于 1942 年 6 月加以汇编出版。出版地：昆明。

1940 年

《滇缅铁路月刊》 1940 年 1 月，滇缅铁路工程局为修建滇缅铁路创办，在昆明出版。

《新工程》 1940 年新工程杂志社在昆明创刊。地址：昆明青门巷 20 号，后迁至昆明太和街 326 号骞庐。

《川滇公路》 1940 年 2 月交通部川滇公路管理处在昆明创办。

《公路技术》 交通部公路总管理处 1940 年起编辑的公路技术座谈会连续出版物，手写油印，出版地在重庆，后编辑为铅印合集，非卖品。

1941 年

《广东公路》 1941 年 1 月 16 日广东省公路处出版，半月刊。

《公路研究》 1941 年 10 月由公路试验所编印，非卖品。出版地：重庆。

《工商建筑》 工商建筑工程学会会刊，1941 年 10 月创办。地址：天津工商学院内建筑学会。

1942 年

《公路工程》 1942 年 3 月 1 日，运输统制局公路工务总处创办，非卖品。地址：重庆上清寺孝友村内。

《宝天路刊》 1942 年 10 月 15 日，交通部宝天铁路工程局创办。

《新公路月刊》 1942 年 11 月，运输统制局公路工务总处与重庆大学工学院合办公路研究实验室创办，手写油印，非卖品。地址：重庆沙坪坝。

1943 年

《建筑》 迁到重庆办学的中央大学建筑系三二级学生 1943 年 8 月创办，手写油印。

《营造》 上海特别市营造厂同业公会 1943 年 9 月 11 日成立，当年 10 月 10 日创办《营造》。

1944 年

《滇缅公路》 1944 年 6 月，交通部滇缅公路工务局创办，非卖品。出版地：昆明。

《市政工程年刊》 中国市政工程学会 1944 年 6 月创刊。学会总干事负责第一期资料搜集，地址在重庆枣子岚垭中央设计局公共工程组，编审委员会地址在重庆上清寺聚兴村 12 号，编纂印刷交江西分会在江西完成。1946 年出版第二期时，学会迁到南京，本期编辑业务由刚成立的北平分会承担，发行人亦为北平分会。

《中华营建》 中华营建研究会 1944 年 10 月 10 日创刊。研究会地址：重庆新街口筷子街 28 号；编辑部：重庆邹容路公达大楼四楼。

1945 年

《工程报导》 1945 年 7 月创刊于重庆，第 3 期于 9 月 25 日迁到上海复刊，行公编译出版社创办。地址：上海乍浦路 207 号转。

《工程界》 工程界杂志社 1945 年 7 月出版《工程界》创刊号，10 月 10 日出版第 1 卷第 1 期。地址：上海洛阳路 649 号。

1946 年

《第五区公路工程管理局公报》 1946 年创刊于重庆上清寺。

《工程：武汉版》　中国工程师学会武汉分会 1946 年创办。地址：汉口平汉铁路局机务处转。

《黄河堵口复隄工程局月刊》　1946 年 7 月 15 日，黄河堵口复隄工程局创办，记录黄河决口堵口复堤工程详细情况。地址设在郑州花园口。工程竣工后，1947 年 5 月 15 日出版第 8、9、10 期合刊，即该工程合龙号后停止出版。

1947 年

《建筑材料月刊》　1947 年 1 月，建筑材料月刊社创刊于南京。地址：南京市青石街 16 号余园 2 楼。

《江苏公路》　1947 年 1 月 15 日，江苏省公路局创办。地址：江苏镇江正东路。

《水利通讯》　1947 年 1 月 31 日，水利委员会创办。

《营造旬刊》　1947 年 3 月，南京市营造工业同业公会创办，1948 年 1 月 10 日改为中华民国营造工业同业公会全国联合会、南京市营造工业同业公会联合出版。

《台湾营造界》　台湾省土木建筑工业同业公会联合会 1947 年 5 月 15 日创办。地址：台北市抚台街 2 段 8 号。

《中国工程周报》　1947 年 7 月，在中国工程师学会原来的《工程周刊》和《中华工程周报》合并基础上，由学会及工程界组织的中国工程出版公司创办。地址：南京四条巷 163 号。

《台湾工程界》　中国工程师学会台湾分会 1947 年 9 月 1 日创办。分会地址：基隆废料公司第一厂；编纂委员会地址：台北济南街 635 号转。

1948 年

《现代公路》　1948 年 3 月，现代公路出版社创办。地址：上海江湾路 368 号。

《营造半月刊》　1948 年 11 月 1 日，上海市营造工业工业工会创办。地址：上海南市安仁街硝皮弄 105 号。

附 2

本书中民国时期字词与当代字词对照表

（一字线前为民国时期字词）

爱恩斯坦、恩斯坦—爱因斯坦　　　计画—计划

报导—报道　　　　　　　　　　　纪述—记述

表见—表现　　　　　　　　　　　藉以—借以

仓卒—仓促（仓猝）　　　　　　　纪载—记载

创刊辞—创刊词　　　　　　　　　旧贯—旧惯

程功—成功　　　　　　　　　　　钜—巨

辞陈—辞呈　　　　　　　　　　　濬—浚

辞汇—词汇　　　　　　　　　　　具在—俱在

辞简义赅—辞简义骇　　　　　　　决不是—绝不是

贷欵—贷款　　　　　　　　　　　瞭然—了然

德兰斯顿—德累斯顿　　　　　　　马奇诺防线—马其诺防线

定户—订户　　　　　　　　　　　霉雨—梅雨

发刊辞—发刊词　　　　　　　　　磨练—磨炼

复隄—复堤　　　　　　　　　　　那里—哪里

赋与—赋予　　　　　　　　　　　那些—哪些

工竣—竣工　　　　　　　　　　　粘土—黏土

规订—规定　　　　　　　　　　　内国外国—国内国外

供献—贡献　　　　　　　　　　　人材—人才

孤负—辜负　　　　　　　　　　　溶炉—熔炉

划壹—划一　　　　　　　　　　　绍介—介绍

煇—辉　　　　　　　　　　　　　视訾—视察

审察—审查

史大林格勒—斯大林格勒

苏彝士运河—苏伊士运河

牠—它

危亟—危急

惟—唯

毋需—无须

一目瞭然——一目了然

已往—以往

志谢—致谢

召示—昭示

智识—知识

后记

1992 年开始，笔者先后在国家建设主管部门所属报社、杂志社从事新闻采访、编辑出版工作，迄今已逾 30 年，经历和见证了报刊等传统纸媒的兴盛与衰退过程。

在移动互联网和自媒体时代，期刊这种纸质媒体似乎已经落伍，且落魄了。甚至，连一些世界性的大刊也纷纷关张。如此历史背景和时代大趋势下，逆潮流而动，劳神费力去研究百年前的民国建筑工程期刊，有何价值？又有何益处？岂不如同期刊的潮流和趋势那样，同属落伍、落魄之举吗？

细细思量，不外乎数十年报刊工作经历形成的职业认知和从业情怀。自己在建设领域建筑行业相关报刊投入了最珍贵年华、数十年光阴，以及全部的热爱，虽未有微末成就，但终归日久生情，便想着总得为自己从业数十年的建筑行业做点事情、为自己留点念想。

衣、食、住、行，无一人、无一日离得开它。住，是建筑的产物。建筑业在我国虽曰古来有自、源远流长，真正迈向现代化却不过百岁之期、为时尚短。百年前，我国现代建筑业缓慢起步，百年后，我国当代建筑成就为世界所惊叹，并赢得"基建强国"美誉。而民国时期堪称为时代之先、与建筑业相伴相生助其成长的建筑期刊，历经百年后，已日渐碾落成历史的微粒与尘埃。但回首过往，于我国现代建筑业的启蒙、起步而言，其名虽已不彰，其功终不可没。

抚今当追昔，鉴往可知来。事物的发生、发展、演变直至消亡，是一个过程，鞭辟入里切中肯綮固然难能可贵，理清脉络条分缕析或亦有连城价值。因此，不揣浅陋，于无人过问处和无人过问时，梳理分析民国时期建筑工程期刊全生命周期的诸多脉络与细节，只为使后来者有一天想摸清此道时，不至于因头绪纷乱而致无所适从。若能如此，余愿足矣。

过去限于条件，民国时期的期刊资料很难搜集到足够进行深入研究的程度。近些年来，随着历史资料数字化进程加快，尤其是上海图书馆"全国报刊索引·民国时期期刊全文数据库（1911～1949）"的建成和向社会开放，以及国家图书馆馆藏数字化资源检索及在线阅读服务的推出，极大缓解了资料搜集难题。这为本人全面深入研究民国时期建筑期刊提供了便利条件。于是，笔者在繁忙的工作之余，偶有闲暇时间便投入对民国时期建筑期刊材料的搜集、梳理和分析之中，历经数年，多方考证，上下求索，始得呈于诸君面前的此一粗浅成果。笔者敝帚自珍，自认为本研究成果一定程度上填补了民国时期建筑期刊出版发展史研究方面的空白。

本书引用的参考文献、统计的数据和使用的图片，除特别注明外，均源自上海图书馆的民国时期期刊全文数据库和中国国家数字图书馆数据库，特此致谢。

此外，再赘言两句。作为赓续，本人也在对新中国的建筑期刊发展历史展开深入研究，期望不久后能得出中国建筑工程期刊百余年发展史的最新研究成果。

本书主要内容的撰稿和修订工作，完成于三年新冠肺炎疫情期间。谨以此纪念这段难忘的时光。

特别致谢中国建筑工业出版社的鼎力支持，尤其要感谢陈夕涛等责任编辑、责任校对的严格把关。

限于水平，本书舛误疏漏之处必不在少，敬请方家惠赐南针，不吝指正（电子邮箱：705142974@qq.com）。

李俊

2022 年 12 月 20 日二稿

2023 年 11 月 30 日三稿

2024 年 8 月 4 日定稿于北京市三里河路 9 号